Jürgen Bolten

W0308835

Einführung in die Interkulturelle Wirtschaftskommunikation

Vandenhoeck & Ruprecht

Prof. Dr. phil. Jürgen Bolten leitet das Fachgebiet „Interkulturelle Wirtschaftskommunikation" an der Universität Jena. 2006 erhielt er mit „interculture.de" den Deutschen Arbeitgeberpreis für Bildung. Seit 2007 ist er Gastprofessor an der Foreign Studies University in Beijing.

Mit 72 Abbildungen und 35 Tabellen

Bibliografische Information der Deutschen Nationalbibliothek

Die Deutsche Nationalbibliothek verzeichnet diese Publikation in der Deutschen Nationalbibliografie; detaillierte bibliografische Daten sind im Internet über http://dnb.d-nb.de abrufbar.

ISBN 978-3-8252-2922-1 (UTB)
ISBN 978-3-525-03507-8 (Vandenhoeck & Ruprecht)

© 2007 Vandenhoeck & Ruprecht GmbH & Co. KG, Göttingen.
Internet: www.v-r.de
Alle Rechte vorbehalten. Das Werk und seine Teile sind urheberrechtlich geschützt. Jede Verwertung in anderen als den gesetzlich zugelassenen Fällen bedarf der vorherigen schriftlichen Einwilligung des Verlages. Hinweis zu § 52a UrhG: Weder das Werk noch seine Teile dürfen ohne vorherige schriftliche Einwilligung des Verlages öffentlich zugänglich gemacht werden. Dies gilt auch bei einer entsprechenden Nutzung für Lehr- und Unterrichtszwecke. – Printed in Germany.

Umschlagabbildung: © Jörg Plannerer
Umschlaggestaltung: Atelier Reichert, Stuttgart
Satz: Hubert & Co, Göttingen
Druck und Bindung: CPI Books GmbH, Ulm

ISBN 978-3-8252-2922-1 (**UTB-Bestellnummer**)

Inhalt

Anwendungsfelder in der Wirtschaft

Anhang

Vorwort

Interkulturelle Kommunikation ist gerade für die jüngere Generation heute etwas durchaus Alltägliches, Geläufiges. Sie findet im eigenen Wohnviertel, in der Ausbildung und am Arbeitsplatz genauso statt wie bei Auslandsaufenthalten, beim Chatten oder beim Einkaufen via Internet. Stets geht es darum – ganz im Sinne der ursprünglichen Bedeutung von „communicare" (lat.): gemeinschaftlich handeln –, gemeinsam zu Übereinkünften, Ergebnissen und Positionsbestimmungen zu gelangen, die nach Möglichkeit allen Beteiligten verständlich und plausibel sein sollen. Dass dies nicht immer einfach ist, liegt vor allem an den unterschiedlichen Voraussetzungen, unter denen gemeinschaftlich kommuniziert und gehandelt wird. Das betrifft zum einen unterschiedliche Erfahrungswelten, in denen die Einzelnen groß geworden sind und aus denen heraus sie mehr oder minder stark von einander abweichende Erwartungshaltungen aufgebaut haben. Es betrifft aber genauso die Ausgangssprachen der Beteiligten, die sich als eigenständige Bedeutungssysteme unter jeweils besonderen klimatischen, geographischen und weltanschaulichen Bedingungen herausgebildet haben. Jeder von uns lebt, denkt und handelt in einem solchermaßen besonderen Bedeutungssystem, das auch dann fortbesteht, wenn man in einer formal gemeinsamen Lingua franca wie etwa dem Englischen kommuniziert. Missverständnisse sind damit vorprogrammiert und werden sich auch nie ganz vermeiden lassen. Sie sind jedoch minimierbar, wenn man die Hintergründe ihrer Entstehung kennt. Diese Kenntnis zu vermitteln, ist das erste Anliegen des Bandes. Das zweite besteht darin, interkulturelle Kommunikation gerade nicht so sehr als etwas Problematisches zu sehen, sondern als etwas, das Horizonte öffnet, das Lernbereitschaft weckt und das ein ungeheures Potential an Selbstverwirklichungsmöglichkeiten birgt. Dann erweist sich Verschiedenheit als Chance. Als Chance, gemeinsam neue, weiterführende Ideen zu entwickeln, deren Konzeptualisierung vor dem Hintergrund der eigenen Erfahrungswelt vielleicht nicht denkbar gewesen wäre.

Das dritte Anliegen des Bandes ist eng mit seinem Titel verknüpft: Interkulturelle Wirtschaftskommunikation bezeichnet in der gegenwärtigen Globalisierungsphase den vermutlich umfassendsten Anwendungsbereich interkulturellen Handelns. Umso wichtiger ist es, Modelle und Strategien kennen zu lernen, mit deren Hilfe eine nachhaltig konstruktive interkulturelle Zusammenarbeit im internationalen Management, im länderübergreifenden Marketing und bei der internationalen Personalentwicklung möglich ist.
Bei allem versteht sich der Band als eine Einführung: Er möchte mit den Grundlagen interkulturellen Handelns vor allem in wirtschaftlichen Zusammenhängen vertraut machen, möchte gleichzeitig aber auch dazu ermuntern, selbst international orientierte Initiativen zu ergreifen und die Chancen interkulturellen Gemeinschaftlichmachens zu nutzen.

Die kompletten Vorlesungen zu den einzelnen Kapiteln des Buches sind als Videostreams online abrufbar unter www.interkulturelles-portal.de/lernplattform. Im Anschluss an die Nutzerregistrierung ist der Raum „Einführung in die interkulturelle Wirtschaftskommunikation“ unter Eingabe des Schlüssels „interculture“ zugänglich. Empfohlene Systemvoraussetzungen: DSL-Anschluss und RealPlayer.

Theoretische Grundlagen

Kommunikation

1 Kommunikation als Interaktion

Wenn man sich mit Interkultureller (Wirtschafts-)Kommunikation befasst, sollte man möglichst genau angeben können, was mit der Bezeichnung gemeint ist. Das wäre einfach, wenn es gelänge, die Begriffe *Kultur*, *interkulturell*, *Wirtschaft* und *Kommunikation* eindeutig zu definieren und in ihrem Zusammenhang zu erklären. Tatsächlich erweist sich dies jedoch als ein sehr komplexes Problem, dessen Lösung wir uns erst im Laufe des Buches nach und nach annähern werden.
Das erste Hindernis begegnet uns bereits, wenn wir uns mit der Bedeutung des Grundworts Kommunikation befassen. Der Kommunikationsbegriff wird nämlich keineswegs so einheitlich verwendet, wie man annehmen könnte: Während sich Informationstechnologen, Physiker, Physiologen oder Mediziner vorwiegend mit funktionalen Aspekten der Kommunikation befassen, interessieren sich Textwissenschaftler und Juristen in erster Linie für Kommunikationsinhalte und Verhaltenswissenschaftler wiederum eher für die Besonderheiten zwischenmenschlicher Beziehungen, die sich aus kommunikativem Handeln ergeben. Sie alle sind daher auch im weitesten Sinne Kommunikationswissenschaftler. Je nachdem, unter welchen Gesichtspunkten sie Kommunikationsprozesse untersuchen, werden sie allerdings zu verschiedenen Ergebnissen gelangen. Bei einer eher informationstechnischen Auffassung von Kommunikation werden sie sich beispielsweise in erster Linie um die Sicherstellung der technologischen Bedingungen einer Informationsübertragung kümmern und sich daran orientieren, dass Kommunikationsprozesse überhaupt ermöglicht werden. Für Sprachwissenschaftler hingegen sind eher die Inhalte, das Was der Information und dessen Bedeutung von Interesse, während das Augenmerk von Psychologen, Soziologen oder auch Werbefachleuten vor allem auf die Art und Weise des Kommunizierens, auf das Wie und das Wozu, gerichtet ist.

Niklas Luhmann (1927–1998)

Bei der Theoriebildung Interkultureller Wirtschaftskommunikation kann auf keine dieser Perspektiven verzichtet werden. So wie der Soziologe Niklas Luhmann Kommunikation erst im Zusammenspiel ihrer Selektionen von Information, Mitteilung und (sozialem) Verstehen als „basic unit“ der Gesellschaft realisiert sieht, soll auch nachfolgend von einem in diesem Sinn interdisziplinären beziehungsweise *weiten* Kommunikationsbegriff ausgegangen werden.

Kommunikation als Zusammenspiel von Information, Mitteilung und Verstehen

Wir unterscheiden hierbei zu methodischen Zwecken drei Ebenen von Kommunikation (Abb. 1): neben der informationstechnologisch-medialen Ebene die Inhaltsebene (Was?) und die Beziehungsebene (Wie?, Wozu?).

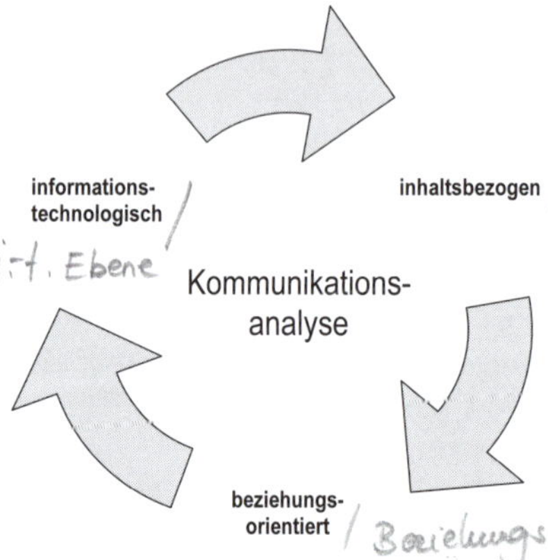

Abb. 1: Sichtweisen, aus denen Kommunikationsprozesse analysiert werden können

informationstechnologischer Kommunikationsbegriff

Informationstechnologisch-mediale Ebene: Bei der Verwendung von Kommunikation als informationstechnologischem Begriff orientiert man sich primär an den Transmissionsbedingungen, unter denen Informationen (Nachrichten, Signale), von einem Sender A an einen Empfänger B übermittelt werden (Abb. 2).

Als Begründer sowohl des informationstheoretischen Kommunikationsbegriffs, als auch der digitalen Informationstechnik kann der amerikanische Mathematiker Claude Shannon (1916–2001) verstanden werden. Zusammen mit Warren Weaver (1894–1978) entwickelte er 1949 in der Schrift „The Mathematical Theory of Communication“ (deutsch 1976) ein Kommunikationsverständnis, bei dem es im Wesentlichen um Verbesserungen der „Kanalkapazität“ in Sender-Empfänger-Prozessen ging, also um die Frage, wie viele Gespräche beziehungsweise Informationen gleichzeitig auf einer Telefonleitung übermittelt werden können: „In diesem Aufsatz

Kommunikationskanal (einfaches Kommunikationsmodell)

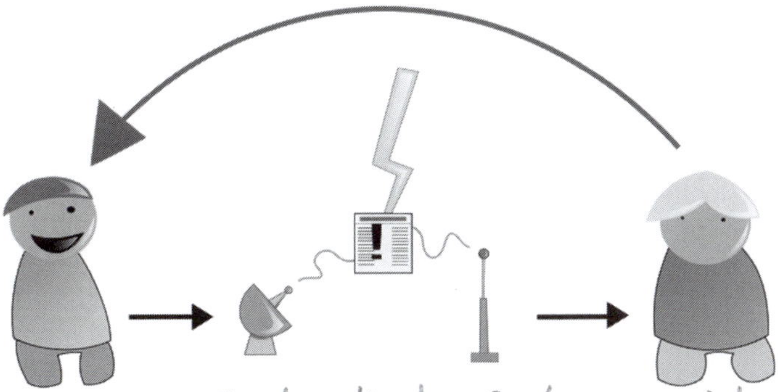

Abb. 2: Informationstheoretisches Kommunikationsmodell (Shannon u. Weaver, 1949)

werden wir die Theorie erweitern, um eine Anzahl neuer Faktoren einzuschließen, insbesondere die Wirkung von Störungen im Kanal und die Einsparungen, die sowohl durch die statistische Struktur der Originalnachricht als auch durch die Art des Endzieles der Information möglich sind“ (Shannon u. Weaver, 1976, S. 41).

Ein solches informationstheoretisches Kommunikationsmodell stellt die Gewährleistung und Optimierung des Informationsflusses in den Vordergrund. Sinn, Bedeutung oder Inhalte spielen keine Rolle. Dennoch ist das Modell als Teil unseres Kommunikationsverständnisses wichtig, weil gerade aktuelle (und auch interkulturell relevante) Kommunikationsszenarien im Wesentlichen medial, also durch das Vorhandensein beziehungsweise Nichtvorhandensein bestimmter Kanaltechnologien konstituiert und geprägt sind – auch wenn dies im Alltag meistens erst beim Auftreten von Störquellen (Funklöcher, Pufferzeiten, Serverausfall) bewusst wird.

inhaltsorientierter Kommunikationsbegriff

Inhaltsebene: Betrachtet man die inhaltliche Ebene von Kommunikationsprozessen, so ist deutlich, dass nicht nur Worte, sondern genauso Gesten, Laute und alle anderen Formen von Zeichen inhaltsvermittelnde Funktion besitzen.

Zeichenbegriff und Zeichenfunktion

Solche Zeichen können entweder natürlichen Ursprungs sein (Abenddämmerung als Zeichen für die herannahende Nacht), oder aber sie sind künstlich geschaffen. Hierzu zählen alle materiellen Erscheinungen, die zum Zweck der Kommunikation entstanden sind, wie etwa Handzeichen (z. B. von Ertrinkenden), Ampelzeichen, Wegweiser oder auch Buchstaben. Entscheidend dabei ist, dass es sich um konventionalisierte Zeichen handelt, um Zeichen, deren Bedeutung zwischen Menschen vereinbart ist. So sind die

Buchstabenfolgen H-i-l-f-e oder D-o-l-l-a-r im Gegensatz zu der Buchstabenfolge g-r-u-m-p-f-e-n konventionalisiert und bedeuten damit etwas, das von einem Empfänger verstanden wird.

invisible hands – Prozesse

Zum Nachdenken und Diskutieren

Was müsste geschehen, damit die Buchstabenfolge g-r-u-m-p-f-e-n einen Eintrag im Duden erhält?

Indem ein Zeichen wie das Wort Dollar einen Gegenstand (oder auch ein Ereignis, einen Zustand etc.) repräsentiert, übernimmt es eine symbolische Funktion: Ich kann einem Kommunikationspartner, der weiß, dass ein bestimmter Papierschein mit dem Wort Dollar bezeichnet wird, mit dem symbolischen Zeichen Dollar (also dem Wort) etwas verdeutlichen oder mitteilen, ohne dass ich den entsprechenden Geldschein zeige. Ein solcher (zumindest partiell) gemeinsamer Code ist die Bedingung dafür, dass wir uns überhaupt über bestimmte Ansichten, Einstellungen und Gefühle verständigen können.

Code: konventionalisiertes Zeichen

Die Zuordnung von Wörtern oder Sätzen zu Gegenständen oder Sachverhalten beruht dabei auf den Konventionen einer Sprachgemeinschaft, ein Zeichen in einer bestimmten Weise mit einer bestimmten Bedeutung zu verwenden, es in diesem Sinne zu *codieren*. Folglich stehen Wörter wie beispielsweise Feuer in keiner natürlichen Beziehung zu den von ihnen repräsentierten beziehungsweise vertretenen Gegenständen. Das Wort hat keine Ähnlichkeit mit dem dargestellten Sachverhalt, es ist ihm willkürlich, zufällig zugeordnet und könnte auch ganz anders lauten. Man spricht in diesem Zusammenhang mit Ferdinand de Saussure von der Arbitrarität eines Zeichens.

Ferdinand de Saussure, Sprachwissenschaftler, Zeichentheoretiker

Arbitrarität: Zufälligkeit

Ein um inhaltliche Aspekte wie den Code erweitertes Kommunikationsmodell (Abb. 3) setzt dementsprechend voraus, dass zwischen Sender und Empfänger partiell ein gemeinsam geteiltes konventionalisiertes Wissen existiert:

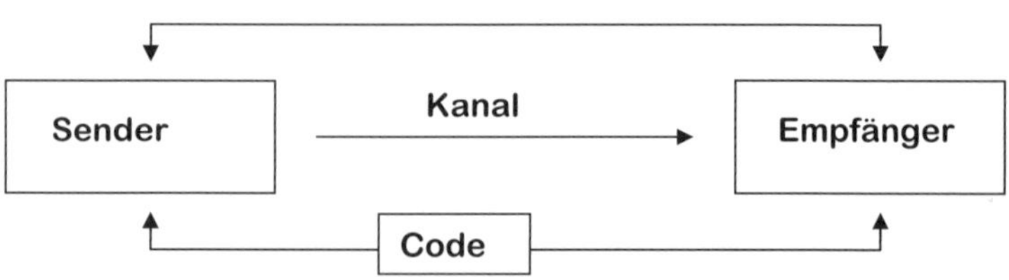

Abb. 3: Inhaltsbezogenes Kommunikationsmodell

Mit einem solchen semiotischen, allerdings primär inhaltsbezogenen Kommunikationsbegriff wird in den Geistes-, Sozial- und Wirtschaftswissenschaften bis in die aktuelle Gegenwart hinein gearbeitet. Dies hat auch für unser Handeln entscheidende Konsequenzen, denn laut Bühlers „Organon-Modell der Sprache“ lässt sich „das Zeichenhafte, welches im intersubjektiven Verkehr verwendet wird, als ein Orientierungsgerät des Gemeinschaftslebens charakterisieren“ (Bühler, 1934, S. 48). Kommunikation erweist sich damit in grundlegender Weise als handlungskonstituierend.
Im Mittelpunkt des durch Platons Dialog „Kratylos“ beeinflussten Organon-Modells (Abb. 4) steht das „Schallphänomen“, das Bühler zufolge in dreifacher Weise Zeichenfunktion besitzt:

Semiotik: Lehre von den (sprachlichen) Zeichen

Karl Bühler (1879–1963)

↳ Erfinder des Organon-Modells

Organon: Werkzeug

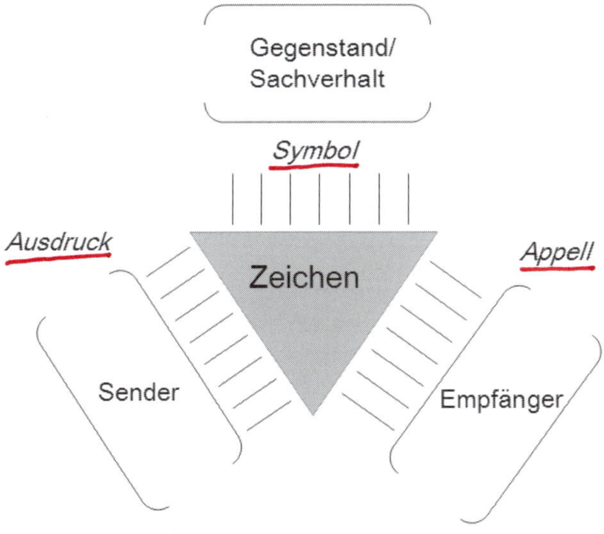

→ 3 Funktionen von Zeichen

Abb. 4: Organon-Modell (Bühler, 1934)

„Drei variable Momente an ihm [dem Schallphänomen] sind berufen, es dreimal verschieden zum Rang eines Zeichens zu erheben [...] Es ist Symbol kraft seiner Zuordnung zu Gegenständen und Sachverhalten, Symptom (Anzeichen, Indicium) kraft seiner Abhängigkeit vom Sender, dessen Innerlichkeit es ausdrückt, und Signal kraft seines Appells an den Hörer, dessen äußeres oder inneres Verhalten es steuert wie andere Verkehrszeichen. Dies Organon-Modell mit seinen drei weitgehend unabhängigen variablen Sinnbezügen steht vollständig, wie es ausgeführt werden muss, zum erstenmal in meiner Arbeit über den Satz (1918), der mit den Worten beginnt: ‚Dreifach ist die Leistung der menschlichen Sprache, Kundgabe, Auslösung und Darstellung‘. Heute bevorzuge ich die Termini: Ausdruck, Appell und Darstellung“ (Bühler 1934, S. 28).

Um es an einem Beispiel zu erläutern: Äußert jemand in einem Badesee „Ich fühle keinen Boden mehr“, so kann dies unter den Aspekten der Darstellung, des Ausdrucks, und des Appells betrachtet und verstanden werden. Im Hinblick auf die Darstellungsfunktion beschreibt die genannte Äußerung den Sachverhalt, dass der *Sender* nicht mehr stehen kann. Die Modulation, also die Art und Weise, wie die lautliche Äußerung vollzogen wird, fungiert zum einen als Ausdruck der Befindlichkeit des Senders (z. B. drückt sie einen Notfall aus oder in anderer Variation auch die Freude, endlich schwimmen zu können), und zum anderen wird hierdurch der Appell an das Verhalten des Empfängers deutlich (z. B. Hilfe zu leisten oder ebenfalls ins Wasser zu kommen, um gemeinsam zu schwimmen).

Kommunikation wird in diesem Sinn nicht nur als handlungsauslösender Prozess verstanden, sondern erweist sich selbst als Handlungsbegriff – oder wie es dann in John Langshaw Austins 1962 posthum erschienener sprechakttheoretischer Schrift „How to do things with words“ heißt: „Es ist also an der Zeit, die Frage ganz neu anzugehen. Wir wollen allgemeiner untersuchen, in wie verschiedener Weise etwas Sagen, etwas Tun bedeuten kann; in wie verschiedener Weise wir etwas tun, indem wir etwas sagen“ (Austin, 1981, S. 110).

John Langshaw Austin (1911–1960)

Symptomatisch für die frühe Sprechakttheorie wie für die meisten sprachwissenschaftlichen Theorien bis weit in das letzte Drittel des zwanzigsten Jahrhunderts hinein war allerdings, dass Kommunikation als linearer, vom Sender S an einen Empfänger E gerichteter Prozess verstanden wird. Aufgrund der von S nach E (und nicht umgekehrt) ausgerichteten Untersuchungsperspektive wird dem Sender eine Täterrolle zugewiesen, während der Empfänger den Kommunikationsprozess quasi erleidet.

z. B. „Mir ist kalt“ => jmd schließt Fenster

Obwohl uns heute (aufgrund veränderter gesellschaftlicher Kontextbedingungen) die soziale Asymmetrie eines in dieser Weise verstandenen kommunikativen Handelns vordergründig befremdlich erscheinen mag, braucht man nicht lange zu suchen, um dessen Relevanz zum Beispiel für unser sozial-, wirtschaftlich- und politisch-kommunikatives Handeln zu belegen.

Ein zeitnahes Beispiel stellen die Transformationsprozesse in Osteuropa dar: Unter dem Banner der so genannten *Schock-Therapie* wurden ökonomische Modelle westlicher Prägung in osteuropäische Länder übertragen und dort verankert, ohne dass über die Verträglichkeit der zugrundeliegenden individualistischen Denkweisen mit den (u. a. aufgrund der orthodoxen Religion) durchweg kollektivistischen Denk- und Handlungsvoraussetzungen der Empfänger reflektiert worden wäre. Gleiches gilt für jede andere Form sogenannten *globaler* Kommunikation, die versucht, eine Botschaft mit weltweiter Gültigkeit von S nach E zu verbreiten beziehungsweise zu *transmittieren.*

Wird Kommunikation in diesem Sinne als Transmissionshandlung verstanden, ist sie durch Asymmetrie gekennzeichnet, weil der Empfänger selbst nicht die Möglichkeit hat aktiv als Sender zu agieren. Man kann in diesem Fall auch von einer Form der Einbahnstraßenkommunikation sprechen.

Aus interkultureller Perspektive erweist sich der einem solchen Szenario zugrunde liegende Kommunikationsbegriff zwangsläufig als ethnozentrisch geprägt – und zwar aus der Sicht des Senders.

Eine solche Definition des Kommunikationsbegriffs im Sinne einer Reiz-Reaktions-Handlung liegt übrigens der noch heute im Marketing äußerst populären Lasswell-Formel zugrunde: „Wer sagt was auf welchem Wege zu wem mit welcher Wirkung?". Die Kommunikationsrichtung zeigt, dass es sich nicht um einen symmetrischen Prozess handelt.

Zum Nachdenken und Diskutieren

In den frühen 1990er Jahren wurden in west-östlichen Joint Ventures und Kooperationen wie unter anderem bei Skoda oder auch bei Jenoptik Leitungspositionen mit so genannten *Doppelspitzen* besetzt: Ein Ost- und ein Westmanager arbeiteten formal gleichberechtigt als Führungsduo zum Beispiel der Bereiche Produktion oder Marketing.
Wie lässt sich eine solche Maßnahme aus kommunikationstheoretischer Perspektive erklären beziehungsweise begründen?

Von einer eher symmetrischen Beziehung zwischen Sender und Empfänger gehen Definitionen aus, die Kommunikation als Austauschhandlung und damit als interaktionales Handeln interpretieren. Zu den wichtigsten Vertretern dieser Denkrichtung zählt der Sozialwissenschaftler Erving Goffman. Für ihn ist der Sender einer Information auch immer zugleich Empfänger der Information eines Anderen und umgekehrt (Abb. 5) (Goffman, 1971, S. 26). Die an einer Zusammenkunft beteiligten Individuen sind aufgrund dieser einfachen Rückkopplung (Goffman, 1971, S. 28) daran interessiert, einerseits Informationen zu erhalten und andererseits die von ihnen selbst vermittelten Informationen aus unterschiedlichen Gründen zu verarbeiten beziehungsweise Informationskontrolle auszuüben:

Erving Goffman (1922–1982)

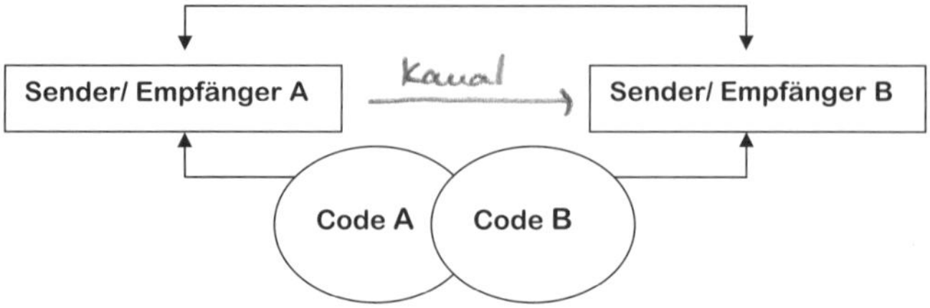

Abb. 5: Beziehungsorientiertes Kommunikationsmodell

Kommunikation als reziprokes Handeln

Weil wir in einer symbolischen Umwelt interagieren, werden wir einerseits in bestimmten Bedeutungsumfeldern sozialisiert und eignen uns auf diese Weise entsprechende Deutungsmuster an. Andererseits entstehen Bedeutungen erst in Interaktionen beziehungsweise werden in diesen Prozessen fortgeschrieben. So versteht man heute unter Wagen etwas anderes als vor zweihundert Jahren, weil sich die kontextuellen Rahmenbedingungen des Kommunikationsprozesses geändert haben.

diachronisch: zeitlicher Längsschnitt (z. B. historische Betrachtung)

synchronisch: zeitlicher Querschnitt

Bei einer Informationskontrolle im Sinne Goffmans – sowohl in diachronischer wie auch in synchronischer Absicht – kann deutlich werden, dass sich die Codes, die Kommunikationspartner einem bestimmten Zeichen zuweisen, nur partiell decken. Das gilt vor allem für interkulturelle Interaktionen: Beispielsweise wird das Zeichen „Team" für einen Japaner aufgrund spezifischer Konventionalisierungsgewohnheiten (in welcher Verwendung er das Zeichen hauptsächlich kennen gelernt hat) eher auf ein weitgehend homogenes Kollektiv verweisen, während es von einem US-Amerikaner aus vergleichbaren Gründen eher additiv im Sinne einer Summe von Individuen verstanden wird. Wie wir sehen werden, liegen gerade in der Referenz auf unterschiedliche symbolische Umwelten potentielle Missverständnisursachen interkultureller Kommunikation verborgen.

Zum Nachdenken und Diskutieren

Während der so genannte Autofahrergruß im Deutschen im Bereich des Obszönen angesiedelt ist, bedeutet das gleiche Zeichen in den USA soviel wie o. k.
Erklären Sie mit Hilfe des Kommunikationsmodells, was aus kommunikationstheoretischer Sicht passiert, wenn ein Deutscher den Autofahrergruß auf einem amerikanischen Highway gegenüber einem einheimischen Autofahrer realisiert, der die deutsche Konventionalisierung des Zeichens nicht kennt.

kommunikatives Handeln ist kontextualisiert

Kommunikation als wechselseitiger Zusammenhang von Inhalts- und Beziehungsebene

Beziehungsebene: Mit der Verwendung eines interaktionalen Kommunikationsbegriffs gewinnt automatisch der Aspekt der Gestaltung interpersonaler Beziehungen an Bedeutung: Mit jeder interpersonalen kommunikativen Handlung wird die Beziehungsebene der Interagierenden neu definiert, was wiederum Einfluss auf die weitere Gestaltung der Inhaltsebene nimmt und so weiter.

Im Sinne des selbstreferentiellen Kommunikationsprozesses, wie er von Luhmann (1975) beschrieben wurde, entsteht eine neue kommunikative Einheit aus der Rekursivität auf ein anderes kommunikatives Ereignis, womit sich eine sozialinfinite Kette bildet: Kommunikation an Kommunikation an Kommunikation und so weiter. Das kommunikative Ereignis selbst stellt sich, wie Paul Watzlawick es formulierte, als interdependentes Zusammenspiel von Inhalts- und Beziehungsebene dar: „Der Inhaltsaspekt vermittelt die ‚Daten', der Beziehungsaspekt weist an, wie diese Daten aufzufassen sind" (Watzlawick et al., 2003, S. 51).

Um ein Beispiel zu nennen: Das kommunikative Ereignis Lob erschöpft sich nicht im inhaltlichen Bezug einer entsprechenden Äußerung, sondern bewirkt, das der Gelobte sich in seinem Selbstwertgefühl bestätigt fühlt. Sein eigenes kommunikatives Handeln wird auf der Basis eines (wenn auch situativ und geringfügig) veränderten Selbstbildes einerseits zu einer Neubewertung der Beziehung zum Lobenden führen und gleichzeitig die Art und Weise der inhaltlichen Kommunikation beeinflussen. Wie sich eine solche Interdependenz von Inhalts- und Beziehungsebene in der Wirtschaftskommunikation darstellt, lässt sich gut an den häufig anscheinend irrationalen Schwankungen der Börsenkurse nachvollziehen, wobei der Bubble-Effekt des Neuen Marktes zu Beginn des 21. Jahrhunderts nur das prägnanteste Beispiel dafür ist, was im Kleinen unter dem Begriff Investor Relations inzwischen tagtäglich und strategisch sehr bewusst praktiziert wird.

Zusammenfassend können wir festhalten, dass sich das eindimensionale Sender-Empfänger-Modell heute zumindest aus westlicher Perspektive nicht aufrechterhalten lässt. Jeder Kommunizierende ist durch die Doppelstruktur von Sender – Empfänger geprägt und stellt innerhalb des Kommunikationsprozesses keine feste, sondern eine prozessbedingt variable Größe dar, die sich (z. B. in ihren Ansichten, Einstellungen etc.) während der kommunikativen Handlung durchaus verändern kann.

Da in Kommunikationsprozessen durch das Wechselspiel von Inhalts- und Beziehungsebene permanent neue Handlungszusammenhänge erzeugt werden, ist es angebracht, Kommunikations- als Handlungsprozesse aufzufassen. Die Handlungen selbst beruhen immer auf dem Verhalten aller Beteiligten und sind insofern durch Reziprozität gekennzeichnet (das gilt auch dann, wenn einer der Kommunikationsteilnehmer scheinbar nicht reagiert). Dafür spricht im Übrigen auch die etymologische Herkunft des Begriffs von lateinisch „communicare“: etwas gemeinschaftlich machen.

Zum Nachdenken und Diskutieren

Erläutern Sie die Interdependenz von Inhalts- und Beziehungsebene am Beispiel des Scheiterns der ersten Kooperationsverhandlungen zwischen Renault und Volvo.

Kontext: Die Automobilhersteller Renault (Frankreich) und Volvo (Schweden) begannen 1992 ihre ersten Verhandlungen über eine Fusion ihrer beiden Unternehmen. Ziel sollte die damit verbundene Gründung des größten europäischen Automobilkonzerns sein. Die Verhandlungen scheiterten Anfang Dezember 1993 und wurden erst 2002 – unter anderen Vorzeichen – wieder aufgenommen.

Entwicklung: Die Verhandlungen begannen zu einem Zeitpunkt, als Volvo erhebliche Umsatzeinbußen und einen Produktionsrückgang von 420.000 auf 300.000 Einheiten zu verzeichnen hatte. In den ersten drei Quartalen des Jahres 1993 änderte sich die Situation: Das Oktoberergebnis von Volvo war das höchste seit fünf Jahren, während Renault Umsatzverluste zu verzeichnen hatte.

Situation und Stimmen in der ersten Phase:

- „Entweder haben wir eine fusionierende Autoindustrie oder wir haben überhaupt keine" (Svenska Dagbladet).
- Am 6.7.1993 wurde der Fusionsvertrag vorgelegt, es gab Lob für den Volvo-Chef Gyllenhammar. Die Zustimmung der Aktionäre wurde vorausgesetzt.

Situation und Stimmen in der zweiten Phase:

- Nationalistische (Anti-EG-Strömungen) in Schweden warnen vor einem Ausverkauf „des Kleinods schwedischer Ingenieurskunst" an das französische Staatsunternehmen. Die schwedische Presse warnt vor Mentalitätsunterschieden zwischen den „chauvinistischen Franzosen" und den „pragmatischen Schweden". Aus französischer Sicht werden Äußerungen wie „Nicht alle Franzosen können Englisch" als „kränkend" empfunden.
- Auf schwedischer Seite setzt sich in der Presse die Ansicht durch, dass Renault die Volvo-Manager „nicht als Partner, sondern als Eigentum" betrachte.

political correctness - Diskussion

2 Kommunikationskomponenten, kommunikative Systeme und kommunikative Stile

Eine wesentliche Bedingung dafür, dass sich Kommunikations- als Interaktionsprozesse ereignen und dass sich überhaupt Kommunikationsbeziehungen konstituieren können, besteht neben der Kanalfunktion von Medien in der Existenz und dem Gebrauch von Zeichen.

Als wissenschaftliche Domänen der Lehre von den Zeichen, eben der Semiotik, betrachten sich teilweise bis in die Gegenwart hinein die Sprachwissenschaften – mit der Konsequenz, dass der Zeichenbegriff heute überwiegend auf den Aspekt verbalkommunikativer Zeichen bezogen wird. Zeichen, die für den Verlauf von Kommunikationsprozessen mindestens genauso entscheidend sind wie Sprachzeichen, finden wir jedoch auch in ganz anderen als in verbalen Bereichen. Ob jemand laut oder leise, schnell oder langsam spricht, ob er sich mimisch in einer bestimmten Weise äußert, in welcher Weise er gestikuliert, welchen Körperabstand er einhält oder auch Geruchsaspekte: All dies sind Zeichen, die in den Kommunikationsprozess einfließen, die gedeutet werden und die für den Kommunikationsverlauf, für die spezifische Gestaltung von Beziehungsebenen der Kommunikation, von entscheidender Bedeutung sein können. Da dies für interkulturelle Kommunikationsprozesse in besonderem Maße gilt, verwendet man in der interkulturellen Kommunikationsforschung (und eben nicht in der interkulturellen Sprachforschung) einen *weiten Kommunikationsbegriff*, der zwar verbale Elemente enthält, sich aber nicht in ihnen erschöpft. Dies unterscheidet im Übrigen die interkulturelle Kommunikationsforschung zum Teil auch noch von der allgemeinen Kommunikationswissenschaft. Letztere war bis weit in das letzte Drittel des vergangenen Jahrhunderts hauptsächlich auf Zeitungswissenschaft oder Journalistik bezogen und konzentriert sich als Medienwissenschaft auch heute noch vielfach auf informationstechnologische Aspekte des Kanals, eben des Mediums von Kommunikation.

weiter Kommunikationsbegriff

Dass in erster Linie weder medientechnologische Gegebenheiten noch Differenzen in sprachlichen Codes zu interkulturellen Missverständnissen führen, sondern vielmehr die erwähnten nichtsprachlichen Kommunikationsmittel, war eine Erkenntnis, die in den späten 1980er Jahren aus der Beschäftigung mit Fragestellungen der interkulturellen Kommunikation heraus zur besagten Neudefinition des Verständnisses von Kommunikation führte. David

Crystal (1987), Els Oksaar (1988) und wenig später Hartmut Schröder (1993) ebneten einem Kommunikationsverständnis den Weg, das sprachliche, nicht-sprachliche und außersprachliche (u. a. mediale) Aspekte als gleichberechtigte und interdependente Bestandteile kommunikativen Handelns begriff. Differenziert man nicht-sprachliche Zeichen weiter in a) nonverbale und b) paraverbale Zeichen (Bolten, 1992), so resultiert ein Kommunikationsbegriff, der sich im wechselseitigen Zusammenspiel von vier Komponenten konstituiert (Abb. 6).

vier Komponenten der Kommunikation

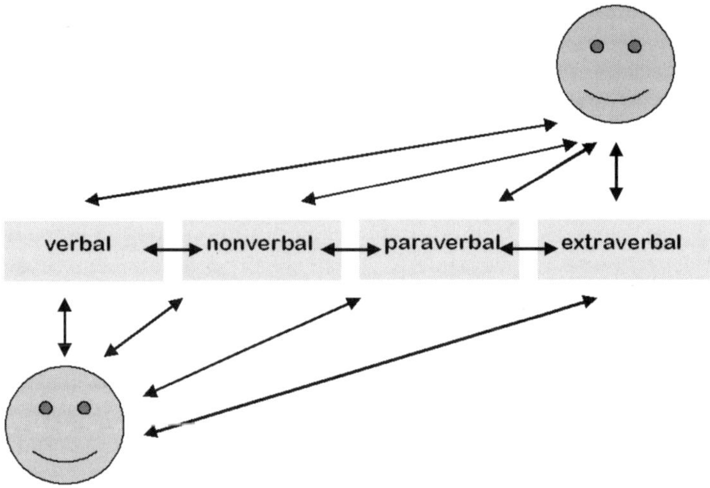

Abb. 6: Vier Komponenten der Kommunikation

Dass es sich auch dann um einen wechselseitigen Zusammenhang aller vier Komponenten handelt, wenn eine der Komponenten anscheinend nicht realisiert wird, verdeutlicht zum Beispiel ein Pantomimentheater: Gerade dadurch, dass verbale Kommunikation entfällt, wirkt sie umso stärker auf die anderen Komponenten und bedingt beispielsweise die Notwendigkeit einer besonders intensiven Realisierung nonverbaler Kommunikationsmittel. Auch hier bestätigt sich Watzlawicks These, dass man „nicht nicht kommunizieren" kann.
Je nach Kommunikationsart realisieren sich die vier Kommunikationskomponenten unterschiedlich. Wie sich dies im Verhältnis von mündlicher und schriftlicher Kommunikation darstellt, veranschaulicht Tabelle 1.

Tab. 1: Unterschiedliche Realisation der vier Kommunikationskomponenten

	mündliche Kommunikation	*schriftliche Kommunikation*
verbal	u. a. lexikalische, syntaktische, rhetorisch-stilistische Vertextungsmittel	u. a. lexikalische, syntaktische, rhetorisch-stilistische Vertextungsmittel;
non-verbal	u. a. Mimik, Gestik, Körperhaltung, Blickkontakt	u. a. Bilder, Zeichnungen, Diagramme, Format, Farbe, Layout
paraverbal	u. a. Lautstärke, Stimmlage, Sprechrhythmus, Lachen, Hüsteln, Pausen, Akzent	u. a. Typographie, Interpunktion, Schreibweise, Zwischenräume, Satzspiegel (Block-, Flattersatz o. Ä.)
extraverbal	u. a. Zeit, Ort, Kleidung; Kontexte; taktile (fühlbare), olfaktorische (riechbare) Aspekte	u. a. Zeit (z. B. Erscheinungsweise), Raum (Ort und Modi der Textübermittlung); Papierqualität, Faltweise

Welche Realisationsformen der einzelnen Komponenten gewählt werden, hängt einerseits sehr stark von dem Kontext des kommunikativen Zusammenhangs ab, andererseits wird dieser aber auch wesentlich durch die Komponentenrealisation geprägt: Durch ein Protokoll geregelte Kommunikationssituationen wie zum Beispiel ein Bankett lassen häufig keinen Spielraum bei der Gestaltung des Kommunikationsprozesses und wirken dementsprechend nicht selten steif. Werden die Grenzen des Protokolls zum Beispiel dadurch überschritten, dass einer der Kommunikationsteilnehmer eine schlagfertige, witzige oder in anderer Weise unkonventionelle Bemerkung äußert, kann es plötzlich zu einer unverhofften Lockerung der Gesprächsatmosphäre kommen, womit sich wiederum der Kontext für den nachfolgenden Kommunikationsprozess verändert.

Zum Nachdenken und Diskutieren

Wendet man das Beschreibungsmodell auf kommunikative Ereignisse wie Filme oder Spots an, gewinnen Aspekte wie a) Ausleuchtung, Musik, b) Effekte, Schnitt, c) Ort und Medium der Vorführung Relevanz.
Wie würden Sie die drei Gruppen a), b), c) den vier Komponenten zuordnen?

Ein Verfahren zur Analyse von Kommunikationsprodukten besteht darin, zunächst mit einer Merkmalsbeschreibung der vier Kommunikationskomponenten zu beginnen. Dies könnte sich zum Beispiel in Bezug auf ein Inhaltsverzeichnis des Magazins „Der Spiegel" (7.11.2005) wie in Abbildung 7 darstellen.

In diesem Heft

Titel

Angela Merkel und Matthias Platzeck – zwei Ostdeutsche wollen das Land aus der Krise führen ... 24
CDU-Vize Christian Wulff über den Rückzug Edmund Stoibers nach Bayern und die Verhandlungen über das Regierungsprogramm ... 34
Generationenkonflikt in der SPD ... 40
Franz Walter über das politische ... r Großen Koalition ... 46

... von BKA-Befugnissen ... 39
... 48
SPIEGEL-Gespräch mit ... Matthias Schrappe
... 54
... Karlsruhe prüft, ob ... notfalls
... werden dürfen ... 64
... In der Jüdischen Gemeinde ... zwischen
... und Zuwanderern ... 66
Gedenkstätten: Ehemalige DDR-Grenzer versuchen, in Mauermuseen die Schrecken des Eisernen Vorhangs zu verharmlosen ... 70
Armut: Osteuropäische Bettler mit extremen Körperschäden heischen in deutschen Metropolen um Mitleid ... 72
Justiz: Sexualverbrecher werden immer länger inhaftiert ... 78
Zeitgeschichte: Die Edelweißpiraten, eine Gruppe junger Nazi-Gegner, werden jetzt fürs Kino entdeckt ... 84

Sport

Fußball: Warum Nike bei der WM 2006 Brasiliens Nationalelf nach Berlin lotsen will ... 88
Basketball: Kobe Bryant – die Resozialisierung eines gefallenen Helden ... 94

Wirtschaft

Trends: Bundesagentur prüft Hartz-IV-Missbrauch / Marshallplan-Milliarden sollen beim Bund bleiben ... 97
Geld: Volksbanken sind Ziel neuer Internet-Attacken / Schnäppchen auf dem chinesischen Aktienmarkt ... 99

Offensive aus dem Osten

... die beiden ... groß: Sie sollen das Land reformieren und müssen ihre Parteien bei Laune halten. Ein Experiment beginnt – die Chefs gelten als pragmatischer und illusionsloser als ihre Kollegen aus dem Westen.

Platzeck, Merkel

Stoiber ade? Seite 48

Die Rückkehr ins heimelige Bayern gerät für Edmund Stoiber zum Spießrutenlauf. Nach seinem blamablen Gastspiel in Berlin sind die Parteifreunde daheim nicht mehr gut auf ihren selbstherrlichen Vorsitzenden zu sprechen. Nicht wenige hoffen auf ein baldiges Ende seiner Ära.

Stoiber, Gebirgsschützen

Ärzte in der Krise Seite 54

Dreißig Prozent mehr Gehalt fordern derzeit streikende Krankenhausärzte. Nicht Gier sei das, sondern Symbol einer tiefen Sinnkrise des ganzen Berufsstands, so Matthias Schrappe, Dekan an der Uni Witten/Herdecke, im SPIEGEL-Gespräch.

Ärzte bei der Notfallversorgung

Abb. 7: Analyse der vier Kommunikationskomponenten

Die Beschreibung der einzelnen Komponenten ließe sich nahezu endlos differenzieren, wobei die jeweiligen Merkmale immer auch als Bedeutungsträger fungieren: Personenaufnahmen aus der Froschperspektive (nonverbal) rücken beispielsweise die entsprechenden Personen als Individuen in den Vordergrund, grammatische Unvollständigkeit (verbal) impliziert Sprachökonomie, farbig gestaltete Themenbalken oder größer gewählte Schrifttypen erleichtern die Orientierung im Text, lineare Spaltenanordnungen und Blocksatz wirken ruhiger als Spaltenversetzungen oder Blocksatz (paraverbal) und so weiter.

Dass die einzelnen Komponenten in einem wechselseitigen Zusammenhang stehen und sich ihre Merkmale dementsprechend gegenseitig bedingen, lässt sich in prägnanter Weise zum Beispiel am kommunikativen Ereignis Trauerrede in einer deutschen Friedhofskapelle zeigen: Die extraverbale Komponente deutsche Friedhofskapelle beeinflusst in der Regel (und zwar aufgrund von Konventionalisierungen) verbale Kommunikationsinhalte genauso wie paraverbale Elemente (ebenmäßige, getragenere Modulation). Der gedämpftere Sprechrhythmus wiederum führt schon aus physiologischen Gründen in nonverbaler Hinsicht zu einem gestisch unauffälligen Verhalten, was sich letztlich wiederum bestätigend auf den Rahmen im Sinne Goffmans auswirkt. Somit haben wir es bei dem Zusammenspiel der vier Komponenten mit einem kommunikativen Systemzusammenhang (Abb. 8) zu tun.

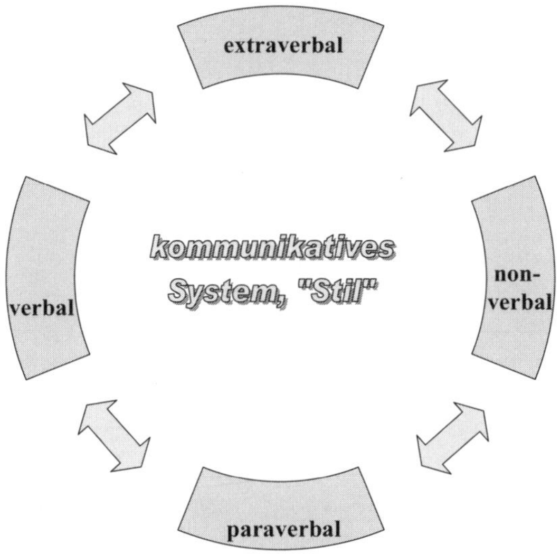

Abb. 8: Kommunikativer Systemzusammenhang

Konventionalisierung kommunikativer Systemzusammenhänge als Bedingung für die Herausbildung kommunikativer Stile

Offenkundig ist an dem Beispiel die Bindung an einen bestimmten konventionalisierten Kontext. In anderen Zusammenhängen kann die Realisierung der einzelnen Kommunikationskomponenten völlig anders gestaltet sein. Dies wird uns zu einem späteren Zeitpunkt unter dem Aspekt interkulturellen kommunikativen Handelns noch ausführlicher beschäftigen. In jedem Fall gilt jedoch auch in diesen anderen Zusammenhängen die Interdependenz der Merkmale.

Der Grund hierfür liegt in der Konventionalisierung nicht nur von einzelnen Zeichen, sondern von komplexen kommunikativen Systemen. Würde man eine der Komponenten aus diesem Systemzusammenhang entfernen und sie durch eine außerhalb dieses Interdependenzzusammenhangs entstandene ersetzen (z.B. durch ein Rappen der Trauerrede), wäre das System selbst kaum mehr funktionsfähig. Es wäre in dem gegebenen Kontext sinn-los und damit unplausibel.

kommunikativer Stil

Das Verbindende, eben der konventionalisierte Zusammenhang der Komponenten, lässt sich auch mit dem Begriff des (kommunikativen) Stils belegen. Bezogen auf interkulturelle Handlungszusammenhänge wird uns später noch ausführlicher beschäftigen, inwieweit kommunikative Stile (Abb. 9) als kulturelle Stile zu verstehen sind.

Abb. 9: Stil (nach Kluge, 1989)

Zum Nachdenken und Diskutieren

Der Aspekt des kommunikativen Systemzusammenhangs (Abb. 8) spielt in der Übersetzungspraxis eine wichtige Rolle.
Mit welchen Argumenten würden Sie das Angebot einer Übersetzungsagentur ablehnen, die Ihnen nahe legt, für Ihren Markteintritt in Russland, Vietnam und Kanada die bereits existierende deutschsprachige Imagebroschüre lediglich sprachlich an die Zielmärkte anzupassen, während Bildauswahl und Layout aus Kostengründen hingegen unverändert bleiben sollten?

3 Kommunikativer Wandel

Kommunikative Systemzusammenhänge oder kommunikative Stile entstehen – wie auch die spezifische Merkmalskonfiguration ihrer Komponenten – nicht ad hoc. Sie sind über lange Zeiträume hinweg tradiert, wobei dieser Tradierungsprozess den Akteuren selbst in der Regel nicht bewusst ist:

„So erziehen – um ein wichtiges Feld herauszugreifen – die zentralen Programme unserer PCs (und Macs) die Nutzer ganz im Sinne der Darstellungsformen der Buchkultur. Photoshop und andere pixelorientierte Bildbearbeitungs- und -erzeugungsprogramme haben das Glasscheibenideal der Perspektive, wie es in der italienischen Renaissance entwickelt wurde, zur Grundlage. Das punktweise Abtasten durch eine als Sehstrahl aufgefasste visuelle Wahrnehmung lag ja schon als Denkmodell der Entwicklung von Fernsehen (Braun'sche Röhre) und Fernsehkameras zugrunde. Die vektororientierten Bildprogramme (z. B. Coral Draw) nehmen die Verfahren der zentralperspektivischen Konstruktion, die auf der Euklidischen Geometrie aufbaut, auf. (Ebenso die 3D-Programme, die zu Raum- und Gegenstandssimulationen verwendet werden – mindestens bis zum rendern.)
Bei Photoshop von Adobe kommt hinzu, dass die Prinzipien des schichtenweisen (auch transparenten) Bildaufbaus, wie sie in der Ölmalerei – und zunächst nur in dieser – seit dem 15. Jahrhundert entwickelt wurden, perfekt genutzt werden. ‚Werkzeugspitzen' imitieren die Stile, Hell-, Dunkel- und Kontrast-Graduierungen ermöglichen unter anderem die Berücksichtigung von Erkenntnissen der Farb- und Verschleierungsperspektive. So gesehen kann man Photoshop als eine Form des ‚master modelling' begreifen; es rekonstruiert Expertenprogramme einer älteren Epoche!" (http://www.michael-giesecke.de/visualisierung/visualisierung.htm, Zugriff am 10.1.2005)

Veränderungsprozesse ereignen sich permanent, und dennoch vollziehen sie sich eher unmerklich und langsam. Dass Veränderungen innerhalb einer Kommunikationskomponente sich durchsetzen können, setzt a) Akzeptanz und Konventionalisierungsbereitschaft seitens der Kommunikationsteilnehmer voraus und b) eine Passung („fit") in Bezug auf Merkmale der anderen Komponenten und damit in Bezug auf das Gesamtsystem.
Ein „misfit" läge gegenwärtig beispielsweise vor, wenn man versuchen würde, Milch in einer schwarzen Verpackung zu verkaufen. Solche „misfit"-Kommunikate werden vom Gesamtsystem absorbiert. Umgekehrt ist allerdings auch nicht eindeutig prognostizierbar, ob und in welcher Weise sich ein Komponentenmerkmal (wie z. B. ein bestimmter Produktname) als passfähig erweist. Diese Un-

„invisible-hand"-Prozess

bestimmtheit wird unter dem Begriff der *unsichtbaren Hand* zusammengefasst, womit gerade das freie und in einem bestimmten Maß zufällige Zusammenspiel der einzelnen Systembestandteile gemeint ist. In diesem Sinne vollzieht sich kommunikativer (und historischer) Wandel (Abb. 10) auch bei relativ restriktivem Steuerungsverhalten als „invisible-hand"-Prozess. Ein solcher Prozess kann von jeder beliebigen Merkmalsveränderung innerhalb einer der vier Komponenten ausgelöst werden.

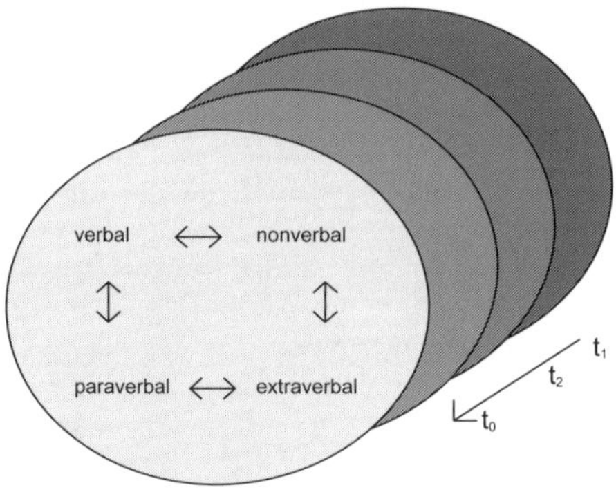

Abb. 10: Kommunikativer Wandel als „invisible-hand"-Prozess

kommunikativer Systemwandel in diachroner Perspektive

Aufgrund ihrer Einbindung in kommunikative Gesamtzusammenhänge (wie z. B. Stile) sind Veränderungen einzelner Komponentenmerkmale auch selten monokausal im Sinne isolierter Prozesse beschreibbar. So konnten sich zum Beispiel im nonverbalen Bereich seit Dürers „Vier Büchern von menschlicher Proportion" (1538) perspektivische Darstellungen nicht schon deshalb durchsetzen, weil Rastergläser erfunden worden waren, sondern weil parallel hierzu mit der Entstehung des Frühbürgertums und der Reformationsbewegung in einem viel umfassenderen Zusammenhang bis dahin akzeptierte Größenverhältnisse in Frage gestellt wurden.
Umgekehrt führte die Etablierung perspektivischer Darstellungsformen dazu, dass auch Wichtiges und Bedeutendes in perspektivische Symmetrien eingebunden wurde und nicht mehr – wie in dem mittelalterlichen Madonnenbild (Abb. 11) – eine Hervorhebung durch asymmetrische Darstellungen Größenverdopplungen erfuhr.

Abb. 11: Mittelalterliches Madonnenbild von Piero della Francesca

Verbale Veränderungen verweisen im syntaktischen Bereich häufig auf sprachökonomische Prozesse, die ihrerseits durch veränderte Bedingungen extraverbaler Merkmale bedingt sein können. Grammatisch unvollständige Sätze werden zum Beispiel dann akzeptiert, wenn sie aufgrund zunehmender Informationsmenge ein zentrales Mittel darstellen, um in einem notwendigen Maß Informationen überhaupt noch aufnehmen zu können. Paraverbal wiederum begünstigt dies beispielsweise die Einführung von Orientierungsmarkern wie Balken oder auch Differenzierungen in der Schriftgröße. Deutlich wird dies, wenn man das Inhaltsverzeichnis einer aktuelleren Ausgabe des Magazins „Der Spiegel“ mit einen Inhaltsverzeichnis der gleichen Zeitschrift aus den 1950er Jahren vergleicht (Abb. 12 und 13).

IN DIESEM HEFT

INLAND

AUSLAND

KULTUR

DER SPIEGEL, Mittwoch, 1. Januar 1958

In diesem Heft

6

Die Rückkehr des Reformers Seite 20

Friedrich Merz ist wieder da: Der einstige Ober-Reformer der CDU, von Angela Merkel nach der Bundestagswahl 2002 kaltgestellt, hat sich im Rechtsausschuss des Bundestags eine wichtige Position erarbeitet. Als Berichterstatter für die Gesundheitsreform kann er das umstrittene Großprojekt, das er für nicht verfassungsgemäß hält, torpedieren – und der Kanzlerin empfindlich schaden.

Merz, Merkel

Auf der Spur der Piraten Seite 46

Das schwäbische Unternehmen Stihl, weltweit bekannt für seine qualitativ hochwertigen Motorsägen, hat über Jahre machtlos zugesehen, wie chinesische Fälscher den Markt mit Nachbauten überschwemmten. Nun wehren sich die Deutschen gegen Asiens Produktpiraten: Sie engagieren chinesische Detektive, die in China Beweise sammeln sollen. Nur so kann den Raubkopierern der Prozess gemacht werden.

MySpace – Spaß für Millionen Seite 68

Die New Economy ist wieder da – und der virtuelle Spielplatz MySpace hat ihr den Weg bereitet: Schon mehr als 140 Millionen Menschen präsentieren sich weltweit auf der Internet-Plattform. Im SPIEGEL-Gespräch beschreiben die beiden US-Gründer, wie ihr Baby sich nun anschickt, die Welt zu verändern.

Internet-Café (in Tallinn)

60 Jahre DER SPIEGEL S. 73

Am 4. Januar 1947 erschien in Hannover die erste Ausgabe des SPIEGEL. Chefredakteur war der damals 23 Jahre alte Rudolf Augstein, unter dessen Leitung das Blatt nach dem Vorbild des US-Magazins „Time" sich mit kritischen Artikeln, vor allem zur Politik des Kanzlers Adenauer, rasch zum einflussreichsten Polit-Magazin entwickelte. Die Geschichte des SPIEGEL ist auch eine Geschichte der Bundesrepublik.

Augstein, Sekretärin

Abb. 12/Abb. 13: „Der Spiegel" vom 1.1.1958 und vom 8.1.2007

Zum Nachdenken und Diskutieren

Beschreiben Sie in Hinblick auf die vier Kommunikationskomponenten, welche Veränderungen sich in der Entwicklung des Inhaltsverzeichnisses vom „Spiegel" 1/1954 zur Ausgabe 45/2005 vollzogen haben.
Was ist notwendig, um über die Hypothesen bezüglich Entwicklungen des kommunikativen Teilsystems Inhaltsverzeichnis eines Nachrichtenmagazins hinaus Schlüsse auf Wandlungsprozesse komplexerer kommunikativer Systemzusammenhänge dieses Zeitraums in der BRD (z. B. Unternehmenskommunikation) ziehen zu können?

Unter anderem aufgrund des geringeren Informationsangebots war in den 1950er Jahren auch der Umfang des „Spiegel" geringer, so dass mehr Zeit für eine ausführlichere Magazinlektüre zur Verfügung stand. Dies dokumentiert sich beispielsweise darin, dass grammatische Vollständigkeit selbst in den Beschreibungen des Inhaltsverzeichnisses erwartet und gegeben wurde (vgl. auch die vollständige Ausschreibung der Wortmarke „Seite"). Paraverbale Orientierungshilfen waren nur bedingt notwendig, weil die Informationsmenge selbst übersichtlich war (einspaltiges Inhaltsverzeichnis). Erst mit zunehmender Informationsmenge (höhere Informationsgeschwindigkeit durch verbesserte Nachrichtentechnologien, enger werdender Zeitschriftenmarkt etc.) wurden deutlichere paraverbale Strukturierungsmaßnahmen erforderlich und erschien grammatische Unvollständigkeit nicht mehr befremdlich, sondern hilfreich. Dies galt in gleichem Maß auch für die zunehmend stärkere farbliche Gestaltung des Inhaltsverzeichnisses. Von einer Ausgabe zur nächsten wäre ein Wandel, wie er sich in unserem Beispiel dokumentiert, freilich nicht durchsetzbar gewesen: Er wäre den Kontextbedingungen zu weit vorausgeeilt, hätte diesbezüglich zu einem „misfit" geführt und wäre von den Lesern zum Beispiel als schrill, chaotisch bunt oder ähnlich abqualifiziert worden. Umgekehrt sind freilich auch bestimmte Innovationen der Drucktechnik (oder auch der Technik des Heftens) notwendig gewesen, um zum Erscheinungsbild des Inhaltsverzeichnisses von 2005 zu gelangen.
Kausalverhältnisse dingfest machen oder entschlüsseln zu wollen, ist in diesen Zusammenhängen müßig: Ob Druckerzeugnisse bunter geworden sind, weil die entsprechende Technologie plötzlich zur Verfügung stand, oder ob der entsprechende technologische Innovationsschub vom größeren Strukturierungsbedarf des wachsenden Informationsangebots ausging, lässt sich aufgrund der Ereignisvernetzung schlechterdings nicht sagen. Von daher ist der

Wandlungsprozess kommunikativer Systemzusammenhänge selbst innerhalb eines so relativ kurzen Zeitraums, wie er durch die beiden Spiegel-Inhaltsverzeichnisse markiert wird, nicht eindeutig rekonstruierbar.

Analyse historischer Wandlungsprozesse

Historische Analysen kommunikativer Wandlungsprozesse werden immer bei kommunikativen Teilsystemen wie zum Beispiel Inhaltsverzeichnissen, Unternehmensleitlinien, Geschäftsberichten und Werbung ansetzen. Sie gehen von einem bestimmten Vorwissen des Analysierenden aus und verfahren im Wesentlichen hypothesengeleitet.

Hermeneutik: Lehre von der Textauslegung und vom Verstehen

Der Verstehensprozess selbst vollzieht sich im Sinne einer hermeneutischen Spirale (Abb. 14): Er ist umso komplexer und begründeter, je mehr Verweisungszusammenhänge beziehungsweise Vernetzungen zwischen den einzelnen Hypothesen hergestellt werden und je plausibler Hypothesen-Transfers in andere kommunikative Teilsysteme gelingen.

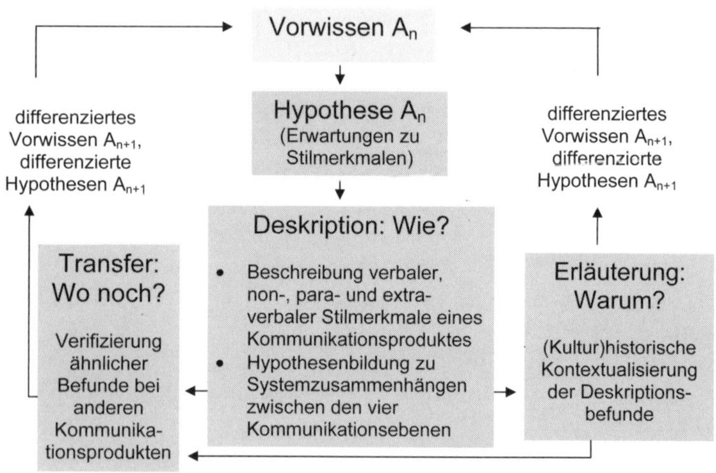

Abb. 14: Hermeneutische Verstehensspirale

Findet man im Transfer auf unterschiedliche Textsortenrealisationen eines bestimmten Zeitraums beispielsweise die in einem Einzelfall beschriebene sukzessive Entwicklung von fragilen, verschnörkelten Schriftarten hin zu serifenlos-sachlicher Schreibweise bestätigt, dann liegt voraussichtlich eine Konventionalisierung vor, die über Einzelfälle hinausgehend auf die Herausbildung eines Mainstreams schließen lässt. Auf der Erklärungsebene formulierte Hypothesen für das Warum eines solchen Prozesses verstärken sich

auf diese Weise gegenseitig und ermöglichen weitergehende (differenziertere) Hypothesenbildungen.
Festhalten lässt sich als Ergebnis der Analyse kommunikativen Wandels bereits an dieser Stelle, dass kommunikative Prozesse offenkundig in fundamentaler Weise zur Realitätskonstruktion beitragen.

Kommunikation konstituiert Realität (und damit Kultur)

4 Exkurs: Sprachen der Welt im historischen Wandel

4.1 Weltsprachen und die Anzahl ihrer Sprecher

Chinesisch, Englisch und Hindi werden von den meisten Menschen als Muttersprache gesprochen und sind in diesem Sinne die größten Sprachen (Tab. 2).

Tab. 2: Weltsprachen
(http://www.fask.uni-mainz.de/fbpubl/fax/stoll/stoll-0012.html)

Chinesisch, Mandarin	885,0 Mio.
Spanisch	332,0 Mio.
Englisch	322,0 Mio.
Bengali	189,0 Mio.
Hindi	182,0 Mio.
Portugiesisch	170,0 Mio.
Russisch	170,0 Mio.
Japanisch	125,0 Mio.
Deutsch	98,0 Mio.
Chinesisch, Wu	77,2 Mio.
Javanesisch	75,5 Mio.
Koreanisch	75,0 Mio.
Französisch	72,0 Mio.
Vietnamesisch	67,7 Mio.
Telugu	66,4 Mio.

Statistiken über die Nutzung von Sprachen in internationalen Kontexten zeigen allerdings deutlich veränderte Rangfolgen. Lingua franca ist in diesem Zusammenhang immer noch Englisch. Dies gilt auch für das Medium Internet (Tab. 3).

Tab. 3: Englisch als Lingua franca
(http://www.netz-tipp.de/sprachen.html#5#5)

Sprache	Prozentsatz der Websites
Englisch	32 %
Chinesisch	13 %
Japanisch	8 %
Spanisch	6 %
Deutsch	6 %
Französisch	4 %
Koreanisch	3 %
Italienisch	3 %
Portugiesisch	3 %
Holländisch	2 %

4.2 Sprache und Migration: Sprachfamilien

Verwandtschaften zwischen vermeintlich sehr unterschiedlichen Sprachen sind an Wortähnlichkeiten oder grammatikalisch vergleichbaren Strukturen zu erkennen. Die Ursachen hierfür liegen zumeist in der Entstehung aus einer ursprünglich gemeinsamen Sprache. Durch Migrationsbewegungen, Kolonialisierungen, aber auch durch langandauernde Handelsbeziehungen haben sich in zum Teil weit entfernten Regionen Sprachgruppen vermischt und neue Sprachen herausgebildet, die mit den Ursprungssprachen mehr oder minder deutliche Gemeinsamkeiten aufwiesen. Dass sich derartige Prozesse in der Regel über Jahrhunderte erstrecken, belegt sehr deutlich die Entwicklung des Indogermanischen. So weiß man heute, dass sich Griechisch, Hethitisch und Sanskrit bereits um 2000 vor Christus als eigene Sprachen herausgebildet hatten, während sie 1000 Jahre zuvor noch nicht signifikant unterscheidbar waren. Dennoch: Die Verweise auf den gemeinsamen Sprachursprung sind bis heute nachweisbar, so dass man diese Sprachen mit vielen anderen der Sprachfamilie des Indogermanischen zuordnen kann (Tab. 4):

Tab. 4: Indogermanische Sprachfamilie

Indogermanische Sprachfamilie								
Keltisch	*Italisch*	*Germanisch*	*Balto-Slawisch*		*Griechisch*	*Indo-Iranisch*		*+ Anatolisch*
	+ Latein				Albanisch			+ Hethitisch
Schottisch	Italienisch	Englisch	Baltisch	Slawisch	Armenisch	Indisch	Iranisch	+ Luwisch
Irisch	Spanisch	Deutsch	Litauisch	Russisch	+ Tocharisch			Die obigen altanatolischen Sprachen sind ausgestorben. Das heutige Türkisch gehört zu den Altaischen Sprachen.
Walisisch	Portugiesisch	Niederländisch	Lettisch	Polnisch	Die obigen vier Sprachen sind selbständige Sprachen ohne eine Unterfamilie.	+ Sanskrit	+ Avestisch	
Bretonisch	Französisch	Dänisch		Tschechisch				
	Provenzalisch	Norwegisch		Bulgarisch		Hindi/Urdu	Persisch	
	Rumänisch	Schwedisch		Serbisch/Kroatisch		Bengali	Pashtu	
	Rätoromanisch	Isländisch				Punjabi	Kurdisch	

Insgesamt ist die Zahl der Sprachfamilien undurchschaubar, da man in vielen Fällen nicht genau weiß, ob verwandte Sprachen letztlich nicht nur Dialekte einer einzigen Sprache sind. Aufgrund der Globalisierungsprozesse geht die Entwicklung zurzeit in Richtung einer sehr starken Verminderung der Sprachenvielfalt. Gerade weil die Sprachenentwicklung zu großen Teilen Resultat von Migrationsbewegungen ist, kann man mit Recht die Spezifik der Entstehung von Sprachfamilien als Resultat interkultureller Prozesse verstehen. Der Verwandtschaftsgrad von Sprachen einer Sprachfamilie wird deutlich, wenn man zum Beispiel Zahlwörter aus indogermanischen Sprachen mit denen des Japanischen (als einer nicht-indoeuropäischen Sprache) vergleicht (Tab. 5).

Tab. 5: Zahlwörter in indoeuropäischen und nicht-indoeuropäischen Sprachen

Deutsch	*Gotisch*	*Tsche-chisch*	*Latei-nisch*	*Grie-chisch*	*Sanskrit*	*Japanisch*
einer, eine	ains, aina	jeden, jedna	unus, una	heis, mia	ekas	hitotsu
zwei	twai, twos	dva, dve	duo, duae	dyo	dva	futatsu
drei	thries	tri	tres	treis	tryas	mittsu
vier	fidwor	cytyri	quattuor	tettares	calvares	yottsu
fünf	fimf	pet	quinque	pente	panca	itsutsu
sechs	saihs	sest	sex	hex	sat	muttsu
sieben	subun	sedm	septem	hepta	sapta	nanatsu
acht	ahtau	osm	octo	okto	asta	qattsu
neun	niun	devet	novem	ennea	nava	kokonotsu
zehn	taihun	deset	decem	deka	dasa	to

4.3 Englisch ist nicht gleich Englisch

Vergegenwärtigt man sich, dass Sprachexporte im Rahmen zum Beispiel von Wanderungsbewegungen immer auf bereits bestehende Sprachen in den Exportregionen treffen, so liegt es auf der Hand, dass die entstehenden Sprachmischungen selbst bei einer starken Dominanz der Exportsprache sehr unterschiedlich sind.
Selbst in einem relativ abgegrenzten Sprachraum wie dem des Chinesischen existieren sieben gesprochene Hauptsprachen (Tab. 6) mit wiederum zahlreichen Dialekten.

Tab. 6: Dialekte des Chinesischen

Dialekt	*Sprecher in %*	*Regionen, in denen der Dialekt gesprochen wird*
Mandarin (mit zahlreichen Dialekten)	71	Nördlich des Qingtsekiang und Südwest-China
Wu	9	Shanghai
Xiang	5	Hunan
Yue	5	Guangdong
Min	4	Fujian, Taiwan, Hainan
Hakha, Keija	4	Südost-China
Gan	2	Jiangxi

Noch erheblich differenzierter, aber in der Geschäftswelt viel zu wenig reflektiert, stellt sich die Situation in Bezug auf das Englische dar. Hier existieren eine Reihe von regionalen Standard-Varietäten (Tab. 7), die sich nochmals in deutlich über fünfzig Sub-Varietäten differenzieren lassen.

Standard-Varietäten des Englischen

Tab. 7: Standard-Varietäten des Englischen

Regionale Standard-Varietäten
British and Irish Standard English
American Standard English
Canadian Standard English
Caribbean Standard English
West African Standard(izing) English
East African Standard(izing) English
South(ern) African Standard(izing) English
South Asian Standard(izing) English
East Asian Standardizing English (Hongkong)
Australian Standard English
New Zealand Standard English
South Pacific Standard English

Vor diesem Hintergrund ist es sehr trügerisch, von der Weltsprache Englisch zu sprechen. Häufig ist die Aussprache so unterschiedlich, dass Missverständnisse vorprogrammiert sind: „Today“ wird beispielsweise in Australien wie „to die“ im britischen Standardenglisch ausgesprochen, während das Verb „to arrow“ (jemanden zur Arbeit zwingen) aus der Singapur-Variante des Englischen im britischen Standardenglisch gar nicht existiert und allenfalls Assoziationen zum Substantiv „arrow“ (Pfeil) wecken würde. Ein anderes Beispiel dokumentiert die Bezeichnung Barbie: Im amerikanischen Standardenglisch verweist sie auf eine Puppe, im Australischen auf einen Grill („barbecue“). Was würde man in den USA unter zartem Barbie-Fleisch verstehen? Englisch ist also nicht gleich Englisch, und dies gilt umso mehr, wenn man bedenkt, dass von den weltweit 1,4 Milliarden Sprechern des Englischen nur ungefähr 350 Millionen Muttersprachler sind. Die bereits hier nachweisbaren Varietäten potenzieren sich, wenn man die 350 Millionen Menschen einbezieht, die Englisch als zweite Landessprache sprechen und die 700 Millionen, die weitere – zum Teil sehr vereinfachte – Formen des Englischen als Fremdsprache praktizieren.

Kultur

1 Kulturbegriffe der Interkulturellen Wirtschaftskommunikationsforschung

Definitionen des Kulturbegriffs sind so zahlreich und vielfältig, dass man schon aus diesem Grund Erwartungen an eine verbindliche und richtige Bedeutungsregelung enttäuschen muss: Den allgemein gültigen Kulturbegriff gibt es nicht.

etymologische Ableitung des Kulturbegriffs

Eine Ursache hierfür mag in dem etymologisch breiten Spektrum von Kultur angelegt sein: Abgeleitet aus dem lateinischen Verb „colere“ fanden über die Vermittlung des französischen „cultiver“ Zusammensetzungen mit dem Wortstamm „kult-“ Eingang in das Deutsche, die hinsichtlich ihrer Bedeutungskontexte (Abb. 15) in vier Gruppen eingeteilt werden können. Es handelt sich hierbei um 1. (be)wohnen, ansässig sein; 2. pflegen, schmücken, ausbilden, wahren, veredeln; 3. bebauen, Ackerbau treiben und 4. verehren, anbeten, feiern (Petschenig, 1969, S. 114).

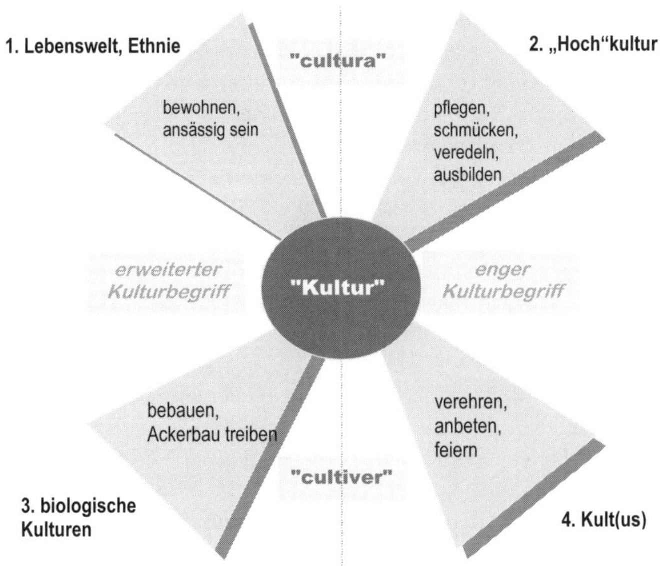

Abb. 15: Bedeutungskontexte von Kultur

Die häufig geäußerten Klagen über die Uneindeutigkeit und letztlich Unbrauchbarkeit des Kulturbegriffs sind letztlich auch auf diese seit der Spätantike (Cicero, Tusc. disp. II, 5) praktizierte Diversifizierungen zurückzuführen. Dennoch sollte man sich bei der Begriffsverwendung vor Augen halten, dass es sich bei „cultura" trotz alledem um ein Polysem und nicht um ein Homonym handelt (Bolten, 2007, 2007b). Demzufolge sind die Bedeutungsvarianten von Kultur, die wir heute kennen, auch auf eine ursprünglich gemeinsame Bedeutung zurückführbar. Diese gemeinsame Bedeutung von cultura wird in Übersetzungen aus dem Lateinischen mit dem Substantiv Pflege bezeichnet. Was aus heutiger Sicht zunächst nur schwer mit unseren Vorstellungen von Kultur in Einklang zu bringen ist, bezeichnet ursprünglich die Art und Weise, wie der Mensch das ihm von Gott Überantwortete behandeln sollte: nämlich pfleglich. Und in diesem Sinne schlüsseln sich die vier genannten Bedeutungsfelder in vier Handlungsgebote auf. Sie betreffen

Polysem: Lexem mit mehreren Bedeutungsvarianten, die aber auf einen ursprünglichen „gemeinsamen Nenner" zurückgeführt werden können (Wellensurfen – Internetsurfen)

Homonym: gleichlautendes Wort mit unterschiedlichen und voneinander unabhängigen Bedeutungen (Türschloss, Residenzschloss)

- die Pflege (zwischen)menschlicher Beziehungen (civilitas, urbanitas) a);
- die Pflege von Seele, Geist, Körper (cultura animi) b);
- die Pflege der Erde und des Bodens (Agrikultur) c);
- die Pflege transzendenter Beziehungen (cultura Dei) d).

Jede dieser Pflegehandlungen (i. S. von „colere") bezieht sich auf ein Reziprozitätsverhältnis: auf das zu den Mitmenschen, zu sich selbst, zur Natur und zu Gott. Kultur dokumentiert sich folglich in der Praxis dieser Reziprozitätsverhältnisse.

In römischer Tradition war der Begriff bis zum Spätmittelalter in allen vier Varianten „Ausdruck des praktischen Verhältnisses zu den heiligen Mächten" (Galling, 1995, S. 102): Da das Christentum als heilige Ordnung angesehen wurde, der vorbehaltlos zu dienen war, vollzog sich auch die Pflege der vier überantworteten Bereiche primär auf der Grundlage transzendenter oder vertikaler Reziprozitätsbeziehungen (in Hinblick auf Gott bzw. seine irdischen Stellvertreter). Die Praxis (weltbezogener) horizontaler Reziprozitätsbeziehungen (Mitmenschen, die eigene Person, Natur) war dem untergeordnet und diente vor allem als Mittel zum Zweck der Einlösung vertikaler Reziprozität, nicht jedoch der Verwirklichung individueller Freiheit.

Erst als Luther vor dem Hintergrund der einsetzenden Profilierung des frühneuzeitlichen Bürgertums die „Freiheit eines Christenmenschen" (1520) proklamierte, begannen sich – auch als Zeichen früher Säkularisierungsprozesse – horizontale Reziprozitätsbeziehungen aus der Determiniertheit durch vertikaler Reziprozitätsverhältnisse zu lösen.

vertikale und horizontale Reziprozität

Alle nachfolgenden Bedeutungszuweisungen bis hin zur Gegenwart lassen das Wort Kultur dann im Spannungsfeld der Praxis vertikaler und horizontaler Reziprozität oszillieren. Die jeweilige Positionierung in diesem Spannungsfeld hängt von dem Kontext der aktuellen – historisch aber immer vermittelten – Reziprozitätspraxis ab, innerhalb dessen sich der Begriff durchzusetzen vermag. Auch wenn wir nachfolgend versuchen werden, die Verwendungsformen des Kulturbegriffs zu systematisieren, lässt sich daraus nicht der Schluss auf eine historische Entwicklungslogik der Begriffsgeschichte ziehen. Seit Luther hat es immer sowohl horizontale als auch vertikale Deutungspraktiken des Kulturbegriffs gegeben. Letzteres ist zum Beispiel dann der Fall, wenn Kultur als etwas Zeitloses, als Wert an sich verstanden wird – ein Tatbestand, der das Kunstverständnis aktuell noch relativ stark prägt. Ersteres trifft dann zu, wenn Kultur (und dazu zählt natürlich auch die cultura Dei) als Konstrukt oder Produkt gesellschaftlichen Handelns verstanden wird.

Charakteristisch für die Gegenwart ist sicherlich die relativ starke Diversifizierung des Kulturbegriffs auf horizontaler Ebene. Dies resultiert vor dem Hintergrund der Flexibilisierung der Märkte, der Aufweichung nationaler Grenzen durch transnationale Organisationen oder der zunehmenden Virtualisierung der Arbeitswelt vor allem aus der für den Einzelnen deutlich erhöhten Kontingenz von Reziprozitätsverhältnissen: Beziehungen – welcher Art auch immer – sind in immer geringerem Maße zeitlich und räumlich determiniert oder eingegrenzt, wodurch ihre Vielfalt für den Einzelnen und auch zum Beispiel für Unternehmen stetig wächst: Sie sind Teilhaber potentiell unendlicher Beziehungsnetzwerke und nicht mehr definierbar als Mitglieder einer bestimmten dominierenden Kultur. So wie Daimler Chrysler nicht als Unternehmen deutscher oder amerikanischer Kultur bezeichnet werden kann, so lässt sich der einzelne Mitarbeiter nicht mehr auf eine bestimmte Klassen- oder Schichtkultur reduzieren. Er ist vielmehr Teilhaber zahlreicher und zum Teil auch sehr unterschiedlicher lebensweltlicher Milieus, Reziprozitätsbeziehungen und damit (Sub-)Kulturen. Je multipler Reziprozitätsverhältnisse sind, desto größer ist folgerichtig auch die Anzahl konkurrierender Kulturbegriffe. Welche Semantiken sich temporär durchsetzen, was also von der Mehrheit unter Kultur verstanden wird, hängt wesentlich von a) der Aktualität/Relevanz und b) der Historizitäts- oder der Konventionalisierungstiefe (→Tiefenstruktur) der jeweils bezeichneten Reziprozitätsbeziehung beziehungsweise Kultur ab.

Kultur als konventionalisierte Reziprozitätspraxis

Auf einen gemeinsamen Nenner gebracht, lässt sich Kultur in diesem Sinne verstehen als konventionalisierte (und damit i. w. S. historisch tradierte) Reziprozitätspraxis. Dies kann sich genauso auf einen nationalen oder geographischen Raum wie auf mikrosoziale Partnerschaftsverhältnisse beziehen.
Hans Nicklas (2006) resümiert in diesem Sinne: „Kultur als die Konfiguration reziproker Normen und Verhaltensmuster sichert also die Handlungsfähigkeit ihrer Mitglieder. Sie stellt Plausibilität, Regelmäßigkeit und Voraussehbarkeit der Handlungen – mit einem Wort: Normalität – für die betreffende Kultur her" (Nicklas, 2006, S. 122).
Konventionalisierte Reziprozitätspraxis als etymologisch kleinsten gemeinsamen Nenner der bislang geläufigen Definitionen des Kulturbegriffs zu verstehen, mag hilfreich sein, um sich die Grundbedeutung dessen vor Augen zu halten, was gemeint ist, wenn in – welchen Zusammenhängen auch immer – von Kultur gesprochen wird. Wie eine solche Reziprozitätspraxis in bestimmten historischen Kontexten konkret gedacht wird, welche der vier Bedeutungsvarianten des „colere" aus welchen Gründen zu bestimmten Zeiten das Szenario der konkurrierenden Semantiken dominiert hat, erschließt sich daraus freilich nicht.
Um dem näher zu kommen ist eine Systematisierung des Kulturbegriffs sinnvoll, wobei dies – wie gesagt – nicht mit dem Versuch der Ableitung einer vermeintlichen (historischen) Begriffslogik verwechselt werden darf.

1.1 Von den Tücken eines engen Kulturbegriffs

enger und erweiterter Kulturbegriff

Eine der geläufigsten Differenzierungen, die bei Analysen des Kulturbegriffs angetroffen werden bezieht sich auf die Unterscheidung zwischen *engem* und *erweitertem* Kulturbegriff.
Der enge Kulturbegriff geht zurück auf die vor allem von Kant und später von Spengler vertretene Trennung von Kultur und Zivilisation. Diese – im Übrigen außerhalb Deutschlands eher ungeläufige – Differenzierung wirkt noch heute in alltagssprachlichen Wendungen nach wie etwa: „Zivilisation ist, wenn man eine Gabel besitzt; Kultur, wenn man sie benutzt."

Ethnozentrismus: unreflektiertes Setzen der eigenen Kultur als Maßstab für Wertungen über andere

Abgesehen von dem westlichen Ethnozentrismus der Gabelperspektive dokumentiert der Ausspruch sehr deutlich, weshalb Kultur immer noch im Sinne Platons als Repräsentant des Schönen, Wahren und Guten verstanden und damit feuilletonistisch auf Kunst und Geisteskultur eingeengt wird. Platon hatte in seinem

Höhlengleichnis (Politea, 7. Buch) zwischen der Welt der raumzeitlichen Wirklichkeit und der Welt der Ideen, der Wahrheit, unterschieden. Während die überwiegende Masse der Menschen einschließlich der – man würde heute sagen: trivialen – Schriftsteller ihr Leben lang in den Niederungen der Höhle gefangen bleiben, besitzt der göttlich inspirierte (Dichter-)Philosoph kraft seiner Erinnerungsfähigkeit („anamnesis") die Möglichkeit, die Höhle (qua „Wirklichkeit") zu verlassen und der Idee des Wahren, Schönen und Guten ansichtig zu werden. Seine Aufgabe besteht darin, quasi als Volksaufklärer tätig zu werden, indem er der Masse mitteilt, was er außerhalb der Höhle gesehen hat. Auf diese Weise versucht er die Nichtwissenden zu kultivieren.

Platons Differenzierung zwischen Wirklichkeit und Wahrheit

Ein in diesem Sinne auf Hochkultur zielender Kulturbegriff wirkt schon deshalb verengend, weil er sich logisch nur durch die Setzung seines Gegenteils, eben des Nicht-Kultivierten, der Unkultur (der Masse), erhalten kann. Ein solcher Kulturbegriff ist in Bezug auf das Anliegen der interkulturellen Kommunikationspraxis in zweierlei Hinsicht fatal: Zum einen impliziert er ein erhebliches Machtpotential der Sehenden gegenüber den Blinden, weil Erstere beliebig festlegen können, was Kultur ist und was nicht. Zum anderen ist er unhistorisch und damit undynamisch, weil die philosophischen Ideen, denen er sich verschreibt, per definitionem ewig und unwandelbar sind. Vor diesem Hintergrund ist beispielsweise auch zu verstehen, weshalb sogenannte Klassiker bis heute weitgehend unhinterfragt Generationen literarischer Kanonbestimmungen und Schulcurricula bestimmen.

Statik des engen Kulturbegriffs

Je nachdem, auf welche Weise man in bestimmten historischen Szenarien (z. B. Aufklärung, Romantik, Nationalsozialismus, DDR-Sozialismus) etwas als schön, edel, oder wahrhaftig glaubt stilisieren zu müssen, ändert sich bei einem solchen engen Kulturbegriff mit dem historischen Szenario faktisch natürlich auch dessen inhaltliches Spektrum, obwohl andererseits von Verfechtern der Hochkultur paradoxerweise gerade die zeitlose Gültigkeit der (durchaus zeittypischen) Inhalte immer wieder betont wird. Dies gelingt, indem ideologisch wohlfällige Ergänzungen des bis dato wahren Kanons quasi-platonisch dem Vergessen entrissen und als wahre Kulturprodukte deklariert werden. Wer im Sinne des Platon'schen Tricks eine solche Kraft des Erinnerns besitzt, hat es natürlich leicht, in glaubwürdiger Weise ideologisch weniger genehmen Kanonbestandteilen das Etikett des Zeitlosen abzunehmen (und sie z. B. zu denunzieren oder zu zensieren). Diejenigen, die in dieser Form agieren – und dabei handelt es sich keineswegs nur um Kulturverantwortliche und Kulturmanager – setzen sich unwei-

gerlich nicht nur in die Position, sondern auch ins Recht, über andere richten, ihnen Kultur zu- oder absprechen zu können.
Entwickelte Kulturen werden auf diese Weise gegen naive Kulturen (zumeist auch noch der Dritten Welt) abgegrenzt und als Lehrmeister gegenüber den Bedürftigen ausgewiesen.
Dass ein solches – zutiefst dogmatisches – Denken erhebliche Machtpotentiale ausspielt, liegt auf der Hand. Und dass dies in der Geschichte unzählige Male Anlass für Diffamierungen, Besetzungen und kriegerische Konflikte war, ist eine Erfahrungstatsache, die schwer genug wiegt, um Vorsicht gegenüber der Verwendung eines solchen engen Kulturbegriffs walten zu lassen.

1.2 Das Individuum in seiner Lebenswelt: Der erweiterte Kulturbegriff

„Kultur ist für alle da": der erweiterte Kulturbegriff

Nicht zufällig datieren in Deutschland die ersten massiven politischen Vorbehalte gegen einen solchen engen Kulturbegriff aus den späten 1960er Jahren des zwanzigsten Jahrhunderts – einer Zeit, in der das Elitedenken in Verruf geriet, in der zumindest in Westdeutschland die Akzeptanz von Massenmedien und Massenkultur wuchs und die Freiheit zu individueller und sozialer Selbstentfaltung ein ganz entscheidendes Gewicht in der Werteskala erhielt.
Ralf Dahrendorf, seinerzeit in der BRD Parlamentarischer Staatssekretär im Auswärtigen Amt, plädierte dafür, von einem „engen Kulturbegriff der Madrigalchöre" wegzukommen, „hin zu einem weiten Kulturbegriff, in dem beispielsweise die Umweltprobleme ebenso sehr einen sicheren Ort haben wie Literatur und Kunst, die nicht hinausgeworfen werden sollen, aber die eingebunden werden sollen in ein weiteres Verständnis der menschlichen Lebensverhältnisse" (Kretzenbacher, 1992, S. 180). In ähnlicher Weise sprach sich 1970 der damalige Außenminister und spätere Bundespräsident Walter Scheel für die Verwendung eines erweiterten Kulturbegriffs aus: „Kultur ist kein Privileg mehr für wenige, sondern ein Angebot an alle. Wir dürfen nicht in Ehrfurcht vor Dürer, Bach und Beethoven sitzen bleiben; wir müssen Interesse aufbringen für brennende Fragen der Gegenwart, darunter Erwachsenenbildung, Bildungshilfe, Schulreformen, Umweltprobleme" (Kretzenbacher, 1992, S. 180).
Ein in diesem Sinne lebensweltlich orientierter Kulturbegriff, der sich übrigens bereits bei Nietzsche, Dilthey und Scheler findet, ist es auch, mit dem wir notwendigerweise arbeiten, wenn wir uns mit interkulturellem Lernen beschäftigen. Er ist nicht auf das vermeintlich Besondere eingeschränkt, sondern umfasst alle Lebensäuße-

rungen. Hierzu zählen Religion, Ethik, Recht, Technik, Bildungssysteme, materielle und immaterielle Produkte ebenso wie beispielsweise die in der Äußerung Scheels erwähnten Umweltprobleme. Gerade dieser Hinweis macht sehr deutlich, dass die spätestens seit der griechischen Antike immer wieder diskutierte Entgegensetzung von Natur und Kultur nicht im Sinne eines Antagonismus verstanden werden kann: Kultur, wenn man sie als Lebenswelt versteht, zeichnet sich dadurch aus, dass sie zwar geschaffen und durch eine gewisse Organisiertheit auszeichnet ist. Allerdings geschieht dies in Wechselwirkung mit der natürlichen Umwelt, so wie umgekehrt die natürliche Umwelt durch die Kultur im Sinne der geschaffenen Lebenswelt beeinflusst ist.
Zusammenfassend lässt sich festhalten, dass der erweiterte beziehungsweise lebensweltlich definierte Kulturbegriff im Gegensatz zum engen Kulturbegriff weniger ausgrenzt als integriert, dass ihm keine zeitlos-statische sondern eine historisch-dynamische Bedeutung eigen ist und dass er sich Wertungsabsichten zu entziehen versucht. Damit beinhaltet er wesentliche Voraussetzungen, die erbracht sein müssen, um Prozesse kulturübergreifenden Handelns weitgehend ohne Ethnozentrismus und Wertungsbedürfnis initiieren und mitgestalten zu können. Bezogen auf die drei anderen genannten Bedeutungen von Kultur ist der lebensweltliche Kulturbegriff übergreifend zu denken: Er schließt Wechselwirkungen mit der natürlichen Umwelt (Agrikultur c)) ebenso ein wie den Kultbereich als Sinngebungsinstanz d) und den Bereich des Kulturschaffens im engen Sinn b). Aus der Perspektive des lebensweltlichen Kulturbegriffs gilt dementsprechend: Eine Gesellschaft hat keine Kultur, sondern ist Kultur. In diesem Sinne steht dem engen Kulturbegriff (Kunst) der erweiterte Kulturbegriff gegenüber. Er zeichnet sich durch Dynamik und Interaktion aus.

Gesellschaften haben keine Kulturen, sie sind Kulturen.

1.3 Kulturen sind keine Container: Geschlossene und offene Varianten des erweiterten Kulturbegriffs

Dennoch birgt auch der erweiterte Begriff von Kultur als Lebenswelt erhebliches Konfliktpotential. Und zwar dort, wo der Versuch unternommen wird, Lebenswelten räumlich zu bestimmen. Dies hat notwendigerweise zur Folge, dass Kulturen nicht nur eingegrenzt, sondern auch voneinander abgegrenzt werden.
Dass dies faktisch sehr problematisch ist, weil aufgrund jahrtausendelanger Migrationsbewegungen und Kommunikationsprozesse kaum eine Lebenswelt als isolierte und von Außeneinwirkungen

Kulturen als Produkte interkultureller Prozesse

unbeeinflusste Kultur denkbar ist, sondern jede Kultur Produkt interkultureller Prozesse ist, dürfte dabei den meisten, die derartige Eingrenzungen vornehmen, durchaus bewusst sein. Das wird allerdings quasi billigend in Kauf genommen, um so etwas wie Cultural Studies oder Kulturkunde überhaupt durchführen oder um spezifische Merkmale bestimmter Ethnien und Gruppen beschreiben beziehungsweise erklären zu können.

Kulturbegriff im Zeitalter der Globalisierung

Folgt man dem Mainstream aktueller westlicher Globalisierungsdebatten in Soziologie, Politik-, Wirtschafts- oder auch Medienwissenschaften, so stößt man spätestens seit Mitte der 1990er Jahre in zunehmender Anzahl auf Argumentationen, die ein solches Containerdenken explizit ablehnen. Im Zentrum der Kritik steht dabei insbesondere der unter den Varianten des erweiterten Kulturbegriffs immer noch dominierende nationalstaatliche Kulturbegriff. Zu einer Zeit, in der sich der klassische Nationalstaat zumindest in der G7-Welt als Auslaufmodell (Albrow, 1998) erweist, lässt sich auch ein primär nationalstaatlich orientierter Kulturbegriff nicht unwidersprochen verwenden.

So argumentiert beispielsweise Ulrich Beck, für den der Globalisierungsprozess die Endphase der bisherigen „Ersten Moderne" und gleichzeitig den Beginn eines neuen Denkens, eben das der „Zweiten Moderne", signalisiert:

> „Globalisierung stellt eine Grundprämisse der Ersten Moderne in Frage, nämlich die Denkfigur, die A. D. Smith ‚methodologischen Naturalismus' nennt: Die Konturen der Gesellschaft werden als weitgehend deckungsgleich mit den Konturen des Nationalstaats gedacht. Mit Globalisierung in all ihren Dimensionen entsteht demgegenüber nicht nur eine neue Vielfalt von Verbindungen und Querverbindungen zwischen Staaten und Gesellschaften. Viel weiter gehender bricht das Gefüge der Grundannahmen zusammen, in denen bisher Gesellschaften und Staaten als territoriale, gegeneinander abgegrenzte Einheiten vorgestellt, organisiert und gelebt wurden" (Beck, 1997, S. 46 f.).

Im Rahmen des aktuellen Globalisierungsgeschehens hätten sich, wie in diesem Kontext gerne argumentiert wird, quer durch nationalstaatliche Grenzen hindurch vor allem ökonomisch, informationstechnologisch und politisch initiierte Vernetzungen etabliert, die über die Schaffung von hybriden oder „transnationalen" (Hepp u. Löffelholz, 2002) Handlungs- und Identifikationskontexten sehr schnell zu einem Brüchigwerden „nahezu aller gewohnten Institutionen des Nationalstaates" führen würden (Münch, 1999, S. 465). Welche Konsequenzen dies für die Verwendung des Kulturbegriffs in der Interkulturellen Wirtschaftskommunikation hat, wird uns zu einem späteren Zeitpunkt noch eingehender beschäftigen. Offenkundig scheint jedoch die Notwendigkeit vorzuliegen, den erweiterten Kulturbegriff unter zwei verschiedenen Perspektiven zu betrachten (Abb. 16). Wir unterscheiden zwischen einem *geschlossenen* und einem *offenen* Kulturbegriff:

der erweiterte als geschlossener und offener Kulturbegriff

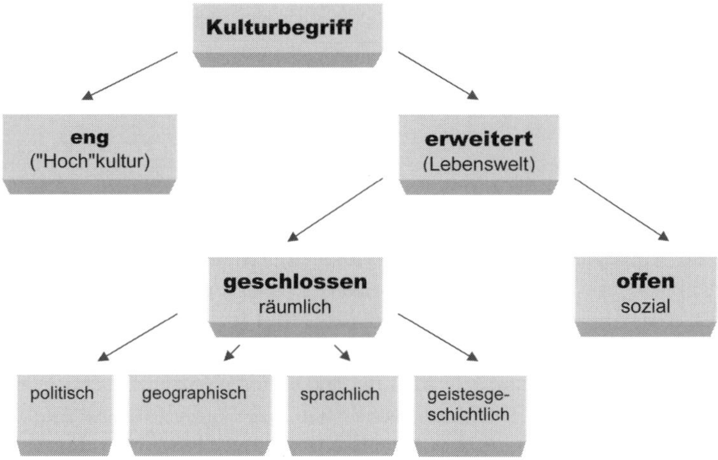

Abb. 16: Varianten des Kulturbegriffs

Der geschlossene oder räumlich fixierte Kulturbegriff: Von geschlossenen Varianten des erweiterten Kulturbegriffs sprechen wir vor allem beim Vorliegen einer räumlichen Fixierung und – im Sinne Becks: „containerartigen" – Eingrenzung von Kultur (Tab. 8). Unterscheiden lassen sich vor allem politisch, geographisch, sprachlich und geistesgeschichtlich fixierte „Rahmen":

Tab. 8: Eingrenzung von Kultur

Sichtweise	*räumliche Eingrenzung von Kultur auf:*	*resultierendes Kulturverständnis*
politisch	Nation (Spanien)	Kultur wird eher synchronisch als diachronisch verstanden und erklärt. Kulturen werden mit Nationalstaaten identifiziert, was bedeutet, dass sie quasi per Dekret entstehen und vergehen können (Beispiel DDR).
geographisch	Länderregion (Europa)	Formale Bestimmung, die stark perspektivenabhängig ist (Deutschland zählt z. B. aus französischer Sicht zu Zentral-, aus deutscher hingegen zu Westeuropa; vgl. auch die Diskussion um die Zugehörigkeit der Türkei zu Europa).

Sichtweise	*räumliche Eingrenzung von Kultur auf:*	*resultierendes Kulturverständnis*
sprachlich	Sprachgemeinschaft (frankophon)	Der gemeinsame Nenner *Sprache* birgt die Gefahr von Determinismus und Übergeneralisierung. Er wird historisch aktuelleren eigenständigen Gruppenentwicklungen (z. B. in Kolonien) nicht gerecht.
i. w. S. geistesgeschichtlich	ideen- und religionsgeschichtlich kompatible Gemeinschaften mit lokalem Bezug (romanisch)	Undifferenziertes Kulturverständnis („die islamische Welt"), tendiert aufgrund der Ignoranz aktueller eigenständiger Gruppenentwicklungen zur Übergeneralisierung.

Pragmatisch und aus diesem Grunde vermutlich auch immer noch en vogue sind die genannten geschlossenen Varianten des erweiterten Kulturbegriffs (die Auflistung könnte noch beliebig differenziert und ergänzt werden) vor allem aufgrund der Orientierungsfunktion, die sie besitzen. Das mag in vielen Anwendungskontexten (Auslandsvorbereitung, Marketing etc.) legitim sein, kann aber nicht darüber hinwegtäuschen, dass es sich um einen letztlich fragwürdigen Behelf handelt, da die faktischen Überlappungen und Vernetzungen von Kulturen ebenso wie ihre Veränderungsdynamiken im Grunde genommen jedwede Eingrenzung ausschließen: Kulturen sind keine Container, sie sind weder homogen noch klar voneinander abgrenzbar, sondern – als Zeichen ihrer Vernetzung – an den Rändern mehr oder minder stark ausgefranst und damit offen zu denken. Auch wenn dies in Diktaturen zum Beispiel nur in sehr verminderter Form zutrifft, sind es gerade diese Permeabilitätszonen, die über kurz oder lang auch immer zu einem Scheitern entsprechender Abschottungsstrategien geführt haben.

Der offene oder sozial fixierte Kulturbegriff: Dass trotz des Wissens um die Permeabilität sozialer Abgrenzungen beziehungsweise um die faktische Differenziertheit vermeintlich homogener Konstrukte (vgl. die sog. „diversity"-Konzepte) immer wieder auf die geschlossenen Varianten des erweiterten Kulturbegriffs rekurriert wird, stellt zur Zeit einen der größten Widersprüche der interkulturellen Kommunikationsforschung dar – auch und vor allem dann, wenn ein solcher Rekurs im Sinne Umberto Ecos von postmodernem Augenzwinkern begleitet ist und „mit Ironie, ohne Unschuld" erfolgt (Eco, 1986, S. 78).

Ein Grund hierfür mag in der einfacheren Handhabbarkeit homogener Kulturbegriffe liegen, wobei es aus wissenschaftlicher Sicht natürlich sehr fragwürdig ist, wenn man ein Instrument verwendet, von dem man (in diesem Sinne schuldig geworden), genau weiß, dass es – zumindest in Globalisierungskontexten – eigentlich nicht das passende ist.

Was es im Kontext des Übergangs von der „Ersten Moderne“ zur „Zweiten Moderne“ (Abb. 17) so schwierig gestaltet, einen offenen Kulturbegriff zu verwenden, sich an Prozessen statt an Strukturen zu orientieren und nicht wider besseres Wissen auf einfache Homogenitätslösungen zu bauen, gründet auf Denktraditionen, die über Jahrhunderte hinweg Separierungs- sowie Abbeziehungsweise Ausgrenzungspraktiken wie unter anderem das nationalkulturelle Denken befördert haben.

geschlossener Kulturbegriff unterstellt Homogenität, die schon in Kleingruppe faktisch nicht existiert

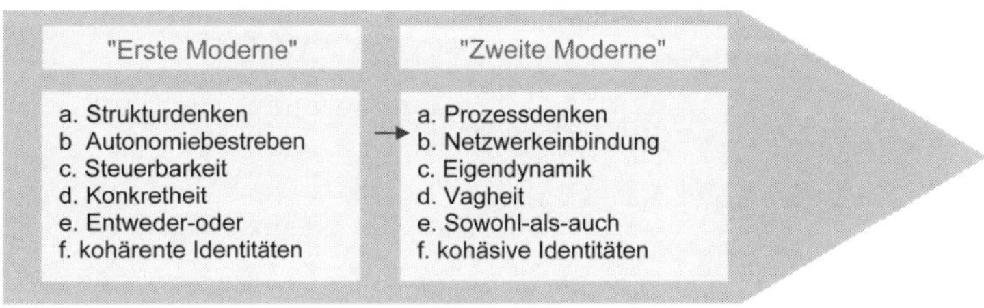

Abb. 17: Übergang von der Ersten zur Zweiten Moderne nach Beck

Dies lässt sich anschaulich anhand eines Bildes exemplifizieren, das Herder 1774 in seiner Schrift „Auch eine Philosophie der Geschichte zur Bildung der Menschheit“ verwendet hat. Er bezeichnet dort unter anderem Kulturen und Nationalstaaten als „Kugeln“, die den „Mittelpunkt der Glückseligkeit in sich“ tragen (Herder, 1774/1967, S. 44). Kugeln haben bekanntlich einen konstanten Schwerpunkt, sind klar abgegrenzt, vermessen mit der Bestimmung des *Eigenen* immer auch das Terrain des Anderen, *Fremden* und sind hinsichtlich Größe und Inhalt mathematisch exakt erfassbar.

Johann Gottfried Herder (1744–1803)

Wo sie oder andere vergleichbare Einheitsmetaphern als Konstituenten der Wirklichkeitskonstruktion verwendet werden, bleibt Übersichtlichkeit gewahrt – mit der angesprochenen Ironie auch in Zeiten der „Neuen Unübersichtlichkeit“ (Habermas, 1981). Faktisch jedoch verlaufen Interaktionen heute quasi aus allen Richtungen quer durch die Kugeln hindurch und lassen sie zu Netzwerkbestandteilen auseinanderfallen, die mit geschlossenen Kategorien der Ersten Moderne nicht mehr erfassbar sind.

Wie jedoch ist ein offener Kulturbegriff konkret zu denken? Wenn er auf lebensweltliche Zusammenhänge bezogen ist, die im Sinne der Zweiten Moderne charakterisiert sind durch Prozessdenken, kohäsive Netzwerkeinbindung, Selbststeuerung, Pluralismus und Differenzbewusstsein, dann ist damit eine räumliche Fixierung selbstredend ausgeschlossen. Das einzelne Subjekt der Zweiten Moderne versteht seine Identität heute als zugleich multiple und räumlich entgrenzte, womit Lebensgeschichten auch nicht mehr von einem Ort oder einem Land aus gedacht werden, sondern vom Lebensprozess selbst. In diesem Sinne ist der offene Kulturbegriff immer auch ein funktionaler. So wie sich individuelle Identität bei räumlicher Ungebundenheit aus mehr oder minder rasch wechselnden Gruppenzugehörigkeiten beziehungsweise Reziprozitätsverhältnissen heraus konstruiert, so ist auch die Frage nach der lebensweltlichen oder kulturellen Zuordnung des Individuums in erster Linie pluralistisch und prozessual zu beantworten (Abb. 18).

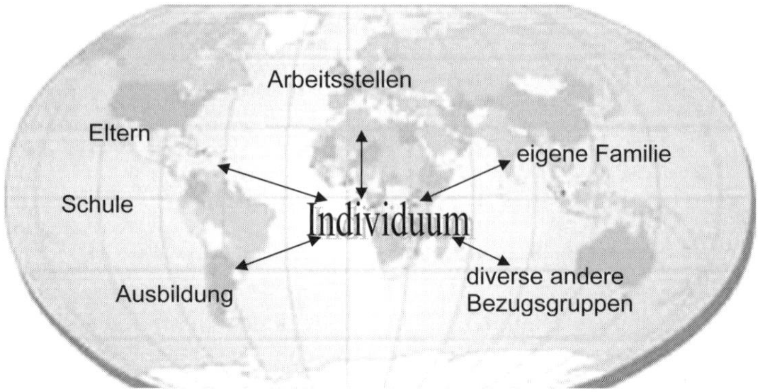

Abb. 18: Lebenswelten eines Individuums

Kohärenz: bezieht sich auf den inneren Zusammenhang qua Schlüssigkeit und Widerspruchsfreiheit bestimmter Einheiten

Identitäten – sowohl auf der Mikroebene von Individuen als auch in Makrobereichen von Kollektiven wie virtuellen Teams, internationalen strategischen Allianzen und Kooperationen oder transnationalen Unternehmen – sind angesichts der hohen Wandlungsgeschwindigkeit ihrer Netzwerkeinbindungen nicht mehr kohärent, sondern kohäsiv zu denken. Verdeutlichen lässt sich dies unter anderem am Beispiel des Wandels der Einbindung von Individuen in die Arbeitswelt: Weniger die lebenslange Beschäftigung bei einem Arbeitgeber oder die Tätigkeit in einem bestimmten Beruf wird künftig das dominierende Arbeitsmarktmodell darstellen, sondern die gleichzeitig-multiple Orientierung einer „Ich-AG“ an verschiedenen Arbeitgebern in durchaus heterogenen Arbeitsfeldern.
Indizien hierfür sind gegenwärtig die Rückbildung der staatlichen Steuerungskapazität in Bezug auf Sozialleistungen, die vorgesehenen Änderungen des Kündigungsschutzes, Mitgliederschwund in den Gewerkschaften, das Outsourcing vor allem der größeren Unternehmen, die größere Selbstverantwortlichkeit des Einzelnen bei

den Neuregelungen zur Altersvorsorge oder Identitätsstrategien von Migranten, die sich in unterschiedlichen kulturellen Kontexten verorten. Letzteres ist Untersuchungsgegenstand vor allem der sogenannten postkolonialen Kulturtheorien. Stuart Hall (1994) und Homi K. Bhabha (2000) als die bedeutendsten Vertreter dieser Richtung sprechen in diesem Zusammenhang von „hybriden Identitäten und Kulturen". Ebenfalls in diese Richtung weist der Begriff der „Kreolisierung". Eingeführt wurde er von dem schwedischen Sozialanthropologen Ulf Hannerz (1996), der damit die gegenseitige kulturelle Durchdringung sprachlicher und habitueller Elemente im afro-karibischen Raum bezeichnet hat.

postkoloniale Kulturtheorien

Ein anderes Beispiel sind Unternehmenskulturen, die umgekehrt proportional zum Wachstum der Direktinvestitionen immer weniger nationale Bindungen aufweisen – ganz abgesehen davon, dass ein Markenzeichen wie Made in Germany längst abgelöst ist von Made by Volkswagen oder inzwischen sogar von Made for Volkswagen.

Obwohl der im Globalisierungskontext und in der Nachfolge postkolonialer Kulturtheorien kreierte Begriff der Transkulturalität im Grunde die Existenz von Kulturen generell in Frage stellt, wird kaum jemand leugnen, dass selbst geozentrisch besetzte virtuelle Unternehmen eine Kultur im Sinne einer Lebenswelt ausbilden – einfach dadurch, dass in der Interaktion ihrer Mitglieder bestimmte Konventionen und Routinen entwickelt werden, die ein Gemeinschaftsgefühl generieren. Vor diesem Hintergrund erscheint es gerade heute sinnvoll, Kultur als konventionalisierte Reziprozitätspraxis zu verstehen.

So einleuchtend die beschriebene Öffnung des Kulturbegriffs in Globalisierungszusammenhängen auch sein mag: Man sollte – im Gegensatz zu Beck – bezüglich einer vorschnellen oder gar euphorischen Verabschiedung von Varianten des geschlossenen Kulturbegriffs sehr zurückhaltend sein. Kulturbegriffe sind kulturspezifisch geprägt, und wie wir gesehen haben, lassen sie sich auch aus diesem Grund keiner Entwicklungslogik unterordnen.

fortbestehende Berechtigung des geschlossenen Kulturbegriffs

Einwenden kann man gegen eine „Sichtweise der Zweiten Moderne", dass sie sich zu einseitig – und letztlich G7-zentrisch – an den Vorreitern der ökonomischen Globalisierung orientiert, ohne zu berücksichtigen, dass sich vielerorts Nationalstaatlichkeit im Sinne der „Ersten Moderne" gerade erst etabliert oder neu formuliert (z. B. Kosovo, Afghanistan, Irak, Südwestafrika), beziehungsweise dass nur ein geringer Teil der Weltbevölkerung in Globalisierungsprozesse eingebunden ist (Müller, 2002, S. 9). Claus Leggewie bemerkt hierzu:

„In einer wirklich globalen Perspektive blieb, wie zuvor schon Kolonialismus und Dekolonialismus, auch die weltwirtschaftliche Verflechtung seit den achtziger Jahren Stückwerk. Vernetzt wurden außerhalb der nördlichen Hemisphäre nur wenige Machtzentren und Knotenpunkte [...] Die realexistierende Globalisierung wirkt also eher fragmentierend als integrativ; sie ist großräumig und grenzüberschreitend, aber nicht universal" (Leggewie, 2001, S. 18).

Aus dieser Perspektive beschreibt Globalisierung – begrifflich paradox – eine eher partikular relevante Entwicklung. Sie stellt sich dar als „kontingentes Ergebnis von Marktprozessen, geopolitischen Konstellationen und staatlichen Entscheidungen, die international operierenden Banken und Unternehmen erweiterte Betätigungsfelder eröffnen" (Müller, 2002, S. 14), damit aber noch keineswegs vom „Zusammenbruch einer Weltordnung" (Beck, 1997, S. 271) zeugen. Auf diese Weise wird die Dramatik beziehungsweise die Radikalität universaler Paradigmenwechsel erheblich relativiert – es geht nicht um die Neubau-Architektur einer „Zweiten Moderne", sondern eher um begrenzt notwendige Paradigmenkorrekturen des Bestehenden, also quasi um Teilsanierungen.

Paradigmenkorrektur statt Paradigmenwechsel

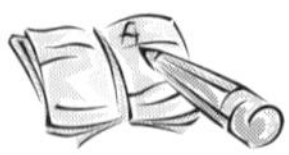

Zum Nachdenken und Diskutieren

In den vergangenen Jahren ist der Begriff der *Leitkultur* in Deutschland sehr kontrovers diskutiert worden (Abb. 19). Warum? Welcher Variante des Kulturbegriffs würden Sie ihn zuordnen?

Abb. 19: Leitkultur

Zum Nachdenken und Diskutieren

Die nachstehenden Einträge zur Wortmarke Kultur- aus verschiedenen Ausgaben des Duden (Abb. 20 bis 22) weichen teilweise erheblich voneinander ab. Versuchen Sie unter Bezugnahme auf die jeweiligen Quellenangaben die zwischen 1941 und 2006 vollzogene Entwicklung zu erklären.

Kult [*l.*] (»Pflege«; [Gottes]dienst; Verehrung, Hingabe) *m.*; –[e]s, –e; Kultus *m.*; –, Kulte ‖ kultisch ‖ Kultivator [*nl.*; ..'va:-] (Bodenbearbeitungsgerät) *m.*; –s, ..toren ‖ kultivieren ([Land] bearbeiten, urbar machen; [aus]bilden; sorgsam pflegen) ‖ kultiviert (gesittet; hochgebildet) ‖ Kult‿stätte ‖ Kultur [*l.*; *f.*] (Gesamtheit der geistigen u. künstlerischen Lebensäußerungen; [Aus]bildung; Anbau und sorgsame Pflege; [An]pflanzung) *w.*; –, –en ‖ kulturell (alle Äußerungen der Kultur betreffend, kulturlich) ‖ Kulturgeschichte *w.*; – ‖ kulturgeschichtlich ‖ kulturlich <nicht gut: kultürlich> ‖ Kultur‿pflanze, ‿politik, ‿propaganda ‖ Kultus, Kult; vgl. d. ‖ Kultus‿gemeinde

Kultur (Gesamtheit der geistigen und der künstlerischen Lebensäußerungen; [Aus]bildung; Anbau u. sorgsame Pflege; [An]pflanzung) *w*; -, -en; **Kulturabkommen; kulturell** (alle Äußerungen der Kultur betreffend); **Kultur‿film, ...geschichte** *w*; -; **kulturgeschichtlich; kulturlich**, nicht gut: **kultürlich; Kulturpflanze; Kultus**; vgl. **Kult; Kultus‿freiheit** (*w*; -), **...gemeinde; Kultusministerium, Kultministerium**
Kumane *m*; -n, -n (in südosteurop. Völkern aufgegangenes Turkvolk); **kumanisch**

Kul|tur, die; -, -en
Kul|tur|ab|kom|men; Kul|tur|at|ta|ché; Kul|tur|at|ta|chée; Kul|tur|aus|tausch; Kul|tur|ba|nau|se; Kul|tur|ba|nau|sin
Kul|tur|be|trieb, der; -[e]s; **Kul|tur|beu|tel** (Beutel für Toilettensachen); **Kul|tur|denk|mal**
kul|tu|rell
Kul|tur|er|be, das; **Kul|tur|film**
Kul|tur|flüch|ter (*Biol.* Pflanzen- od. Tierart, die von der Kulturlandschaft verdrängt wird)

Abb. 20–22: Dudeneinträge aus den Jahren 1941, 1961 und 2006

2 Vertrautheitsgrade in Bezug auf Kulturen

Mit der unter anderem durch das aktuelle Globalisierungsgeschehen bedingten Zunahme der Durchlässigkeit lebensweltlicher

Grenzen schwindet die Legitimität klarer Zuordnungen von Individuen zu bestimmten, festumrissenen Räumen der Identitätskonstitution, wie es bis vor kurzem durch die weitgehend exkludierende und zumeist langfristige Zugehörigkeit zu einem bestimmten Stand oder einer Klasse, einer Partei, einer Kirche, einer Freizeitorganisation oder einem sozialen Milieu möglich gewesen ist.

Lebensweltzugehörigkeit

Unter dem Titel „Die kleinen Lebens-Welten der Existenz-Bastler" bemerkt Ronald Hitzler (1999, S. 239 ff.) hierzu:

> „Die Lebenswelt des individualisierten Menschen besteht symptomatischerweise aus vielen [...] kleinen ‚Welten' sowohl im privaten als auch im öffentlichen (das meint: institutionell vorgeordneten) Bereich. Der moderne Mensch lebt typischerweise nicht – zumindest nicht nur – in einer (massenkulturell nivellierten) Welt, sondern in einer Vielzahl teilzeitlicher Sinnwelten, innerhalb deren er mit jeweils verschiedenen anderen durchaus verschiedene ‚Zwecke' verfolgt [...] Dieser sozusagen neo-existentialistische Typus ist kaum noch irgendwo ‚eingeboren', ist kaum noch Mitglied. Er ist, in der Terminologie von Anthony Giddens (1991), aus Selbstverständlichkeiten ‚ausgebettet'. Um sich wieder ‚einzubetten', muss er sich für irgendwelche (typischerweise biographisch mehr oder minder rasch wechselnden) Mitgliedschaften entscheiden. Das heißt, er sucht Anschluss, nimmt Kontakt auf, geht Beziehungen ein, tritt bei, schließt sich mit anderen, mit ‚Gesinnungsfreunden' wieder zu (Teilzeit-)Gemeinschaften aller möglichen Art zusammen und wird (nicht nur freiwillig, manchmal auch unfreiwillig) wieder (irgendwo) Mitglied."

Gerade angesichts dieser zunehmenden Ausdifferenzierung ohnehin schon multipler Identitätsstrukturen und der bewussten Orientierung des Einzelnen an sehr unterschiedlichen Lebenswelten stellt sich die Frage nach der Konstitution individueller Identität auf eine andere Weise, als es noch unter den Prämissen der Heideggerschen „Geworfenheit" in bestimmte Lebenskontexte der Fall gewesen ist.

Da lebensweltliche Zusammenhänge nicht mehr ausschließlich „fraglos gegeben" (Schütz u. Luckmann, 2003, S. 47 f.) und erst recht nicht lebenslänglich stabil sind (weil sie nicht mehr vererbt, sondern eher quasi auf Zeit konstruiert werden), ist auch die Unterscheidung von Eigenem und Fremdem keineswegs mehr so eindeutig vollziehbar, wie es unter den Prämissen des Herder'schen „Kugeldenkens" scheinbar möglich gewesen ist.

Problematik der Differenzierung zwischen Eigenem und Fremdem

Vorteilhaft ist dies sicherlich in der Hinsicht, dass auf diese Weise eine zentrale Polarisierungskategorie des Entweder-oder-Denkens der Ersten Moderne ins Wanken gerät, die nicht erst unter dem Vorzeichen nationalstaatlicher Blockbildungen gesellschaftlich und

politisch immer wieder zu schwersten Konflikten geführt hat (und immer noch führt).
Das geschieht vor allem dort, wo die Verwendung der Begriffe Eigenes und Fremdes eine Entgegensetzung voneinander unabhängiger Substanzen suggeriert. Dies hat dann zur Folge, dass das Eigene vor dem Fremden bewahrt, geschützt werden muss. Umgekehrt gilt: Fremd (aus dem rekonstruierten germanischen Wort „fram“: „fern von“, „fort“ abgeleitet) ist mir etwas so lange, wie ich es nicht als Bestandteil meines lebensweltlichen Kontextes anzueignen, zu integrieren vermag. Der Aneignungsprozess selbst ist freilich immer usurpatorisch. Er wird in der Regel dadurch legitimierbar, dass er dem Wohl des Eigenen dient, dass er Gefahr abwendet. Nicht von ungefähr wird der/das Fremde im scheinbar antithetischen Spannungsfeld von „ego“ (ich) und „alter“ (der/die/das Andere) negativ als Randseiter (Soziologie), als das Unheimliche (Philosophie) oder gar als Sünder (Theologie) deklariert.
Wie das Unheimliche zum Beispiel durch Erfahrungs- oder Rationalisierungsprozesse seiner Fremdheit benommen und in diesem Sinne heim-lich zu werden vermag, so kann sich etwas einmal der eigenen Lebenswelt als zugehörig Erachtetes in umgekehrter Form natürlich mit der Zeit auch ent-fremden, und es hängt von der Positionierung des Eigenen ab, wann und unter welchen Bedingungen es als fremd deklariert wird. Faktisch sind Fremdes und Eigenes damit jedoch relationale Begriffe, die sich erst durch ihre Wechselbeziehung bestimmen lassen. Als fremd erfährt man beispielsweise jemanden, der zwar die gleiche Sprache aber einen ausgeprägten anderen Dialekt spricht als man es selbst gewohnt ist. Begegnete man dieser Person in einer entfernten geographischen, klimatischen oder ähnlichen Umgebung, würde man sie aufgrund der gemeinsamen Sprache hingegen überhaupt nicht als fremd sondern als der eigenen Lebenswelt zugehörig wahrnehmen.

Relativität des Fremden

Vor diesem Hintergrund scheint es angeraten, die in der interkulturellen Kommunikationsforschung immer wieder von neuem inszenierte Entgegensetzung von Eigenem und Fremdem aufzugeben – ganz abgesehen davon, dass eine solche Trennung angesichts der Veränderungsgeschwindigkeit multipler Identitätsstrukturen nicht aufrechterhalten werden kann (beim Einzelnen nicht und erst recht nicht in Gruppen wie z.B. in virtuellen Teams oder in Unternehmen, die befristet strategische Allianzen eingegangen sind – wohl wissend, dass sie nach einigen Jahren eventuell mit einem aktuellen Wettbewerber kooperieren werden).
Prozessualem Denken besser gerecht als antipodische Strukturen werden dynamische Spektren, die nicht zwischen Eigenem und

Fremdem oszillieren, sondern die zum Beispiel Auskunft über den Grad der Vertrautheit mit einer Sub-Lebenswelt geben, ohne letztere damit schon als eigene oder fremde reklamieren zu wollen.

Vertrautheitsgrade

Zu den Voraussetzungen, unter denen eine solche Lebenswelt als vertraut (oder in der Sprache der Ersten Modern: als eigene) bezeichnet werden kann, zählt insbesondere ihre Sinnhaftigkeit für das alltägliche Handeln. Sinnhaft ist etwas dann, wenn es für den Einzelnen charakterisiert ist durch:

Grundbedingungen kultureller Vertrautheit

- Plausibilität,
- Normalität,
- Ermöglichung von Routinehandeln.

Je länger der Einzelne in einen konkreten intersubjektiven Prozess der Herstellung von Plausibilität, Normalität und Routine eingebunden ist, desto vertrauter ist er mit der auf diese Weise generierten Lebenswelt, weil er selbst einer ihrer Konstrukteure ist. Je weniger hingegen er an dem Prozess des Gemeinschaftlich Machens (→ Kommunikation) mitwirkt, desto weniger vertraut wird ihm die Lebenswelt sein.

Zu Recht beziehen Schütz und Luckmann den Aspekt des „Problematischen" in ihre Überlegungen mit ein: Lebensweltliche Diskurse zur Herstellung von Plausibilität in indexikalischen Situationen wie zum Beispiel eine richterliche Entscheidung zählen selbst zu den Bestandteilen lebensweltlicher Plausibilitätsstrukturen – mit dem Unterschied, dass dies auf einer reflexiven (metakommunikativen) Ebene stattfindet.

indexikalisch: uneindeutig, interpretationsbedürftig

Dennoch: Für den Einzelnen kann eine Lebenswelt, an deren Konstruktion er selbst einmal mitgewirkt hat (z. B. das Elternhaus, ein Arbeitskollektiv, eine „special-interest"-Arbeitsgruppe während der Studienzeit oder eine Elterninitiative) auch nach längerer Zeit der Abwesenheit noch durch Plausibilität beziehungsweise Normalität charakterisiert sein und Routinehandeln ermöglichen, ohne dass sie im Netzwerk seiner lebensweltlichen Zusammenhänge einen aktuellen Knotenpunkt darstellen würde. Sie tut dies deshalb nicht, weil sie für das Handeln des Betroffenen zumindest in sichtbarer (oder oberflächenstruktureller Weise) nicht mehr in dem Maße relevant ist, wie es für andere Sub-Lebenswelten gilt. Dennoch werden diese längere Zeit zurück liegenden Sozialisationserfahrungen tradiert, weil sie quasi tiefenstrukturell die Konstruktion aktueller Sinnzusammenhänge partiell beeinflussen.

Vertrautheit und Relevanz lebensweltlicher Bezüg

Zur Einschätzung der Bedeutung von Sub-Lebenswelten im individuellen lebensweltlichen Handlungszusammenhang ist dementsprechend neben ihrer Vertrautheit auch ihre Relevanz für das aktuelle Identitätswohlgefühl zu berücksichtigen.

Zum Nachdenken und Diskutieren

Wie formulieren sich lebensweltliche Vertrautheit und Relevanz bei Migranten der dritten Generation in Deutschland?

Kulturelles Handeln

1 Soziales Gedächtnis und kultureller Wissensvorrat

Trotz der zunehmenden Pluralisierung individueller Lebensweltbezüge und dem damit verbundenen Aufbrechen von kulturellen Grenzlinien wird es vermutlich auch im Zukunftsmodell der Zweiten Moderne nicht jenen Idealtypus des *Global Managers* geben, der weltweit in beliebigen lebensweltlichen Zusammenhängen einen gleich hohen Vertrautheitsgrad entwickelt, beziehungsweise der umgekehrt aufgrund einer solchen Vertrautheit überall in gleicher Weise als „kultureller Kollege" (Patzelt, 1987, S. 59) akzeptiert wird. Seine Zugehörigkeit oder zumindest seine Affinität zu einem oder mehreren bestimmten lebensweltlichen Kollektiven (Nation, Sprachgemeinschaft, Region, Unternehmen etc.) wird immer dann offenkundig werden, wenn er in seinem Handeln und Verhalten gegen alltagspraktische Plausibilitäts- und Normalitätserwartungen seiner Interaktionspartner verstößt. Und bei allen sozialwissenschaftlichen Beschwörungen des Endes nationalstaatlicher Container scheint die Praxis der Nationalitätszuschreibung nach wie vor nicht nur beliebt zu sein, sondern in vielen Fällen auch relativ treffsicher zu gelingen.

Ist die Lebensweltzugehörigkeit doch durch nationalstaatliche Bezüge bestimmt?

1.1 Handlungskontinuität und Handlungskoordination

Dass es dementsprechend Verhaltens- und Handlungsmerkmale geben muss, die etwas oder jemanden beispielsweise als *deutsch*, *türkisch* oder *US-amerikanisch* identifizieren lassen, wird man kaum ernsthaft leugnen können.

Ein wesentlicher Grund für die Herausbildung solcher individuenübergreifender Merkmalsbündel ist in den Bedingungen zu suchen, unter denen Normalität, Plausibilität und Routinehandeln möglich werden: Je größer das Kollektiv ist, das gemeinschaftlich handelt, desto weniger kann es sich bei dem, was von den Kollektivmitgliedern als plausibel empfunden wird, um ad-hoc-Vereinbarungen handeln. Die Beliebigkeit und kurzfristige Gültigkeit solcher Vereinbarungen würde die Etablierung von Normalität oder Routinehandeln gerade verhindern.

Handlungskontinuität und -koordination als Voraussetzungen gemeinsamer sozialer Lebenswelterfahrung

Normalität setzt folglich Konventionalisierungsprozesse voraus, die zum einen aus historischer Tradierung schöpfen, und die zum anderen diese Tradierungen durch aktuelles Handeln sanktionierend oder korrigierend fortschreiben. Die Herstellung einer solchen lebensweltlichen Kontinuität wird gegenwärtig zumindest in der westlichen Welt noch in entscheidender Weise durch Koordinierungstätigkeiten nationaler politischer oder politisch initiierter Instanzen gesteuert. Deren Aufgabe besteht darin, das Funktionieren des politischen *Körpers* dadurch zu sichern, dass Faktoren wie Plausibilität und Routinehandeln für einen möglichst hohen Anteil der Mitglieder des nationalen Kollektivs erfahrbar werden. Dies geschieht mittels Sicherung von Handlungskontinuität (diachron) und Handlungskoordination (synchron).

die Rolle national gebundener Wissensvorräte

So ist beispielsweise das Bürgerliche Gesetzbuch (BGB) seit 1899 in seinem Kern relativ unverändert geblieben (Kontinuität), während auf der Grundlage der richterlichen Alltagspraxis spezifische Gesetzesformulierungen permanent an aktuelle lebensweltliche Kontexte angepasst und korrigiert werden, damit sie in Bezug auf das Gesamtsystem schnittstellenfähig bleiben (Koordination). Wird eine solche Koordination versäumt, erscheinen Gesetze nach einiger Zeit unplausibel. Das gilt freilich für alle lebensweltlichen Bereiche, aber da die Koordinationsfunktion gesellschaftlichen Interagierens überwiegend noch durch nationalstaatlich gebundene Legislativ- und Exekutivinstanzen geregelt wird, ist es vor allem der nationale Wissensvorrat, der gegenwärtig noch tradiert wird und wesentlichen Einfluss darauf nimmt, ob etwas als plausibel oder normal erscheint.

Das war nicht immer so, wenn man an die Rolle der Kirchen bis zu frühen Neuzeit denkt, und es wird auch vermutlich nicht so bleiben, wenn sich beispielsweise lebensweltliche Organisationsformen im offenen Stil der Zweiten Moderne durchsetzen sollten. Doch selbst wenn durch fortgesetzte Koordinationsprozesse (z. B. Anpassungen deutscher Gesetze an EU-Rechtsvorschriften) auch nationalspezifische Kontinuitätslinien und Tradierungsbereiche sukzessiv korrigiert werden, bilden sie noch über Generationen hinweg den Wissensvorrat, aus dem künftige Koordinationsleistungen schöpfen. Ein gutes Beispiel hierfür ist die beschriebene Problematik, dass Herausforderungen der Zweiten Moderne gegenwärtig noch vorwiegend mit Werkzeugen der Ersten Moderne gelöst werden: Der Wissensvorrat, auf den bei der Werkzeugfertigung zurückgegriffen wird, ist unweigerlich aus der Ersten Moderne tradiert und steht dementsprechend auch in einem direkten Kontinuitätszusammenhang damit (weshalb es sich bei dem Übergang auch nicht um einen Paradigmenwechsel, sondern nur um eine Paradigmenkorrektur handeln kann).

1.2 Unthematisierte Kontinuitätssicherung

Maurice Halbwachs, französischer Soziologe (1877–1945), prägte Begriff des kollektiven Gedächtnisses („mémoire collective")

Aleida und Jan Assmann

Rückgriffe auf kollektive Wissensvorräte oder auf das *kollektive* beziehungsweise *soziale Gedächtnis*, wie es im Anschluss an Maurice Halbwachs bei Jan und Aleida Assmannheißt, finden in der Alltagspraxis überwiegend in der Form unthematisierter Tradierungen statt.

Ein einfaches Beispiel für eine solche unthematisierte Kontinuitätsforschreibung ist die Tradierung von Zeitkonzepten, wie sie einer im Deutschen häufigen Form der Namengebung wie Peter – Peters – Peters(s)en zugrunde liegt: Die darin ausgedrückte Generationenfolge von Peter, Peters Sohn und wiederum dessen Sohn („sen": Sohn) dokumentiert eine Weltsicht, die sich von einem in der Vergangenheit gesetzten Fixpunkt her interpretiert (abgesehen davon, dass in der Endungswahl zudem deutlich maskuline Erbfolgeorientierungen zum Ausdruck kommen).

In diesem Sinn definieren sich die Models der Wal-Mart-Werbung auch explizit als Kinder ihrer Eltern (Abb. 23).

Abb. 23: Deutsche Teknonymie am Beispiel einer Werbeanzeige

Teknonymie: Namenrangfolge in Verwandtschaftsbeziehungen

Eine ganz andere Form der Weltsicht resultiert hingegen beispielsweise aus einer Typik der Namengebung, die wir unter anderem auf Bali antreffen (Abb. 24), wo die Benennung nach den Nachfahren erfolgt: So heißt jemand zum Beispiel Vater von Jane. Bekäme Jane eine Tochter namens Liza, so würde sie selbst nicht mehr Jane, sondern Mutter von Liza heißen, während ihr Vater ab diesem Moment nicht mehr Vater von Jane, sondern Großvater von Liza genannt werden würde. Individuelles Selbstverständnis definiert sich hier folglich in erster Linie aus der Gegenwart heraus und ist anders als im Deutschen nicht über die Vergangenheit vermittelt.

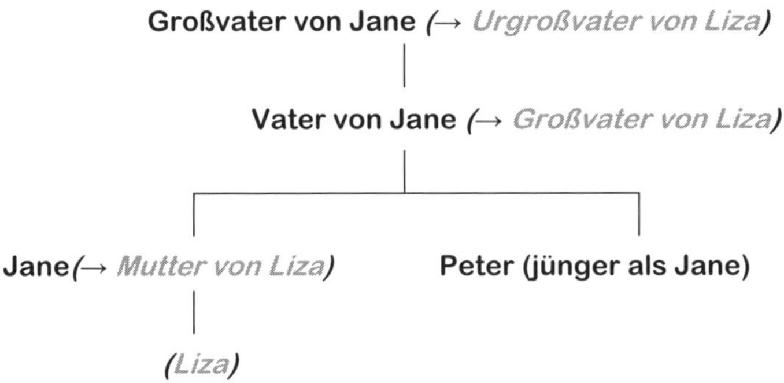

Abb. 24: Balinesische Teknonymie

Es ist offenkundig, dass so unterschiedliche Weltsichten, wie sie im deutschen und balinesischen System der Namensgebung zu Tage treten, auch im jeweils weiteren lebensweltlichen Kontext voneinander abweichende Denk- und Handlungsorientierungen fordern (und selbst erzeugen). Dies gilt deshalb, weil diese lebensweltspezifischen Sichtweisen ihrerseits Bestandteile komplexer Netzwerke sind, in denen sie sich nur deswegen erhalten können, weil sie zu anderen Weltsichten dieses Netzwerks passen und mit ihnen in Wechselwirkung stehen. Wäre ein solcher fit nicht gegeben, würde die Plausibilitäts- beziehungsweise Routineforderung verletzt.
Auf das Beispiel der deutschen Namengebung bezogen, lässt sich dementsprechend schlussfolgern, dass die Traditionsorientierung als Bestandteil eines Gesamtkonzeptes zu sehen ist, das sein Selbstverständnis auch in anderen Bereichen aus den unterschiedlichsten Formen historischer Vergewisserung (oder Verleugnung) schöpft. Wenn nun derartige Schemata durch eine beständige Alltagspraxis (z.B. Namennennung) – und sei es noch so unreflektiert – immer weiter vertieft werden, betrifft dies zumindest indirekt auch alle weiteren in diesem Kontext assoziierbaren Schemata des Netzwerks sowie andere damit wiederum verbundene Konzepte. So wird im Fall der deutschen Namengebung das Konzept Vergangenheit im Sinne einer Bezugsgröße beziehungsweise eines Maßstabes für gegenwärtiges Handeln geformt, was dann natürlich auch Konsequenzen für mögliche Schemabildungen zu Konzepten wie beispielsweise denen von Autorität nach sich zieht. Hieran lässt sich dann wiederum sehr unproblematisch die Tatsache andocken, dass dem Lebensalter im Deutschen im Sinne des Ancienitätsprinzip nach wie vor eine bedeutende Rolle zugewiesen wird. Einen Beleg hierfür finden wir im Urteil der Abbildung 25.

AKTUELLES URTEIL

Lebensalter kann entscheiden

Koblenz. (dpa/tlz) Der Staat darf die Beförderung eines Beamten vom Lebensalter abhängig machen. Dies entschied das Oberverwaltungsgericht (OVG) Rheinland-Pfalz in Koblenz. Der Dienstherr verstoße in diesen Fällen nicht gegen den Leistungsgrundsatz (Az.: Beschluss vom 15.7.1999 - 2 B 11402/99). Der 28-jährige Kläger hatte sich um die Stelle eines Polizeihauptmeisters beworben, kam jedoch auf Grund seines Lebensalters nicht in die Auswahl.

Abb. 25: Lebensalter kann entscheiden (Thüringische Landeszeitung, 3.11.1999)

Um noch einmal auf das balinesische System zurückzukommen: Auch hier existieren freilich Autoritäts- und Vergangenheitskonzepte, die allerdings – wie man am Beispiel der Namensgebung sehen kann – durch andere Denkweisen geformt sind und damit untereinander auch in ganz anderem Bezug stehen. Folglich sind mit dem Konzept Autorität im balinesischen System ganz andere Vorstellungen verknüpft als es im deutschen System der Fall ist. Wenn man sich im interkulturellen Kontakt über diese Differenz nicht verständigt, sind Missverständnisse vorprogrammiert. Das gilt vor allem dann, wenn die Verständigung über eine dritte Sprache wie etwa das Englische erfolgt. Die Gemeinsamkeit, die damit geschaffen wird, ist nur eine scheinbare und umso notwendiger ist es, auch scheinbar unbedeutende Indexikalitäten zu thematisieren.

1.3 Thematisierte Kontinuitätssicherung

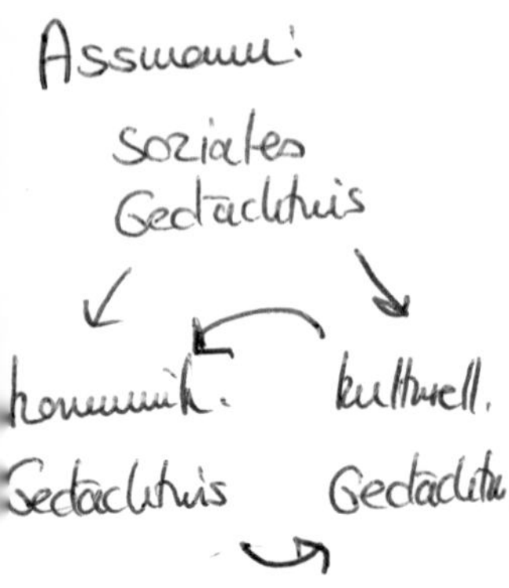

Aber auch innerhalb eines lebensweltlichen Handlungszusammenhangs vollzieht sich Kontinuitätssicherung keineswegs ausschließlich in Form von unthematisierten Tradierungsprozessen. Immer dann, wenn etwas nicht mehr plausibel erscheint und indexikalisch geworden ist, weil sich seine Kontextbedingungen (und damit die Netzwerkeinbindungen) verändert haben, wird man diesen Sachverhalt in Frage stellen und dementsprechend thematisieren. Der Rückgriff auf das soziale oder kollektive Gedächtnis der betroffenen Lebenswelt erfolgt in diesem Fall nicht mehr im Sinne einer unbewussten Traditionsfortschreibung, sondern in reflektierter Weise mit dem Ziel der Vermittlung, der Koordination zwischen dem nicht mehr Plausiblen und dem aktuellen Relevanzsystem.

kollektives Gedächtnis als Archiv, aus dem Interpretationsvorräte geschöpft werden

Das kollektive Gedächtnis ist in diesem Zusammenhang laut Aleida und Jan Assmann (1994) als eine Art Archiv zu denken, in dem auf dem Wege der Tradierung über Tausende von Jahren hinweg un-

zählige Erfahrungen abgespeichert sind. Vor dem Beginn der Schriftlichkeit erfolgte eine derartige Tradierung vor allem über Erzählungen, Bräuche, Lieder und Sprichwörter, aber auch über Alltags- und Kunstgegenstände sowie Bauwerke, die etliche Generationen überdauerten und damit natürlich auch komplexe Sinnkonstruktionen fortbestehen ließen.
Während mündliche Tradierungen (Erlebnisberichte, Familiengeschichten, Witze etc.) selten über drei Generationen hinweg beziehungsweise über einen Zeitraum von 90 bis 110 Jahren fortbestehen, ist die Lebensdauer schriftlicher Überlieferungen theoretisch unbegrenzt. Bücher, Briefe und Dokumente sind – sofern sie Gewalt- oder Umwelteinflüsse überstanden haben – über Jahrhunderte hinweg in Bibliotheken, Kirchen, Klöstern und Staatsarchiven gespeichert worden. Elektronische Medien können die Speicherkapazität inzwischen unbegrenzt vergrößern, so dass auch das potentiell zur Verfügung stehende Wissen unendlich erweiterbar ist. Den auf diese Weise entstandenen Wissensvorrat kann man sich als eine Art Netzwerk vorstellen: Es stellt ein Reservoir an Erfahrungen bereit, auf das die nachfolgenden Benutzer-Generationen notwendigerweise zurückgreifen müssen, um eigene Erwartungen formulieren und eigene, neue Erfahrungen sammeln zu können. Diese neuen Erfahrungen werden an den bestehenden Wissensvorrat (Abb. 26) angedockt, womit sie ihn erweitern beziehungsweise di-

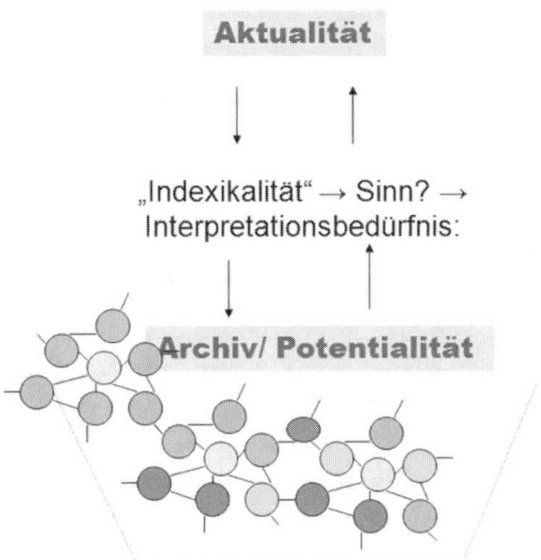

Abb. 26: Wissensvorrat als „Archiv“

versifizieren. Für das Nutzerkollektiv bildet sich dergestalt sukzessive ein Traditionszusammenhang heraus, der insofern Verbindlichkeit erlangt, als er im Sinne eines Gedächtnisses oder Archivs die Basis darstellt, von der aus die Mitglieder des Kollektivs alle künftigen (und wiederum erfahrungsleitenden) Erwartungen an Sinnhaftigkeit, Normalität und Plausibilität formulieren werden.

Herausbildung von Traditionszusammenhängen

Medien und Gedächtnisfunktion

Entsprechende Formen der Thematisierung von Wissen finden immer dann statt, wenn Erfahrungen gemacht werden, deren Passfähigkeit (oder anders gesagt: deren Normalität) in Bezug auf das bestehende Denk- und Handlungssystem nicht fraglos gegeben ist.

Ein alltägliches Beispiel bieten sprachgeschichtliche Entwicklungen, die – wie etwa die Prägung beziehungsweise Aufnahme neuer Wörter – in der Öffentlichkeit erst dann bemerkt und thematisiert werden, wenn sie nicht automatisch integrierbar sind. Dies ist der Fall bei sogenannten Unwörtern wie ausländerfrei, ethnische Säuberung oder Überfremdung (Unwörter 1991–1993; Duden, 2000), aber auch bei konkurrierenden Begriffen wie Atomkraft versus Kernkraft.

In solchen wie in allen anderen thematisierungsbedürftigen Fällen fungiert das kollektive Gedächtnis als Argumentationspool. Es stellt einen Interpretationsvorrat bereit, der sowohl Möglichkeiten der Legitimierung als auch solche der Delegitimierung der infrage stehenden Sachverhalte enthält, wie etwa die Diskussionen um die Todesstrafe in vielen Ländern zeigen. Auf welche der möglichen Argumente beziehungsweise auf welche Bestandteile des tradierten Wissensvorrats im jeweiligen Einzelfall zurückgegriffen wird, hängt unter anderem von den Interessen ab, mit denen die Überwindung der aktuell indexikalischen Ausgangssituation verknüpft ist. Wenn beispielsweise das Interesse an einer Aufrechterhaltung der Todesstrafe besteht, wird man in legitimatorischer Absicht nach historisch fürsprechenden Belegen suchen; ist man an einer Abschaffung der Todesstrafe interessiert, wird man hingegen nach deligitimatorisch wirksamen Quellen fahnden. Nicht selten dient auch ein und dieselbe Quelle als Beleg gegensätzlicher Auslegungen, wie etwa Interpretationen von Schillers „Wilhelm Tell“ als sozialistisches Freiheitsdrama einerseits und als Inbegriff politischer Restauration andererseits zeigen.

Legitimation und Delegitimation als Aufgaben des Funktionsgedächtnisses

Wie der Begriff Thematisierung bereits impliziert, handelt es sich bei diesen von Assmann dem Funktionsgedächtnis zugeschriebenen Prozessen grundsätzlich um kommunikative, so wie das kollektive Gedächtnis einer Lebenswelt ebenfalls nur als Kommunikationsprodukt vorstellbar ist (Abb. 27).

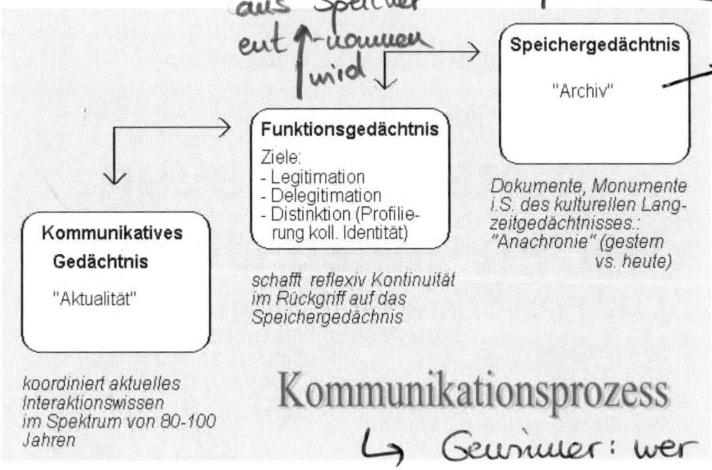

Abb. 27: Kollektives Gedächtnis als Kommunikationsprodukt (nach Assmann)

Anschaulich lässt sich ein solcher Prozess seit einiger Zeit am Beispiel der Diskussionen über den Ladenschluss dokumentieren. Mit zunehmender Flexibilisierung der Arbeitsabläufe und -zeiten, größerer Mobilität, aber auch aufgrund entsprechender Erfahrungen aus anderen Ländern, erschien spätestens seit der Jahrhundertwende ein Fortbestand der starren Ladenschlussregelung vielen nicht mehr plausibel. Dementsprechend wurde auch die bislang geltende Norm(alität) in Frage gestellt (Abb. 28). Sowohl Gegner als auch Verfechter des alten Ladenschlussgesetzes griffen bei ihren Strategien der Delegitimation beziehungsweise der Legitimation notwendigerweise auf vorhandene Wissensvorräte zurück. Welche dieser Wissensvorräte ihnen dabei aus der nahezu unendlichen Menge der tradierten Möglichkeiten jeweils zugänglich sind, hängt ganz von der Passfähigkeit in Bezug auf die aktuelle Situation ab. Wissensvorräte, die interpretatorisch keine aktuell relevanten Anschlussstellen an die zu klärende Situation besitzen, sind auch nicht erinnerbar. Der (assoziative) Weg zu ihnen ist quasi versperrt, weshalb es zum Beispiel in der Rezeptionsgeschichte literarischer Werke nach Popularitätswellen auch immer wieder Vergessenheitsphasen gibt, weil der jeweilige Autor möglichen Rezipienten einer bestimmten Zeitphase nichts sagt beziehungsweise keine Anstöße zur individuellen und gesellschaftlichen Selbstinterpretation zu vermitteln mag.

Um auf die Ladenschlussdiskussion zurückzukommen: Analysiert man Argumente sowohl der Gegner als auch der Fürsprecher des

Nachdem das Ladenschlussgesetz seit 1960 unverändert Bestand hatte, folgten ab 1989 mehrere Liberalisierungsvorstöße:
1989: Donnerstag als Dienstleistungsabend (bis 20.30 Uhr)
1996: wochentags bis 20 Uhr, samstags bis 16 Uhr
2003: samstags bis 20 Uhr
2004: Sonntagsfreigabe wird vom Bundesverfassungsgericht abgelehnt, aber Ladenschluss wird Ländersache
2006: Freigabe der Ladenschlusszeiten an Werktagen

Ladenschlussgesetzes, stellt man schnell fest, dass sowohl Legitimations- als auch Delegitimationstrategien auf das tradierte Wissen vom Gebot des Sonntags als Ruhetag Bezug nehmen.

Samstag schließen Läden um 20 Uhr

CDU-Fraktion lenkt bei Öffnungszeiten ein

■ Von Elmar Otto

Erfurt. (tlz) Am Samstag sollen die Geschäfte in Thüringen nun doch um 20 Uhr schließen. Nur auf Antrag können Landkreise und kreisfreie Städte aus besonderen Anlässen Ausnahmen beschließen. Darauf hat sich die CDU-Landtagsfraktion nach kontroverser Diskussion gestern geeinigt. Damit lenkt die Union nicht zuletzt gegenüber den Kirchen ein, die einen „Schutzkorridor" um den Sonntag gefordert hatten.

Im Gesetzentwurf war noch ein Einkaufen rund um die Uhr an sechs Tagen in der Woche vorgesehen. Allein am Namen sei zu erkennen, dass der Sonnabend zum Sonntag gehöre, so die Kirchen.

Der wirtschaftspolitische Sprecher der CDU-Fraktion, Thomas Kretschmer sprach von einem „vernünftigen Kompromiss". Zudem verständigte man sich darauf, die Zahl der Sonn- und Feiertage, an denen Arbeitnehmer beschäftigt werden dürfen, auf 22 zu begrenzen.

Die Unionsmehrheit im Landtag will das Ladenöffnungsgesetz in der Plenarsitzung der kommenden Woche verabschieden, damit die Geschäfte vor Weihnachten ihre Öffnungszeiten ausdehnen können.

Abb. 28: Ladenschluss (Thüringische Landeszeitung, 18.11.2005)

Während sich die Befürworter der bis vor kurzem geltenden Ladenschlussregelung, zu denen gemeinschaftsorientierte Gruppen und Institutionen wie Kirchen, Gewerkschaften oder auch das Sozialministerium zählten, explizit auf den Sonntag als Tag der Arbeitsruhe und der Besinnung bezogen, geschah dies bei den Verfechtern einer Freigabe der Ladenöffnungszeiten eher indirekt. Hier kann man an ein in Bezug auf Veränderungsbestrebungen des Status quo allenfalls halbherziges Motto wie sonntags nur Besichtigung, kein Verkauf, keine Beratung denken oder daran, dass sich Ausnahmen von dem Gebot der Sonntagsschließung nur auf solche Branchen beziehen, die ermöglichen, den Sonntag feierlich bege-

Assmann: "Kultur stellt sich dar als historisch ränderlicher Zusammenhang von Kommunikation, Gedächtnis und Medien."

hen zu können (Blumenhändler, Bäcker). Interessant ist, dass in derartigen Deligitimations-Vorstößen immer auch beachtet wird, dass bei den Sonntags-Öffnungszeiten keine Überschneidungen mit der Kirchzeit entstehen dürfen. Noch indirekter, aber letztlich trotzdem plausibel, sind Positionen, die verlängerte Ladenöffnungszeiten mit dem damit verbundenen Zugewinn an Freizeitqualität und Freizeiterlebnis zu rechtfertigen versuchen (z. B. die Freigabe der Adventssonntage in einigen Bundesländern) oder sie als strikte Ausnahme deklarieren (z. B. während der Fußball-Weltmeisterschaft 2006 in Deutschland). Zumindest für die Gruppe der Konsumenten lässt sich auf diese Weise noch eine Beziehung zum christlichen Gebot des Feierns konstruieren.

Chancenlos wäre hingegen in Deutschland eine Argumentation gewesen, die sich bei dem Versuch, das Ladenschlussgesetz abzuschaffen, ausschließlich auf Aspekte der Umsatzmaximierung konzentriert hätte. Eine solche Delegitimationsstrategie wäre zumindest gegenwärtig nicht hinreichend plausibel gewesen, weil sie sich nicht auf eine gemeinsam akzeptierte Wissensbasis berufen könnte beziehungsweise weil die gemeinsame Wissensbasis vom Sonntag als Ruhetag derzeit noch zu dominant ist. Anders gesagt: Die Wertigkeit des Sonntags im gesellschaftlichen Bewusstseins ist derzeit (noch) höher als die Wertigkeit möglichst hoher Umsätze.

Zwei Aspekte werden an dieser Stelle offensichtlich: Der erste bezieht sich auf den Tatbestand, dass kulturelle Wissensvorräte anscheinend sehr resistent sind gegenüber kurzfristigeren historischen Veränderungen. Anders ist zumindest nicht zu erklären, dass im Mittelpunkt der ostdeutschen Diskussionen um das Ladenschlussgesetz immer noch genuin christliche Argumentationen stehen, obwohl die christlichen Kirchen als Institutionen mit einem Mitgliederanteil von unter 28 Prozent der Bevölkerung hier nur noch eine marginale Rolle spielen. Wie es zu diesen langfristigen Tradierungen kommt, wird uns noch näher beschäftigen.

Zweitens zeigt gerade das Beispiel der Ladenschlussdiskussion aber auch sehr deutlich, wie sich das für eine kulturelle Gruppe relevante Wertegefüge verändert beziehungsweise auf welche Weise Wertewandelprozesse stattfinden. Im Gegensatz zu Normen verändern sich Werte eher schleichend und von vielen in diesem Veränderungsprozess unbemerkt. So entstehen neue Wert-Normalitäten nie durch eine Zäsur, sondern immer durch eine Korrektur der alten Normalität. Derartige Korrekturen finden permanent statt und sind sowohl Resultat als auch Movens kultureller Dynamik. Sie gehen von Ideen und Vorstellungen einzelner Individuen aus und werden dann für eine neue Normalität einer Lebenswelt charakteristisch, wenn die Mehrheit der Mitglieder dieser Lebenswelt sich mit den entsprechenden Werten identifiziert.

Damit ist auch das Verhältnis von Kultur und Individuum als Wechselverhältnis in der Weise bestimmbar, dass individuelles Handeln sich einerseits durch eine spezifische Auswahl jener Wissensvorräte auszeichnet, von denen es sich ein Höchstmaß an Plausibilität für Problemlösungen seiner aktuellen Lebenswelt verspricht. Andererseits ist damit – unter Voraussetzung einer Mehrheitsfähigkeit dieser neuen individuellen Sichtweisen – auch immer eine Veränderung des gesamten Werte*systems* einer sozialen Lebenswelt initiiert. So wird – um auf den Ladenschluss zurückzukommen – eine Freigabe der Öffnungszeiten zum Beispiel bis Mitternacht Veränderungen der Konventionen familiären Zusammenlebens nach sich ziehen, die dann auf anderer Ebene ebenfalls Werteveränderungen zur Folge haben können.

Kultur dokumentiert sich immer nur in den Handlungen einzelner Individuen

Offenkundig ist in jedem Fall, *dass eine Kultur sich immer nur in den (kommunikativen) Handlungen ihrer Individuen äußert und dokumentiert*. Da jedes Individuum innerhalb des Wissensvorrats, der ihm im durch seine Sozialisation zur Verfügung steht, eine Vielzahl eigenständiger Problemlösungsalternativen kreieren kann, die wiederum durch individuenspezifische Erfahrungen überhaupt erst möglich werden, ist jede Verallgemeinerung im Sinne von „die Deutschen sind ...“ strikt unzulässig. Andererseits sind einzelne Abschnitte des individuellen Sozialisationsweges (Kindergarten, Schule, Berufsumwelt etc.) immer auch durch Gruppenerfahrungen geprägt, womit kollektives Wissen erworben und weitervermittelt wird. Diese Spannung von Allgemeinem und Individuellem begründet überhaupt erst die Möglichkeit kultureller Dynamik. Sie lässt sich gleichzeitig bestimmen als das Verhältnis von Rahmen im Sinne des auf dem Wege der Sozialisation vermittelten Wissensvorrats und Realisierung im Sinne der individuellen Operationalisierung dieses Wissensvorrats.

Habermas (1989, S. 2, S. 209) beschreibt das Verhältnis von kulturellem Wissensvorrat, sozialer Lebenswelt und individuellem Handeln in diesem Zusammenhang wie folgt:

Jürgen Habermas (*1929)

„*Kultur* nenne ich den Wissensvorrat, aus dem sich die Kommunikationsteilnehmer, indem sie sich über etwas in der Welt verständigen, mit Interpretationen versorgen. *Gesellschaft* nenne ich die legitimen Ordnungen, über die die Kommunikationsteilnehmer ihre Zugehörigkeit zu sozialen Gruppen regeln und damit Solidarität sichern. Unter *Persönlichkeit* verstehe ich die Kompetenzen, die ein Subjekt sprach- und handlungsfähig machen, also instandsetzen, an Verständigungsprozessen teilzunehmen und dabei die eigene Identität zu behaupten [...] Die zum Netz kommunikativer Alltagspraxis verwobenen Interaktionen bilden das Medium, durch das sich Kultur, Gesellschaft und Person reproduzieren. Diese Reproduktionsvorgänge erstrecken sich auf die symbolischen Strukturen der Lebenswelt".

1.4 Zur Abgrenzbarkeit sozialer Gedächtnisse

Wie wir bereits gesehen haben, kann man von einer strikten Abgrenzbarkeit kollektiver Wissensvorräte schon deswegen nicht ausgehen, weil jede Kultur – angefangen bei Siedlungsbewegungen bis hin zur globalen Internetkommunikation – zu wesentlichen Teilen selbst Produkt interkultureller Interaktionen ist und kulturelles Wissen von daher auch über Sprach- und Ländergrenzen hinweg Überlappungen aufweist. Wie gesagt: Kulturen sind ebenso wie ihr jeweiliges kollektives Gedächtnis nicht als Container vorstellbar. Dennoch existieren zweifellos Wissensbestände, die in jeweils spezifischer Konstellation für bestimmte ethnische Gruppen signifikant sind, weil sie für deren Selbstdeutung und Normalitätskonstruktion immer wieder eine besonders wichtige Rolle gespielt haben.
Die Erfahrung, dass der Rückgriff auf derartige Wissensbestände erfolgreich ist, um eigenes Handeln vor sich und anderen plausibel zu machen, stimuliert erneute Rückgriffe, so dass eigentlich nicht die Wissensbestände, sondern die Rückgriffmechanismen fossilieren und eine Kultur so spezifisch erscheinen lassen, wie sie erscheint.
So ist es sehr wahrscheinlich, dass man zum Beispiel als Migrant der zweiten Generation aus seinen schulischen Sozialisationserfahrungen Zugriff auf den Wissensvorrat der Migrationskultur besitzt, zugleich aber auch über die häusliche Sozialisation über den Wissensvorrat der elterlichen Kultur verfügt. Die Frage nach einer Abgrenzbarkeit der Wissensvorräte aus den beiden Kulturen beziehungsweise Lebenswelten ist nicht mehr beantwortbar. Entscheidend ist vielmehr, auf welche Wissensbestände die betreffende Person in Selbstdeutungsprozessen oder Ähnlichem zurückgreift, um Normalität wiederherzustellen.
Und gerade in diesem Zusammenhang steht die häufig zu beobachtende und von den Betroffenen beklagte Heimatlosigkeit der Migranten der zweiten Generation. Von ihrer Umgebung wird unterschwellig erwartet, dass sie zum Beispiel bei Problemlösungen auf den Wissensvorrat derjenigen Kultur zurückgreifen, in der sie aufgewachsen sind. Unverständnis ist das Resultat, wenn dies nicht geschieht, sondern wenn – den Betroffenen zumeist nicht bewusst – auf tradierte Wissensvorräte der elterlichen Herkunftskultur rekurriert wird.

Erschwerend wirkt sich für die Migranten der zweiten Generation aus, dass aus den gleichen Gründen Generationskonflikte viel heftiger ausgetragen werden, so dass das elterliche Zuhause in diesem Sinne nicht unbedingt als Heimat angesehen wird. Erwähnt sei an dieser Stelle das Beispiel eines elfjährigen türkischen Mädchens, das während der Abwesenheit ihrer Eltern einen Klassenkameraden mit zu sich nach Hause nahm, um gemeinsam die Hausausgaben anzufertigen. Als der Vater des Mädchens von diesem Besuch erfuhr, brachte er das Kind unverzüglich zu einer gynäkologischen Untersuchung in die Klinik.

kulturspezifische Merkmalsbildung

1.5 Zur Kulturspezifik sozialer Wissensvorräte: Die Rolle der Medien

Bislang haben wir uns im Wesentlichen damit beschäftigt, Hypothesen darüber zu formulieren, wodurch kulturelles Wissen charakterisiert ist und in welcher Weise es im Rahmen des Alltagshandelns eingesetzt wird. Als ganz entscheidend hat sich hierbei das Relevanzkriterium herausgestellt: Was für das Problemlösehandeln und damit für die Wahrung von Normalität und Plausibilität eines (ethnischen) Systems große Relevanz besitzt, wird häufiger abgerufen und rekonstruiert als das, was hierfür weniger bedeutsam ist. Umgekehrt wird die Relevanz von Wissensvorräten dadurch erzeugt und aufrechterhalten, dass eine solche Rekonstruktion permanent stattfindet. Wie wir gesehen haben, wird auf diesem Weg überhaupt erst ein kulturspezifischer und kollektiv weitgehend verbindlicher Handlungsrahmen erzeugt. Als Beispiel mag an dieser Stelle auf Kanonbildungen (z. B. für den Literaturunterricht) oder auf Ritualbildungen verwiesen sein.

Kultur = t (Kommunikation ⇔ Medien ⇔ Gedächtnis)

Zum Nachdenken und Diskutieren

Nationalhymnen sind paradigmatische Beispiele für Ritualisierungen. Sie tradieren nationalspezifische Elemente sozialer Gedächtnisse. Auch wenn sie unter inhaltlichen Aspekten keinen Kontinuitätszusammenhang mit der Aktualität aufweisen, fungieren sie als Erinnerungsfiguren eines ursprünglich gemeinsamen nationalen Nenners.
Nebenstehend sehen Sie Texte verschiedener Nationalhymen (Abb. 29). Welche Verbindung sehen Sie zum jeweiligen kulturellen Gedächtnis? Warum hat man sich in Deutschland 1990 letztlich doch nicht für die Brecht-Hymne entschieden?

Die meistgenutzte Hymne: *God Save The Queen* ist in verschiedenen Fassungen Nationalhymne von elf verschiedenen Staaten: Großbritannien, Bermuda, Falklandinseln, Gibraltar, Britische Jungferninseln, Liechtenstein, Montserrat, Neuseeland, Pitcairninseln, St. Helena sowie Turks- und Caicosinseln. Früher nutzten unter anderem auch Russland, Schweiz und Deutsches Reich die Melodie. In der britischen Fassung heißt es:

Gott schütze unsere gnädige Königin,
Lang lebe unsere edle Königin,
Gott schütze die Königin!
Sorge für eine siegreiche,
Glückliche und glorreiche,
Lange Herrschaft über uns.
Gott schütze die Königin!

Oh Herr, unser Gott stehe auf,
Zerstreue ihre Feinde
Und lass sie untergehen;
Verwirre deren Politik,
Vereitle ihre Halunkentricks,
Auf dich setzen wir unsere Hoffnungen.
Gott schütze uns alle!

Die kürzeste Hymne: Neben Japans Vierzeiler fasst sich auch Jordanien kurz:

Es lebe der König,
Es lebe der König,
Erhaben sei seine Stellung,
in Würde wehe seine Fahne.

Die verhinderte Hymne: Sie hätte Hymne der DDR werden können und war 1990 als Nationalhymne des vereinten Deutschlands im Gespräch – Bertolt Brechts „Kinderhymne" von 1949:

Anmut sparet nicht noch Mühe,
Leidenschaft nicht noch Verstand,
Dass ein gutes Deutschland blühe
Wie ein andres gutes Land.
Dass die Völker nicht erbleichen
Wie vor einer Räuberin,
Sondern ihre Hände reichen
Uns wie andern Völkern hin.

Und nicht über und nicht unter
Andern Völkern wolln wir sein
Von der See bis zu den Alpen
Von der Oder bis zum Rhein.
Und weil wir dies Land verbessern,
Lieben und beschirmen wir's,
Und das liebste mag's uns scheinen
So wie andern Völkern ihrs.

Man kann Brechts Kinderhymne zur Haydn-Melodie des Deutschlandliedes singen, dessen dritte Strophe die bundesrepublikanische Hymne ist.

Die martialischsten Hymnen: Vor allem nach dem 11. September 2001 empfanden viele US-Amerikaner ihre 1931 gewählte Nationalhymne als unpassend brutal und kriegerisch. Bei vielen offiziellen Veranstaltungen wurde stattdessen das ebenso patriotische, aber friedvollere *America the beautiful* gesungen. Die Debatte ebbte jedoch schnell wieder ab und das 1814 im Krieg gegen Großbritannien („War of 1812") verfasste *Star-Spangled Banner* blieb unangetastet:

Oh sag, kannst du sehen
Im frühen Licht der Morgendämmerung,
Was wir so freudig bejubelten
Im letzten Schimmern der Dämmerung?
Dessen breite Streifen und helle Sterne,
Die wir durch den gefährlichen Kampf
Über die Wälle beobachteten,
So stattlich wehten!

Und der rote Schein der Raketen,
Die in der Luft zerberstenden Bomben,
Zeigten die Nacht hindurch,
Dass unsere Flagge noch da war.
Oh sag, weht dieses
Sternenbanner noch immer
Über dem Land der Freien
Und der Heimat der Tapferen?

Noch martialischer wirkt allerdings die Hymne Portugals mit ihrem Text von 1890:

Zu den Waffen, zu den Waffen!
Über Land und über See,
Zu den Waffen, zu den Waffen!
Für das Vaterland kämpfen,
Gegen Kanonen marschieren!

Die deutsche Hymne: Als August Heinrich Hoffmann von Fallersleben das „Lied der Deutschen" 1841 auf Helgoland dichtete, gab es kein einiges Deutschland, sondern eine Vielzahl souveräner Staaten. Das Lied ist Ausdruck der Sehnsucht nach nationaler Einheit. Die Melodie hatte Joseph Haydn 1797 komponiert. 1922 wurde das Deutschlandlied zur Nationalhymne erklärt. Nach dem Zweiten Weltkrieg verboten die Militärregierungen zunächst alle drei Strophen. Später sang man nur noch die dritte Strophe, die seit 1990 auch offizielle Hymne des wiedervereinigten Deutschlands ist.

Einigkeit und Recht und Freiheit
Für das deutsche Vaterland!
Danach lasst uns alle streben
Brüderlich mit Herz und Hand!
Einigkeit und Recht und Freiheit
Sind des Glückes Unterpfand;
|: Blüh' im Glanze dieses Glückes,
Blühe, deutsches Vaterland! :| SGEY/UTA

Abb. 29: Hymnen (Frankfurter Rundschau, 23.11.2005)

Welche Wissensbestände für uns bis heute eine besonders hohen Aktualitätsgrad besitzen und dementsprechend auch unser Handeln bestimmen, hängt in nicht zu unterschätzendem Ausmaß davon ab, wie Kommunikationsprozesse und damit auch die Produktion von Wissen über Jahrhunderte hinweg koordiniert worden sind (Assmann, 1994). So ist es naheliegend, dass in westlichen Lebenswelten zum Beispiel die christliche Lehre deshalb einen noch heute so nachhaltigen Einfluss auf Denk- und Handlungsweisen ausübt, weil es Klöster und Kirchen waren, die seit dem Beginn von Schriftlichkeit für den immerhin längsten Zeitraum der Geschichte mehr oder minder monopolistisch Wissen tradiert und koordiniert haben. Spätere Steuerungszentren von Kommunikation, zu denen beispielsweise Institutionen politischer Herrschaft, bürgerliche Wissenschaft, Kunst oder gegenwärtig die Medienwirtschaft selbst zu rechnen sind, haben diese Traditionen notwendigerweise fortgeschrieben.

Auf diese Weise ist ein sehr komplexer, zugleich aber auch zumindest im Kern kohärenter, spezifisch westlicher Kommunikationszusammenhang entstanden, der sich selbst wiederum nur als Rahmen eigenständiger und zum Teil sehr unterschiedlicher Subkulturen darstellt:

Während die deutsche Kommunikationsgeschichte zum Beispiel wesentlich durch eine über lange Zeit antagonistische Polung zwischen katholischer Lehre einerseits und reformatorischen Ansätzen andererseits geprägt ist, haben wir es in der frankophonen und in der angelsächsischen Tradition mit Entwicklungen zu tun, die erheblich weniger durch derartige Widersprüche charakterisiert sind. So sind unter französischer Koordinationshoheit vollzogene Selbstverständigungsprozesse entscheidend durch die kommunikationssteuernde Funktion der katholischen Kirche im Mittelalter und der frühen Neuzeit geprägt worden. Dies hat wiederum die Voraussetzungen dafür geschaffen, dass sich Denk- und Handlungsstrukturen wie Rationalismus und Zentralismus etablieren und bis in die Gegenwart hinein erhalten konnten. Ähnliches gilt zweifellos in Bezug auf die alltägliche Ästhetik des „savoir vivre“, deren Bedeutung sich ohne Berücksichtigung des Einflusses der katholischen Kirche nicht erschließen ließe.

Anders die angelsächsischen Regionen: Hier bot die im weitesten Sinne protestantische Prägung des Wissensvorrats eher eine Basis für erfahrungsorientierte, pluralistische, individualistische, aber auch puritanischere Formen der Selbstverständigung. Das unter diesen Vorzeichen vernetzte Archiv kommunikativen Handelns unterscheidet sich dementsprechend maßgeblich von demjenigen frankophoner oder deutscher Prägung. Es ist weniger hierarchisch strukturiert, dafür aber empirischer und personenbezogener ausgerichtet. Dass diese Merkmale noch heute stilbildend wirken, drückt sich nicht nur in der open door policy, den flachen Hierarchien in der Unternehmensorganisation oder der spezifischen Art angelsächsischer Rechtsprechung aus. Es wird auch deutlich, wenn man sich angelsächsische Homepages, Geschäftsberichte oder Verkaufsprospekte ansieht: Nicht der Autor steht im Vordergrund, sondern der Rezipient. Und der wird nicht mit einer ausschweifenden Philosophie, sondern mit knappen Daten und Fakten zu überzeugen versucht (Bolten, 1999).

Nicht zuletzt verdanken sich auch aktuelle makroökonomische und ordnungspolitische Strukturkonzepte wie etwa das der Marktwirtschaft spezifischen Formungen kultureller Wissensvorräte. Ein Beispiel hierfür ist die unterschiedliche Gewichtung der drei Säulen marktwirtschaftlichen Denkens (Personalität, Solidarität und Subsidiarität) in marktwirtschaftlich organisierten Staaten: So spielt das Prinzip der Personalität in denjenigen Marktwirtschaften eine dominierende Rolle, die sich primär unter dem Einfluss der protestantischen Wirtschaftsethik entwickelt haben: Das Individuum ist frei für seine eigene ökonomische Entfaltung, es ist aber auch im Wesentlichen frei von der Absicherung durch die Solidargemeinschaft – ein Tatbestand, der mit der katholischen Soziallehre nicht vereinbar wäre. Aus diesem Grund konnte sich eine freie Marktwirtschaft im Gegensatz zu einer sozialen folglich auch primär in den USA und nicht in Deutschland oder Frankreich etablieren.

Wenn nun, wie diese Beispiele zumindest andeutungsweise zu erkennen geben, die Wissensvorräte lebensweltlicher Denk- und Handlungszusammenhänge wesentlich dadurch geprägt sind, dass kommunikationskoordinierende Instanzen und Institutionen wie Kirche und Staat mittels Legitimations- und Deligitimationsstrategien mediensteuernd auf soziale Selbstverständigungsprozesse (und damit auf die Wissensproduktion) eingewirkt haben, dann erweist sich „die Geschichte des Gedächtnisses" in entscheidendem Maße als „die Geschichte seiner Medien" (Tab. 9) (Assmann, 2002, S. 414) – oder wie man zusammenfassend folgern kann: „Kultur stellt sich dar als historisch veränderlicher Zusammenhang von Kommunikation, Gedächtnis und Medien" (A. u. J. Assmann, 1994, S. 116).

Zum Nachdenken und Diskutieren

Welche Konsequenzen hat die Verbreitung elektronischer Medien voraussichtlich für die Entwicklung sozialer Gedächtnisse? Kann es so etwas wie ein gemeinsames soziales Weltgedächtnis geben?

Tab. 9: Geschichte der Medien (nach Assmann, 1994)

Merkmale gesellschaftlicher Kommunikation	*Medien*	*Spezifika sozialer Gedächtnisse*
lokal begrenzte Verständigungsräume, Dominanz kommunikativer Primärerfahrung; Tradierung durch Riten	**Oralität** durch Personen, mündliche Darbietungen; soziale Gedächtnistradierung wird durch Weise, Stammesälteste etc. koordiniert	Archive sozialer Gedächtnisse existieren nur in Form mündlicher Tradierungen (als max. drei Generationen umfassende „kommunikatives" Gedächtnisse): soziale Gedächtnisse basieren überwiegend auf Oralität
Rezitation und Lektüre des Wissenden: asymmetrische Kommunikation	**Schriftlichkeit** Skriptorien, Handschriften; primäre Steuerungsinstanz sozialer Gedächtnistradierung und -koordination: kirchliche Institutionen	Archive, aus denen sich soziale Gedächtnisse mit Interpretationen versorgen, existieren als materiale auch unabhängig von mündlichen Tradierungen; Entstehung von Geschichtsschreibung
einsame Lektüre, Pluralisierung von Erfahrung; Diskurskultur	Druckwerke (Buch, Zeitschrift etc.); Steuerungsinstanzen: Politik (Macht) und gehobenes Bürgertum (Wirtschaft/Geld)	Archive sozialer Gedächtnisse werden im Sinne von Funktionsgedächtnissen zum Zwecke der Politisierung lebensweltlichen Handelns eingesetzt; Entstehung der modernen, dis- kursgeprägten Wissenschaft
Massenkommunikation; Sekundärerfahrung dominiert; Kommunikationsbeschleunigung	Rotationsdruck, Radio, Fernsehen, Telefon; Steuerungsinstanzen: ?	Kanon-Aufweichung, Öffnung, Pluralisierung und Interpenetration der Archive sozialer Gedächtnisse

2 Kommunikative als kulturelle Stile

2.1 Kultur und Kommunikation

Wie wir gesehen haben, sind soziale beziehungsweise kulturelle Wissensvorräte im Wesentlichen durch Prozesse intersubjektiven Handelns und intersubjektiver Selbstverständigung erzeugt und durch dieses Gemeinschaftlich-Machen überhaupt erst für die Handelnden plausibel geworden. Wie eng in diesem Kontext Kultur und Kommunikation miteinander verknüpft sind, mag das Beispiel aus der Lebenswelt der Mescalero-Apachen verdeutlichen:

„Wenn unsere Sprache verloren geht, verlieren wir alles

Sidney Baca ist Apache, in seinen Adern mischt sich das Blut der früher als äußerst gefährlich geltenden Mescalero-Apachen und der Chiricahua-Apachen. Seit er denken kann, lebt er in der Mescalero Apache Reservation, die sich auf einer Fläche von der Größe des Saarlands im Zentrum des amerikanischen Bundesstaates Neu-Mexiko erstreckt. Und fast ebenso lange ist er Medizinmann [...]
Nicht nur das Behandeln von Patienten gehört zu den Aufgaben eines Medizinmannes. Er ist auch eine Respektperson, zugleich ein Weiser, ein Konservativer und ein Hüter der indianischen Kultur. Deswegen hat Baca im vergangenen Jahr gemeinsam mit den anderen Medizinmännern im Reservat einen Vorstoß unternommen, um seinen Stamm vor dem Untergang zu bewahren. Das hört sich dramatisch an und ist es auch. Die Initiative bestand darin, die Einführung des zweisprachigen Unterrichts an der Grundschule von Mescalero durchzusetzen, nachdem die Männer festgestellt hatten, dass immer weniger Kinder die Sprache ihrer Vorfahren verstanden: Nun unterrichten die einheimischen Lehrer nicht mehr nur in englischer Sprache, sondern auch in ihrer eigenen – jener der Mescalero-Apachen. Baca meint, dass außerdem ein Fernsehprogramm in der Sprache der Mescalero ausgestrahlt werden sollte, damit die Kinder sie häufiger hörten: ‚Wenn unsere Sprache verloren geht, verlieren wir alles‘, sagt er ernst und berichtet vom Stamm der ebenfalls in Neu-Mexico ansässigen Jicirricia, die zuerst ihre Sprache, dann ihre Tänze und schließlich auch ihre Medizinmänner verloren haben“ (FAZ, 4.1.2000, S. 9).

Ohne den Zugriff auf ihre eigene Sprache wäre den Mescaleros unweigerlich auch der Zugriff auf sämtliche in dieser Sprache formulierten Traditionen, Interpretationsvorräte und Wissensbestände versagt. Gerade weil Konventionen, Regeln, Rituale und alles andere, was als Wissensvorrat unser Handeln bestimmt, über Jahrhunderte hinweg kommunikativ ausgehandelt und tradiert worden ist, bilden die Medien dieser Kommunikationsprozesse gleichsam die Nabelschnur zu der solchermaßen kommunikativ erzeugten und hinsichtlich ihrer Entstehung auch gar nicht anders denkbaren Lebenswelt. Ein Primärmedium ist in dieser Hinsicht die Sprache. Und das ist beispielsweise auch ein Grund, weshalb man in der Europapolitik heute sehr bemüht ist, die sogenannten kleinen Sprachen zu fördern, und weshalb auch die Skepsis gegenüber einer Lingua franca wie zum Beispiel das Englische sehr verbreitet ist.

Wir werden sehen, dass das Besondere einer Kultur, das, was sie charakterisiert und was sie von andern Kulturen unterscheidet, im Wesentlichen ein Produkt von – nicht nur sprachlich vermittelten – Kommunikationsprozessen ist, die sich auf dem Wege der Tradierung über Jahrhunderte hinweg in die Wissensbestände eingeschrieben haben, über die wir heute verfügen. Gerade durch die Tradierung nicht nur der Kommunikationsinhalte (Was), sondern auch der spezifischen Art und Weise der kommunikativen Praxis (Wie) haben sich unter dementsprechend unterschiedlichen kulturellen Vorzeichen kommunikative Stile nicht nur herausbilden, sondern auch fortschreiben können – oder wie wir bereits gesehen haben: Englisch in Indien ist nicht gleich Englisch in Australien. Hieraus resultieren beispielsweise die Schwierigkeiten, mit denen ein standardisierungsorientiertes Marketing hauptsächlich konfrontiert ist.

Kulturspezifika sind durch Tradierungen sozialer Wissensvorräte kommunikativ vermittelt

2.2 Kommunikative Stile sind kulturelle Stile

Ein Ford Mondeo ist ein Ford Mondeo und doch kein Ford Mondeo. So oder ähnlich könnte das Resümee eines verwirrten Kunden lauten, der nacheinander einen australischen, einen italienischen und einen spanischen Verkaufsprospekt des ersten *Weltautos* zur Kenntnis genommen hat. Das vorgestellte Fahrzeugmodell ist abgesehen von den Ausstattungsmerkmalen und den angebotenen Farbpaletten auf den zweiten Blick zwar das Gleiche. Gänzlich unterschiedlich sind jedoch Konzeption und Gestaltung der Verkaufsprospekte, was sich unter anderem am Prospektumfang ablesen lässt: In Australien stehen 16 Seiten zur Verfügung, in Spanien 30 und in Italien 60. Ebenfalls unterschiedlich sind die verwendeten Schriftarten, die Spaltenanordnungen, die verwendete Farbvielfalt, die Bildmotive und natürlich auch der Text.

Mondeo-Verkaufsprospekte

Nimmt man Mondeo-Prospekte anderer Länder hinzu, wird die Situation nur noch differenzierter und verwirrender. Das deutlichste Zeichen für die Probleme einer weltweit standardisierten Kommunikation stellt in diesem Zusammenhang sicherlich die Tatsache dar, dass das Weltauto in seinem Ursprungsland USA noch nicht einmal unter der Bezeichnung Ford Mondeo, sondern als Ford Contour verkauft wird.

Abb. 30: Ford-Homepages aus Frankreich, Indien, Deutschland (Stand: Februar 2007)

Ähnlich vielfältige Beobachtungen wird man machen, wenn man die Internetauftritte anderer bekannter Weltmarken wie McDonalds oder Coca-Cola vergleicht: Gerade weil die Erfahrungen gezeigt haben, dass standardisierte Werbung zwar billig, aber wenig erfolgreich ist, weil sie den spezifischen kulturellen und kommunikativen Bedürfnissen der jeweiligen Zielgruppen nicht gerecht wird, setzen sich heute mehr und mehr länder- oder zumindest regionendifferenzierende Konzepte durch, die den spezifischen Wahrnehmungs- und Kommunikationsgewohnheiten der jeweiligen Konsumenten Rechnung tragen.

Vergleicht man in diesem Zusammenhang beispielsweise angelsächsische und deutsche Kommunikationsprodukte, trifft man in der überwiegenden Zahl der Fälle auf signifikante, jeweils wiederkehrende Stilmerkmale. So wird auch bei den Beispielen auf den ersten Blick deutlich, dass angelsächsische Kommunikationsprodukte viel stärker persönliche und individuelle Aspekte betonen, als dies etwa bei deutschen Pendants der Fall ist, in denen immer noch eher Sachlichkeit und Technik im Vordergrund stehen. Der konkrete individuelle Einzelfall auf der einen und das abstrakte allgemeine Prinzip auf der anderen Seite – dies sind Aspekte, die nicht nur auf die jeweiligen Bildinhalte beschränkt sind. Sie lassen sich notwendigerweise schon deshalb auch in allen anderen Teilen des jeweiligen Kommunikationssystems entdecken, weil ein solches System wenig plausibel und überzeugend wäre, wenn es beispielsweise in seinen Abbildungen und im Layout Offenheit, Dynamik und Individualität dokumentieren würde, im textlichen Bereich hingegen abstrakt und unpersönlich wäre.

Da derartige Kommunikationssysteme oder -stile lebensweltliche Interaktion insgesamt begleiten und prägen, findet man Entsprechungen im Führungsstil, Verhandlungsstil, Lernstil sowie in Merkmalen gesamtgesellschaftlicher Organisation wie etwa in politischen oder wirtschaftlichen Strukturen (Abb. 31). Hierbei gilt: Je kleiner die Interaktionsgruppen oder Lebenswelten qua Kulturen sind, desto größer werden die fits zwischen den Stilbereichen sein.

Um dies zum Beispiel auf die Makroebene von Stilbildungsprozessen im angelsächsischen Sprachraum zu übertragen: Varianten des persönlicheren und offen-dynamischeren Kommunikationsstils findet man zum Beispiel in der „open door policy“ amerikanischer Unternehmen und Institutionen, in flachen Hierarchien, in der Anrede mit Vornamen auch bei flüchtigen Bekannten, in der ausgeprägteren Leserfreundlichkeit wissenschaftlicher Texte oder in dem eher an konkreten Fällen als an abstrakten Theorien orientierten Lehr- und Lernstil.

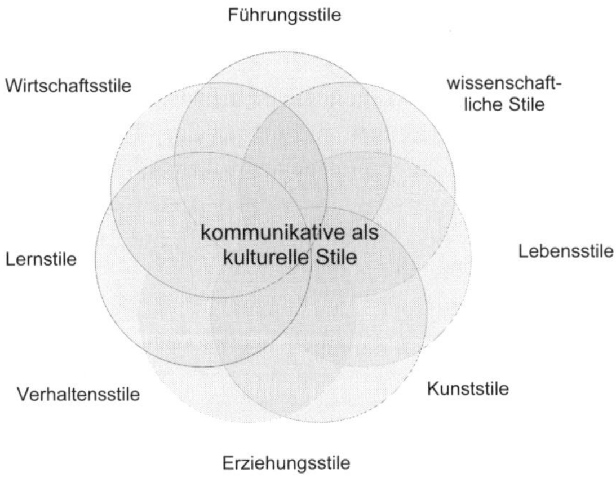

Abb. 31: Kommunikative als kulturelle Stile

In diesem Sinne sind kommunikative Stile in dem bereits diskutierten Sinn von Kommunikation gleichzeitig auch als kulturelle Stile identifizierbar.

kommunikative Stile sind kulturelle Stile

Kultur und intellektueller Stil – Galtungs beschreibende Perspektive: Johan Galtung (2003) hat in seinem verallgemeinernden, aber dennoch erhellenden Essay „Struktur, Kultur und intellektueller Stil" verschiedene intellektuelle Stile (Tab. 10) unterschieden, die in Zentren stark, in Peripherien schwach ausgebildet sind (und sich dort auch vermischen können).

Galtungs „intellektuelle Stile" als deskriptive Analyse

Tab. 10: Intellektuelle Stile (nach Galtung, 2003)

Stil	*Zentrum*	*Peripherie*	*Charakteristika*
saxonisch	a) USA b) Großbritannien	Kanada, Australien	faktenorientiert, empirisch, personenzugewandt, humorvoll, aufbauend, pragmatisch
nipponisch	Japan	Ostasien	Primat sozialer Beziehungen, Einheit, enzyklopädisch, Vagheit, Meister-Bezug (Ancienität)
teutonisch	Deutschland	Osteuropa	Theoriebildung: Daten illustrieren, beweisen aber nicht; Strenge, polarisierung, humorlos, hierarchisch rational
gallisch	Frankreich	Italien, frankophones Afrika, Rumänien	ästhetisch, theorieorientiert (rational); polarisiert aber über Elegance der Sprache zusammengeführt

teilweise Sterotyp!
→ nicht so stark polarisierend → mehrwertiger / fuzzy

Unter Einbeziehung von Spezifika des mündlichen Fachdiskurses in den Sozialwissenschaften ergeben sich laut Galtung kulturspezifische Merkmalszuschreibungen für bestimmte Formen der Dozenten-Studierenden Interaktion (Tab. 11), der Theorieorientierung und der wissenschaftlichen Thesenproduktion, die er mit den Bildern der großen (teutonisch) und der kleinen (sachsonisch) Pyramiden, dem Kreismodell (nipponisch) und der Hängematte (gallisch) etikettiert:

Tab. 11: Merkmalszuschreibung für Interaktionen (nach Galtung, 2003)

Stil	*wissenschaftliche Kommunikation*	*Theorieorientierung*	*Thesenproduktion*
sachsonisch	andere aufbauen, schmeicheln, Humor (USA): „anything goes"	„Daten verbinden, Theorien trennen", induktiv-empirisches Vorgehen; „viele kleine Pyramiden"	USA: „Wie lässt sich das operationalisieren?" UK: „Wie lässt sich das belegen?" *horizontal, individualistisch *nicht-polarisiert
nipponisch	Höflichkeitsbezeugungen, Autoritäts-respekt, organische Solidarität	eher gesellschaftliche als intellektuelle Debatten; prästabilisierte soziale Beziehungen dürfen nicht verletzt werden: Sowohl-als-auch-Denken; Kreismodell	„Wer ist Ihr Meister?" *vertikal, kollektivistisch *nicht-polarisiert
teutonisch	kaum Höflichkeitsbezeugungen, kühl, spöttisch	Daten illustrieren, beweisen aber nichts: deduktives Verfahren (z. B. Rechtswiss.), antithetisches Entweder-oder-Denken; „große Pyramide"	„Wie können Sie das begründen/ableiten?" *vertikal, individualistisch *polarisiert
gallisch	ästhetisch	theoriegeleitet wie teutonisch, aber eher balanceorientiert; „Hängematte"	„Kann man das auch gut auf Französisch sagen?" *horizontal, individualistisch *polarisiert

Wenn intellektuelle Stile als kulturelle Stile klassifiziert werden können, gilt in gleicher Weise, dass kulturelle Stile kommunikative Stile sind. Wie wir gesehen haben, kann Kultur ohne Kommunika-

tion weder konstituiert noch tradiert werden, so wie sich umgekehrt Kommunikation immer als kulturgebundene vollzieht.
Mit anderen Worten: Kommunikative Stile sind zwar immer individuell unterschiedlich – genau so wie es kommunikative Stile von Subkulturen wie Interessen- und Altersgruppen oder Unternehmen und Behörden gibt. Gemeinsam ist ihnen jedoch der Rekurs auf den sie konstituierenden gemeinsamen Wissensvorrat.

Entstehungsmilieus kultureller Stile – Münchs erklärende Perspektive: In seiner Arbeit „Code, Struktur und Handeln" (1990) geht der Soziologe Richard Münch über den deskriptiven Ansatz Galtungs hinaus, indem er nach den Entstehungsbedingungen der spezifischen Ausprägung kommunikativer als kultureller Stile fragt. Seine These lautet in diesem Zusammenhang, dass die Entwicklung der modernen Wissenschaft sich seit dem 17. Jahrhundert schwerpunktmäßig in Großbritannien, Frankreich (18. Jh.), Deutschland (19. Jh.) und den USA (20. Jh.) vollzogen habe, wobei jeweils bestimmte soziale Milieus auf die spezifische Formung, eben den *Stil* der Wissensproduktion Einfluss genommen hätten. Die sozialen Milieus der Zentren westlicher Wissensproduktion (Tab. 12) haben – wenn man Münch im Sinne Assmanns auslegt – über ihre Zeit hinaus vor allem deswegen stilprägend wirken können, weil sie in entscheidender Weise koordinierend gewirkt und sich dementsprechend in den sozialen Wissensvorrat der jeweiligen (intellektuellen) Communities eingeschrieben haben.

Richard Münchs diachronisch-erklärende Analyse

Tab. 12: Soziale Millieus der Zentren westlicher Wissensproduktion (nach Münch, 1990)

Jh./ Land	*soziales Milieu*	*primäres Medium*	*Spezifika*
17. Jh. GB	wissenschaftliche Gemeinschaften, Clubs	Untersuchung („enquiry")	„Reason" (was gemeinhin einsichtig und empirisch erfahrbar ist). Zweckmäßigkeitsdenken, Utilitarismus. Zustimmung wird durch praktische Plausibilität erzielt. Zentraler Stellenwert des „common sense".
18. Jh. F	Salon, Café	Essay	„Raison" wird dokumentiert durch Selbstdarstellung, „schöne" Expressivität (Salon: Einladung durch eine Dame), Zustimmung durch Sprachgewandtheit wird durch „esprit" und „élégance" eingeworben.

Protestantismus
z. Katholizismus:
Kernunterschied:
Sündenfall
P: Einheit Gott –
Mensch zerstört
wichtig: Kinder, Geld
K: gestört
z.B. Beichte

Jh./ Land	*soziales Milieu*	*primäres Medium*	*Spezifika*
19. Jh. D	Studierstube, Universitätssemi-nar	„Großes Werk", theoretische Ab-handlung	„Rationalität" als umfassendes und abstraktes Vernunftprinzip steht im Vordergrund. Daraus folgen: Wahrheitssuche, Geringschätzung von Empirie und utilitaristischen Prinzipien, Ideensuche und Theoriekonstruktionen.
20. Jh. USA	Öffentliche Versammlung, Meeting, Wettbewerb	Artikel	Kurzfristige Erfolge auf dem wissenschaftlichen Markt vor dem Hintergrund des Wettbewerbsprinzips, rascher Wandel, angepasst an Praxisziele und Publikumsgeschmack. Zweckmäßigkeit als leitendes Forschungsprinzip begünstigt empirisches Arbeiten: Vernünftig ist, was sich als zweckmäßig erweist.

In diesem Sinne wird die von Galtung konstatierte „élégance" des französischen intellektuellen Stils bei Münch unter anderem aus dem spezifischen sozialen Milieu der Salons heraus erklärbar, in denen vor (zumeist weiblichen) Gastgebern wissenschaftliche Überlegungen entsprechend publikumszugewandt vorgetragen werden mussten. Im Gegensatz hierzu verleitete die Studierstube als soziales Milieu der Formulierung moderner Wissenschaft in Deutschland zu publikumsabgewandten, abstrakten und keineswegs schönen Darstellungsformen.

Von Münchs Untersuchung ausgehend könnte man wiederum fragen, auf welchen Voraussetzungen die beschriebenen sozialen Milieus aufbauen, inwieweit zum Beispiel das Stilelement élégance nicht nur durch das soziale Milieu Salon befördert wurde, sondern inwieweit beispielsweise auch der Einfluss der katholischen Lehre eine Verstärkung ästhetischer Stilelemente unterstützt (hat), welcher Zusammenhang sich von hier aus zu zentralistischen Denkansätzen ergibt oder inwieweit von dort aus wieder Vernetzungen zur geordneten Struktur französischer Gärten oder zum französischen Rationalismus bestehen. Vergleichbaren Vernetzungen kann man in Bezug auf Erklärungen der spezifischen Ausprägung des sachsonischen Stils nachspüren: Ob ein Zusammenhang zwischen protestantischem Denken und der hohen Wertschätzung von Individualität besteht, inwieweit empirisches Denken hiermit einen „fit" bildet, und ob eventuell sogar die naturbelassene Gestaltung englischer Gärten oder die für den angelsächsischen Bereich signifikante fallorientierte Rechtsprechung Knotenpunkte in einem solchen Netzwerk darstellen.

hermeneutische Netzwerkkonstruktion

Lohnenswert ist es sicherlich auch, Zusammenhänge mit Lernstilausprägungen in die hermeneutische Analyse einzubeziehen (Barmeyer, 2001).

In jedem Fall stellt der Problemzugang über kommunikative Elemente (Analyse von Schlüsselwörtern, Beschreibung von Kommunikationsebenen, Thematisierungen des öffentlichen Sprachgebrauchs) eine gemeinsame Basis von Stiluntersuchungen dar. So unterscheidet sich innerhalb einer Kultur der wissenschaftliche Stil zumindest in seinen grundlegenden Elementen (z. B. „élégance") nicht von dem Stil beispielsweise der Marketingkommunikation oder auch der Arzt-Patienten-Kommunikation. Das ist einerseits naheliegend, weil ihnen zumindest partiell der Rückgriff auf die gleichen kommunikativen Formungselemente von Wissensvorräten gemeinsam ist und sie damit Bestandteile eines teilweise gemeinsamen interdependenten kommunikativen Systems sind. Wäre dem nicht so, gäbe es innerhalb einer Kultur kein Routinehandeln und auch keine Plausibilitätsgrundlagen.

An dieser Stelle ist aber nochmals offenkundig, dass Kulturen zwar über relativ veränderungsresistente Kerne verfügen, dass sie an den Peripherien aber – zunehmend – offen und durch Interpenetrationsprozesse charakterisiert sind. Auf diese Weise lässt sich beispielsweise die sukzessive Amerikanisierung des teutonischen Wissenschaftsstils erklären.

Zum Nachdenken und Diskutieren

Wie positionieren Sie sich in Bezug auf die beiden Thesen: Im 21. Jahrhundert wird das soziale Milieu wissenschaftlichen Denkens wesentlich durch ostasiatische Einflüsse geprägt sein. Versus: Im 21. Jahrhundert wird es kein räumlich fixierbares soziales Milieu mehr geben, das auf wissenschaftliche Stilbildung Einfluss nimmt.

Fallbeispiel Geschäftsberichte der Automobilindustrie

Exkurs – Fallbeispiel zur Kulturspezifik der Textsorte Geschäftsbericht: Wenn soziale Milieus, die in Bezug auf Tradierungsprozesse kollektiver Wissensvorräte eine besonders stark koordinierende Funktion übernehmen beziehungsweise übernommen haben, auf kommunikative/kulturelle Stile entsprechend deutlich prägend wirken, dann müssten die von Galtung und Münch beschriebenen

Merkmale im weitesten Sinne intellektueller Stile auch in Kommunikaten angrenzender Lebensweltbereiche nachweisbar sein.

Ob sich dies tatsächlich so verhält, soll im Rückbezug auf unsere Diskussionen im ersten Kapitel am Beispiel einer der Textsorte Geschäftsbericht überprüft werden (Bolten et al., 1996).

In Anlehnung an Schröder (1993, S. 541) und Oksaar (1991, 16 ff.) gehen wir dabei methodisch wieder von der Kommunikat-Differenzierung in die vier Kommunikationskomponenten des a) Verbalen, b) Nonverbalen, c) Paraverbalen und d) Extraverbalen aus. Da sich insbesondere nonverbale und paraverbale Einheiten nicht immer deutlich voneinander trennen lassen, werden sie aus pragmatischen Gründen nachfolgend zu der Gruppe nichtsprachlicher Vertextungselemente zusammengefasst und ergänzend zu den extraverbalen und verbalen Elementen analysiert.

Gemeinsamer Bezugspunkt der vier Kommunikationskomponenten ist das Was, der Kommunikationsinhalt. Gemeint sind damit Propositionen, also Sachverhalte, die es auf eine bestimmte Art und Weise zu kommunizieren gilt. Das Wie der Kommunikation hängt von der spezifischen Art des Verweisungszusammenhangs ab, in den die vier Kommunikationsebenen bei der Explikation eines Sachverhalts jeweils treten. Dieser (synchrone) Verweisungszusammenhang wiederum stellt sich als kommunikatives System (Abb. 32) dar und repräsentiert als solches gleichzeitig einen bestimmten kommunikativen Stil. Wie wir gesehen haben, sind kommunikative Stile unter diachronen Aspekten weiterhin geprägt durch die Interdependenz von a) individuencharakteristischen Merkmalen (Alter, Geschlecht usw.), b) Sozialisationskontexten (z. B. Bildung, berufliches Umfeld) und c) kulturellen Wissensbeständen.

4 Komponenten ergeben Stil

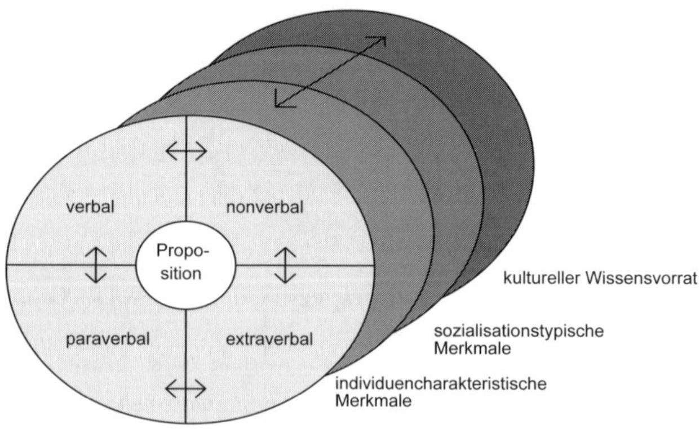

Abb. 32: Kommunikatives System

Gegenstand der Untersuchung sind alle 1992/1993 in Deutschland, Großbritannien, USA und Frankreich erschienen Geschäftsberichte der Automobilindustrie. Es ergibt sich folgende Detailsituation in Bezug auf die einzelnen Kommunikationsebenen:

Tab. 13: Extraverbale Vertextungselemente von Geschäftsberichten

	Deutschland	*Frankreich*	*Großbritannien*	*USA*
Erscheinungsweise	jährlich	jährlich	jährlich	jährlich
Distribution	kostenlose Abgabe; Drucksachenversand	kostenlose Abgabe; Drucksachenversand	kostenlose Abgabe; Drucksachenversand	kostenlose Abgabe; Drucksachenversand
Umfang/ Bindung	61–93 Seiten 84 Seiten geleimt	91–110 Seiten 97 Seiten geleimt	24–48 Seiten 37 Seiten geheftet	44–48 Seiten 46 Seiten geheftet
Zielsetzung	Rechenschaftslegung über das vergangene Geschäftsjahr; Ausblick auf künftige Entwicklungen; Vermittlung der Unternehmenskultur	Rechenschaftslegung über das vergangene Geschäftsjahr; Vermittlung der Unternehmenskultur	Information der Aktionäre über Unternehmenspolitik/-ziele und Unternehmenskultur. Sekundär: Marketinginstrument	Informationen über Finanzsituation und Unternehmenspolitik; Vermittlung von Corporate Identity; Marketinginstrument
Zielgruppe	Aktionäre, Bankfachleute; Mitarbeiter, interessierte Öffentlichkeit	Aktionäre, interessierte Öffentlichkeit; Banken	Investoren, Aktionäre, Bankfachleute	Aktionäre, Bankfachleute, Öffentlichkeit
Autorschaft	PR-Abteilung	PR-Abteilung	PR-Abteilung	PR-Abteilung

Zu den zentralen *extraverbalen Vertextungselementen* von Geschäftsberichten (Tab. 13) zählen Erscheinungsweise, Umfang, Distribution, Zielgruppendefiniertheit, Autorschaft und inhaltliche Gliederungsmerkmale. Unterschiede zwischen den Geschäftsberichten der einzelnen Länder bestehen vor allem in der Zielgruppenorientierung und im Umfang der Geschäftsberichte. Dies wiederum hat Auswirkungen unter anderem auf die Art der Bindung oder auch auf die Zielsetzung der Argumentation.

Wie erwähnt, fassen wir hier unter *nichtsprachlichen Vertextungselementen* nonverbale und paraverbale Aspekte zusammen und unterscheiden zwischen Qualität und Modalität der Informationsträgergestaltung (Tab. 14). Untersucht wurden unter anderem Bildgrößen, -formate, -inhalte und farbliche Gestaltungsmerkmale sowie Spaltenanordnungen und typographische Elemente.
Insgesamt bestätigen sich dabei die von Galtung und Münch herausgearbeiteten Spezifika. So lässt sich der hohe Anteil an rein technischen Darstellungen in französischen und deutschen Geschäftsberichten als Versuch deuten, die Beweiskraft harter Fakten und teilweise abstrakt-theoretischer Dokumentationen als Beleg für die Qualität der Produkte zu bemühen, während der sachsonische Stil genau entgegengesetzte Intentionen verfolgt: Die Produktqualität wird nicht so sehr technisch dokumentiert, sondern dadurch, dass engagierte und teambewusste Personen hinter der Produktentwicklung stehen, und dass die Produkte selbst ein Stück Lebensqualität ermöglichen.

Tab. 14: Nichtsprachliche Vertextungselemente

	Bildanteil insgesamt (ohne Finanzteil)	*Bildinhalte: technische Darstellungen*	*Bildinhalte: Personendarstellungen*	*Bildinhalte: Kombination Techn./ Pers.*	*Anzahl Tabellen/Graphiken (o. Finanzteil)*
Deutschland	32,5 %	57,9 %	6,4 %	18,6 %	6,6
Frankreich	25,8 %	68,1 %	5,5 %	11,8 %	6,25
Großbritannien	36,6 %	37,5 %	17,5 %	23,5 %	1,0
USA	38,9 %	32,3 %	36,3 %	21,3 %	0,5

Deutlicher noch in den US- als in den UK-Versionen von Geschäftsberichten sachsonischen Stils stehen daher Personen im Vordergrund der Fotographien, die entweder die „horizontale Subjektivität“ (Galtung, 1985, S. 173) qua Teamgemeinschaft der Unternehmensmitglieder herausstellen oder aber die durch die Produkte eröffnete Möglichkeit eines unbeschwerten Lifestyle belegen.
In deutschen Geschäftsberichten besteht bei Personendarstellungen dagegen eher die Tendenz, im Sinne vertikaler Subjektivität eine „Meister-Jünger-Beziehung“ (Galtung 1985, S. 169) herzustellen: So werden grundsätzlich Vorstandsmitglieder abgebildet, die in Kurzberichten ihren „Jüngern“ qua Aktionären und Mitarbeitern

die Lage des Unternehmens veranschaulichen; im Gegensatz zu sachsonischen Geschäftsberichten jedoch erheblich weniger Menschen, die dokumentieren, dass sie – als Unternehmensmitarbeiter oder Kunden – für die jeweiligen Produkte einstehen.
Dass der Bildanteil in den deutschen und französischen Geschäftsberichten insgesamt geringer ist als in den britischen und amerikanischen, mag mit der unterschiedlichen Bildfunktion zusammenhängen. In den sachsonischen Berichten ist die Funktion der Fotographien überwiegend textergänzender Art, während sie auf deutscher und französischer Seite eher als illustrierend bezeichnet werden kann. Die Aussagekraft der Bilder in Bezug auf den Text ist auf diese Weise gering – oder, um mit Galtung zu sprechen, „[...] wird der teutonische oder gallische Intellektuelle womöglich nicht einmal erkennen, dass es ihm ein bisschen an Dokumentierung fehlt [...] Für ihn steht im Zentrum der intellektuellen Tätigkeit die Theoriebildung. Die Funktion der Daten besteht vor allem darin, zu illustrieren und nicht zu beweisen" (Galtung, 1985, S. 162).
Kommen wir zu *sprachlichen Vertextungselementen.* Einen überzeugenden Ansatz der kulturbezogenen Argumentationsanalyse bietet die von Michael Clyne (1993) entwickelte Konzeption einer interkulturellen Diskursforschung. Mit Hilfe der Vektorialitätsbestimmung in schriftlichen Texten („In welche geometrische Richtung bewegt sich der Text fort?"; Clyne, 1993, S. 11) gelingt es Clyne, kulturelle Spezifika von Argumentationsmustern anhand von Propositionsgraphen zu bestimmen (Argumentationsgraphen/Propositionsstrukturen im Vorwort des US-amerikanischen und des deutschen Ford-Geschäftsberichts 1992) (Abb. 33).

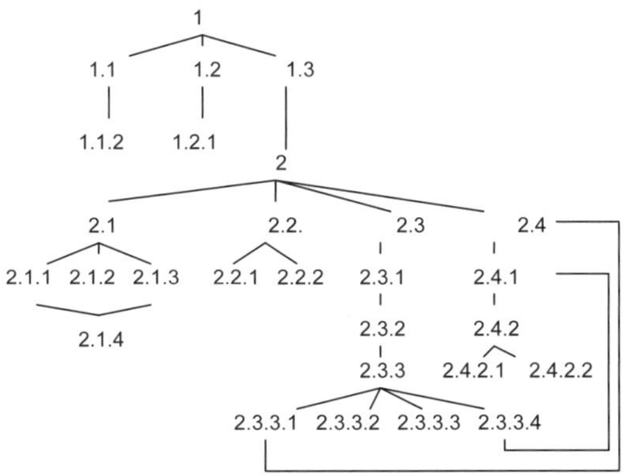

Abb. 33: Kulturelle Spezifika von Argumentationsmustern am Beispiel von Propositionsgraphen

Clyne kommt dabei zu dem Schluss, dass sich Texte sachsonischer Autoren stärker durch textuelle und propositionelle Symmetrie auszeichnen, als es bei Texten deutscher Muttersprachler der Fall ist (Clyne, 1987, S. 222 f; 1993, S. 11 f.). Graphische Realisierungen der Reihenfolge abhängiger Propositionen von einer Makroproposition ergeben für Texte englischsprachiger Autoren einen hohen, für die deutschsprachigen Pendants einen eher geringeren Linearitätsgrad. Dementsprechend weisen erstere eine vorwiegend subordinierende, letztere eine stärker koordinierende beziehungsweise verzweigte Diskursstruktur auf. Einen Grund hierfür sieht Clyne in „der Bindung der englischen Kulturen an die Griecschen Maximen – ‚fass dich kurz und sei ordentlich'" (Clyne, 1993, S. 10), während koordinierende Strukturen entweder – wie im Japanischen – als Ausdruck höflichen und ausgleichschaffenden Abwägens unterschiedlicher Positionen oder – wie im Deutschen – als Zeichen argumentativen Differenzierungsbedürfnisses interpretiert werden können.

Signifikant für die nicht-lineare Struktur deutscher Texte sind Clyne zufolge Exkurse. Er bemerkt hierzu: „Werden digressions im Englischen vielfach negativ eingeschätzt, so haben Exkurse in deutschen Texten spezifische Funktionen. In den von uns analysierten Texten ermöglichen sie dem Autor, zusätzlichen Inhalt einzuschieben, eine theoretische Perspektive einzufügen, eine historische Übersicht zu verschaffen oder dem Text eine ideologische Dimension zu geben" (Clyne, 1993, S. 12).

Aufgrund dieser stärkeren Inhaltsorientierung spielt auch die Autorität des Verfassers eine ungleich größere Rolle als in englischsprachigen Texten, so dass zwischen Autor und Leser gleichsam eine Hierarchie besteht: Im Deutschen trägt daher „der Leser die Verantwortung, den Text zu verstehen, der von demjenigen stammt, der das Wissen zu vermitteln hat, d. h. die ungleichen Sozialbeziehungen sollen hervorgehoben werden. Der Nachdruck fällt auf Verständnis. Im Englischen hingegen, wo es sich mehr um Verstehen handelt, muss der Autor sich bemühen, einen lesbaren Text herzustellen, wenn er die darin enthaltenen Argumente und Informationen verbreiten will" (Clyne, 1993, S. 9).

Inwieweit die primär auf wissenschaftssprachliche Texte bezogenen Befunde Clynes auf Realisierungen der Textsorte Geschäftsbericht übertragen lassen, veranschaulichen die Propositionsstrukturen in den jeweiligen Vorworten der amerikanischen, britischen und deutschen Geschäftsberichte von Ford (1992) und des französischen Geschäftsberichts von Peugeot (PSA): Die eindeutig lineare Struktur des amerikanischen Textes reflektiert einerseits seinen eher narrativen als diskursiven Charakter. Andererseits entspricht sie aber auch dem sachsonischen Stil, Fakten als Fakten klar darzulegen und die Beweiskraft in ihnen selbst, nicht aber in exkursträchtigen theoretischen Begründungen eines besserwissenden Autors zu sehen. Oder wie es Galtung zusammenfasst: „Daten verbinden, Theorien trennen" (Galtung, 1985, S. 161).

Wenig überraschend ist daher auch die vergleichbar lineare Struktur des britischen Textes als der zweiten sachsonischen Variante, obwohl sich die atlantische Kluft in einer größeren Verzweigung der Propositionen bemerkbar macht, wodurch nicht zuletzt auch der größere Seitenumfang der britischen Geschäftsberichte bedingt ist.

Im Vergleich zu der Propositionsstruktur der Vorworte zu den amerikanischen und britischen Geschäftsberichten liegen im Deutschen erheblich mehr Verzweigungen vor. Lineare Faktenpräsentation weicht dem indirekten Zwang, Begründungen für die Fakten suchen zu müssen, wobei aus Zwang immer auch eine gewisse Verkrampftheit und Distanziertheit folgen.

Galtung (1985, S. 176) karikiert den „teutonischen Intellektuellen" vor dem Hintergrund dieses Zwangs sehr treffend:

> „Er trägt das Risiko, womöglich mit ansehen zu müssen, wie seine Pyramide in Stücke fällt. Deshalb ist es auch kein Wunder, dass er seine Arbeit mit einer gewissen inneren Nervosität in Angriff nimmt, die sich in Muskelverspannung ausdrückt und einem Gesicht, aus dem die letzte Spur von Humor und Distanz gewichen ist. Keine Anekdote, keine Analogie, keine Euphorie und kein spielerisches Jonglieren mit Bedeutungen [...]"

Obwohl die Struktur des untersuchten französischen Textes auf den ersten Blick noch verzweigter wirkt als die des deutschen, dokumentiert sie eine größere Ausgeglichenheit der Strukturelemente untereinander. Nicht das Abarbeiten der Inhalte steht im Vordergrund, sondern deren Verkettung zu einem letztlich ästhetischen Netz, in dem der Leser multiperspektivisch in die Darstellung eingebunden werden soll. Vor- und Rückverweise sind nicht einer verkrampften Begründungsfunktion geschuldet, sondern der „élégance" – ein Befund, der sich bereits in dem aus deutscher Sicht wenig stringenten, durch Wiederholungen und Querverweise ausgedehnten Inhaltsverzeichnis (s. o.) dokumentiert. Auch hier bestätigt sich Galtungs Charakteristik des gallischen Stils:

> „Der Körper kommt zur Ruhe, sobald die Verknüpfung der Wörter zwischen den beiden entgegengesetzten Polen schwebt, voller Spannung zwar, aber voll ausbalancierter Spannung [...] Die Dinge existieren in einer Totalität; es eignet ihnen eher eine Balance als ein Zentrum oder ein Gipfel, wie es die Pyramidenmetapher für den teutonischen Stil anzeigt. Aber die-

se Totalität lässt sich nicht durch rigorose Deduktion darstellen. Man kann sie nur andeuten, man muss sie umtanzen und aus vielen Blickwinkeln betrachten, bis sie am Ende zwischen den beiden Polen schwebend ruht" (Galtung, 1985, S. 165 f.).

Wenn Argumentationsstrukturen Explikate von Kulturwertsystemen sind, müsste dies auch in *semantisch-syntaktischer Hinsicht* Konsequenzen haben und anhand bestimmter Merkmalskombinationen dokumentierbar sein. Die hier untersuchten Geschäftsberichte können diesbezüglich freilich keinen Repräsentativitätsanspruch erheben, aber sie können zumindest Hinweise auf eine entsprechende Kulturgebundenheit geben.
Die Untersuchungsbasis bilden Wortartenfrequenzlisten der genannten Textteile. Ihre Aussagekraft in Bezug auf syntaktische Vertextungselemente ist zugegebenermaßen eingeschränkt, aber dennoch hinreichend, um Interdependenzen mit anderen Vertextungselementen aufzuzeigen.
Aufschlussreicher als eine frequenzorientierte Auflistung der einzelnen Wortstellen ist in diesem Zusammenhang eine Übersicht über den jeweiligen prozentualen Anteil hoch- und höher frequenter Wortarten in den untersuchten Texten (Tab. 15).

Tab. 15: Anteil von Wortarten in untersuchten Texten

Wortart	*amerikanisch*	*britisch*	*deutsch*	*französisch*
Adjektive	11,3 %	10,2 %	9,8 %	12,7 %
Konjunktionen davon: subordinierend	4,7 % 8,5 %	3,7 % 4,0 %	6,7 % 38,1 %	5,3 % 55,3 %
Verben	13,9 %	12,9 %	9,6 %	12,4 %
Substantive	22,7 %	26,5 %	27,4 %	22,8 %
Eigennamen	8,6 %	5,1 %	2,7 %	1,9 %
Zahlen/Numeralia	3,6 %	3,7 %	1,9 %	1,0 %

Obwohl nicht deutlich genug betont werden kann, dass es sich hierbei um Ergebnisse von Untersuchungen zu einer bestimmten Textsorte handelt, bestätigen sie weitgehend die bisherigen Hypothesen: Der hohe Adjektivanteil im Französischen dokumentiert die ästhetische „élégance" des Gallischen ebenso, wie unter umgekehrtem Vorzeichen die Konstruktivität des deutschen Stils zutage tritt. Des Weiteren verweist der vergleichsweise sehr geringe Anteil subordinierender Konjunktionen in den sachsonischen Texten auf deren Linearität. Auf der anderen Seite bestätigt sich hier erneut der Erklärungsdruck, dem deutsche Autoren anscheinend kulturbedingt ausgesetzt sind. Dass dies Auswirkungen auf die Textdynamik hat, belegen wiederum die hohen Verbanteile im Sachsonischen und die geringen im Teutonischen.

Aufschlussreich ist nicht zuletzt auch die ungleich häufigere Verwendung von Eigennamen und Zahlen beziehungsweise Numeralia in den amerikanischen und englischen Texten: Sie indiziert einerseits – im Sinne Galtungs – den „britischen Hang zur Dokumentierung" beziehungsweise die „US-amerikanische Liebe zur Statistik" (Galtung, 1985, S. 161); andererseits belegt sie den persönlicheren und weniger distanzierten Stil der sachsonischen Geschäftsberichte.

Wie Analysen anderer Textsortenbelege aus den genannten Kulturräumen (nicht zuletzt auch aus dem Internet) zeigen können, sind die beschriebenen Spezifika kommunikativer Stile in der Tat weitgehend textsortenunabhängig.

Vergleicht man in diesem Zusammenhang beispielsweise beliebige nicht-normierte angelsächsische und deutsche Kommunikationsprodukte, trifft man in der überwiegenden Zahl der Fälle auf signifikante, jeweils wiederkehrende Stilmerkmale. So wird zumeist auf den ersten Blick deutlich, dass angelsächsische Kommunikationsprodukte viel stärker persönliche und individuelle Aspekte betonen, als dies etwa bei deutschen Gegenstücken der Fall ist, in denen eher Sachlichkeit und Technik im Vordergrund stehen. Der konkrete individuelle Einzelfall auf der einen und das abstrakte allgemeine Prinzip auf der anderen Seite sind Aspekte, die nicht nur auf die jeweiligen Bildinhalte beschränkt sind. Sie lassen sich notwendigerweise schon deshalb auch in allen anderen Teilen des jeweiligen Kommunikationssystems entdecken, weil ein solches System wenig plausibel und überzeugend wäre, wenn es beispielsweise in seinen Abbildungen und im Layout Offenheit, Dynamik und persönliche Akzente dokumentieren würde, im textlichen Bereich hingegen abstrakt und unpersönlich.

Da derartige Kommunikationssysteme oder -stile lebensweltliche Interaktion insgesamt begleiten und prägen, sind entsprechende Grundmerkmale in vielen (keineswegs aber allen!) anderen Bereichen kulturellen Handelns zu erwarten – also in Führungsstilen, Verhandlungsstilen oder Lernstilen. Individuelle Spielräume können bisweilen je nach Plausibilitätsakzeptanz recht groß sein, so dass sich innerhalb einer Lebenswelt auch deutliche Stilvarianten ergeben.

Tab. 16: Zusammenfassung kultureller kommunikativer Stile

	angelsächsischer Stil	*deutscher Stil*	*französischer Stil*
Bildinhalte	Bilder kommentieren den Text; im US-amerikanischen Stil tritt noch stärker als im Britischen der Personenbezug der Darstellungen in den Vordergrund	Bilder schmücken den Text; Sachinhalte wie Technik, Landschaften etc. stehen im Vordergrund; Personen treten eher in den Hintergrund	Bilder schmücken den Text; Darstellung von Gegensätzen, die in ästhetischer Weise zusammengeführt werden
Layout	versetzte Spalten, Flattersatz, fließende Bild-Text-Übergänge, unterschiedliche Bildformate, wodurch ein dynamischer Eindruck entsteht	lineare Spaltenanordnung, Bild-Text-Trennung, wenige Bildformate, häufig Blocksatz, wodurch eher ein „geordneter" Eindruck vermittelt wird.	ähnlich wie der deutsche Stil, allerdings weniger eintönig und oft mit Überraschungseffekten arbeitend
Textmerkmale	kurze Sätze, häufig direkte/persönliche Leseransprache, relativ hoher Verbanteil	spröde, sachorientiert, stark erläuternd; häufig dominiert ein Nominalstil	ästhetisch-expressiv, im Vergleich zu angelsächsischen und deutschen Texten fällt der höhere Adjektivanteil auf

Bedingt durch die in der gegenwärtigen Globalisierungsphase sehr hohe Permeabilität der bei Galtung und Münch noch primär national fixierten kommunikativen Stile werden sich deren Spezifika künftig vermutlich immer weniger scharf voneinander abgrenzen lassen – ohne dabei freilich ihren Kern völlig zu verlieren. In einer vergleichenden Untersuchung zu deutschen, britischen, US-amerikanischen und aus dem Deutschen ins Englische übersetzten Geschäftsberichten konnte nachgewiesen werden, dass deutschsprachige Texte vor allem seit der Jahrtausendwende in zunehmendem Maß Textkonventionen übernehmen, die für originalsprachig anglophone Geschäftsberichte signifikant sind. Diese Standardisierungstendenz zum Beispiel in deutschsprachigen kommunikativen Stilen vor allem des Wirtschaftsbereichs wird auf der anderen Seite begleitet von einer Hybridisierungstendenz englischsprachiger kommunikativer Stile: Da bei der Übersetzung ins Englische ausgangssprachliche Stilelemente zum Beispiel des Deutschen teilweise erhalten bleiben, wirkt dies auf kommunikative Wandlungsprozesse des Englischen als Lingua franca zurück (Böttger, 2006).

Zum Nachdenken und Diskutieren

Analysieren und vergleichen Sie selbst beliebige Texte einer bestimmten Textsorte aus den Ländern der Geschäftsbericht-Untersuchung. Schließen Sie auch Websites internationaler Unternehmen in Ihre Analyse mit ein. Wie hoch ist der transnationale Standardisierungsgrad?

3 Unternehmenskultur und Kulturanalyse

Alles, was wir zu den Aspekten Kultur und kulturelles Handeln bislang kennen gelernt haben, lässt sich natürlich auch über den exemplarischen Bereich der Stilelemente von Geschäftsberichten hinaus auf den konkreten Anwendungsfall von Unternehmenskulturen beziehen.

Während man bis vor wenigen Jahren den Begriff *Unternehmenskultur* vor allem unter normativen beziehungsweise leitkulturellen Gesichtspunkten der Formulierung von Corporate-Identity-Konzepten diskutiert hat, ist eine solche homogenisierende Sichtweise gerade im Bereich des internationalen Managements heute eher in den Hintergrund gerückt. Angesichts der hohen Geschwindigkeit, mit der im Globalisierungskontext Merger, Kooperationen oder strategische Allianzen eingegangen und wieder gelöst werden, ist es kaum mehr möglich und vermutlich auch nicht sinnvoll, auf eine langfristige Gültigkeit einheitlicher Unternehmens-Erscheinungsbilder zu setzen.

Wie wir zu einem späteren Zeitpunkt noch ausführlicher diskutieren werden, ist eine Auseinandersetzung mit Unternehmenskulturen heute vor allem unter Gesichtspunkten der Unternehmensbewertung interessant: Bevor sich ein Unternehmen für den Kauf oder die Übernahme eines anderen Unternehmens entscheidet, wird es eine betriebswirtschaftlich fundierte Due Diligence durchführen beziehungsweise eine Unternehmensberatung damit beauftragen. Nach einer Vielzahl gescheiterter Übernahmen insbesondere in der Blütezeit der New Economy zu Beginn des 21. Jahrhunderts ist man jedoch gerade bei internationalen Mergerprozessen von einer Einschränkung der Unternehmensbewertung auf rein finanzielle Aspekte abgekommen. Vielmehr werden bei der Unternehmensanalyse sowohl harte (finanzielle) als auch weiche (kulturelle) Faktoren berücksichtigt. Idealerweise werden beide als zwei Seiten ein und derselben Münze verstanden (Bolten, 2003). Bei einer solchen „Cultural Due Diligence“ (Strähle, 2004) steht die Unternehmenskultur dann wieder – allerdings weniger aus konstruktiver als aus analytischer Sicht – im Mittelpunkt des Interesses. Eines der bekanntesten Modelle zur Analyse von Unternehmens- beziehungsweise Organisationskulturen stammt von dem Amerikaner Edgar H. Schein. In seinem „Drei-Ebenen-Modell“ der Organisationskultur (Abb. 34) unterscheidet er Artefakte, gemeinsam geteilte Werte und Grundannahmen (Schein, 1995, S. 14).

Edgar H. Schein (*1928)

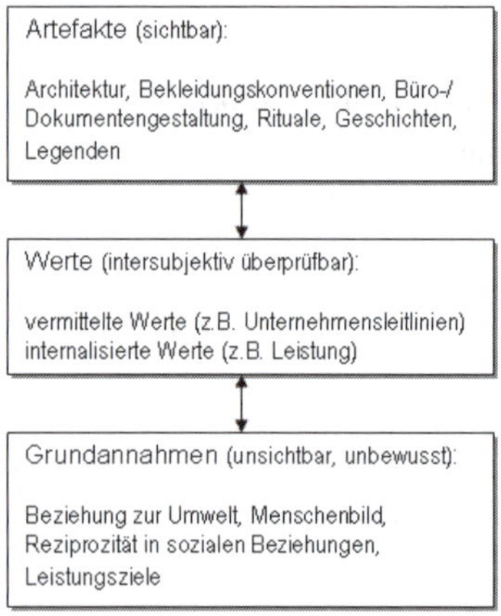

Abb. 34: Drei-Ebenen-Modell der Unternehmenskultur (nach Schein, 1995)

Scheins „Drei-Ebenen-Modell“ der Unternehmenskultur

Während Artefakte wie etwa ein Bürogebäude oder ein Logo direkt sichtbare Zeichen einer Unternehmenskultur repräsentieren, gilt dies für Werte und Grundannahmen nicht oder nur sehr mittelbar. Aus diesem Grund unterscheidet man zwischen der Ebene des Wahrnehmbaren (Perceptas) und dem zugrunde liegenden (nicht wahrnehmbaren) Handlungskonzept (Conceptas): Man wird die Arbeitsatmosphäre in einer Unternehmensabteilung zwar wahrnehmen und vermutlich auch ansatzweise beschreiben können; es wird aber (selbst Unternehmensangehörigen) nicht möglich sein detailliert zu erklären, warum sich die Atmosphäre in dieser bestimmten Weise herausgebildet hat und immer wieder neu herausbildet.

Perceptas: das Wahrnehmbare

Conceptas: das zugrunde liegende, nicht wahrnehmbare Handlungskonzept (z. B. das Netzwerk des sozialen Gedächtnisses)

3.1 Perceptas und Conceptas – Kulturelle Oberflächen- und Tiefenstrukturen

Damit ist letztlich das große Dilemma jedweder Kulturanalyse bezeichnet. Denn bei dem Versuch einer vollständigen inhaltlichen Bestimmung konkreter Kulturen – und seien es noch so kleine Le-

So global wie nötig und so regional wie möglich.

benswelten – würde selbst die umfangreichste Darstellung notgedrungen scheitern müssen. Gerade weil sie nur auf der Grundlage des Miteinander-Handelns einer Vielzahl von Individuen existieren, lassen sich Kulturen in ihrer Gesamtheit nicht beschreiben; jeder diesbezügliche Versuch kann nur eine Annäherung an das Verstehen einer Kultur darstellen. So ist beispielsweise das Archiv des sozialen Gedächtnisses schon deswegen in seiner Komplexität nicht erfassbar, weil uns immer nur diejenigen Ausschnitte zugänglich sind, die vor dem Hintergrund der Aktualität auch Relevanz für uns besitzen. Daran wird auch ein letztlich unendliches mediales Archiv wie das Internet nichts ändern können.
Zu Recht wird daher die Conceptas-Ebene als Tiefenstruktur einer Lebenswelt bezeichnet, während die Perceptas-Ebene deren Oberflächenstruktur darstellt. Die Differenzierung geht zurück auf die These Sigmund Freuds, dass der weitaus größte Teil unseres Handelns durch unbewusste Wahrnehmungen bestimmt wird. Das (später) hieraus abgeleitete Eisberg-Modell (Abb. 35) rechnet dementsprechend auch nur die Spitze des Eisbergs dem Wahrnehmbaren, der Perceptas, zu, während das eigentliche Bergmassiv, die Conceptas, unter dem Wasser verborgen bleibt.

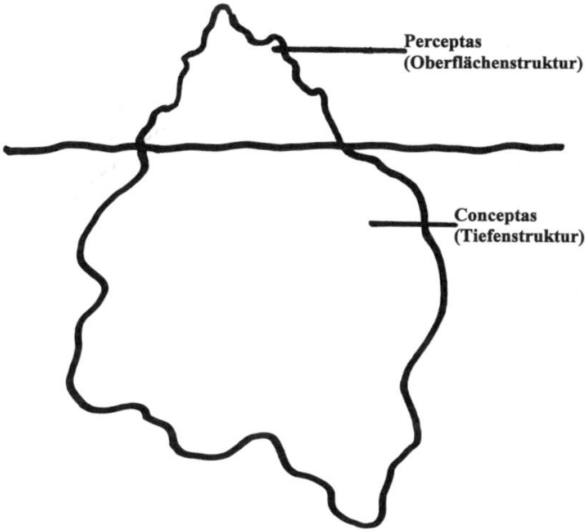

Abb. 35: Eisberg-Modell

Eisberg-Modell

Alle wahrnehmbaren Artefakte können verstanden werden als Zeichen für ein bestimmtes Konzept, das ihnen zugrunde liegt. So ist beispielsweise eine Batterie Zeichen für die prinzipielle Möglichkeit der Stromversorgung, ein Kruzifix Zeichen für eine bestimmte

Weltanschauung und ein Denkmal Zeichen zum Beispiel für die Hochschätzung einer bestimmten Person.
Wie wir bereits gesehen haben, können sich hinter identischen Zeichen – kulturspezifisch – durchaus sehr unterschiedliche Konzepte verbergen. Beispielsweise verweist die Bezeichnung oder das Symbol Team im japanischen Verständnis auf eine Gruppengesamtheit, während im deutschen Verständnis eher eine Gruppe im Sinne der Summe einzelner Individuen gemeint ist. Spätestens dann, wenn es um die Zuschreibung von Verantwortlichkeit zum Beispiel bei Produktionspannen geht, offenbart sich die Tragweite der unterschiedlichen Konzepte: Im Deutschen sind individuelle Schuldzuschreibungen möglich, während im japanischen Verständnis eher das Team als Gesamtes haften würde.
Erst unter Einbeziehung derartiger konzeptioneller Hintergründe wird eine Kultur erklär- und verstehbar. So wie auf der Ebene der Perceptas das Was einer Kultur beschrieben wird, so ermöglicht die Conceptas-Ebene in einem zweiten Schritt Erklärungen des Warum bestimmter Eigenarten und Funktionszusammenhänge einer Kultur. Damit kommen letztlich auch immer historische Perspektiven ins Spiel, die ihrerseits Verknüpfungsmöglichkeiten bieten und in einem dritten Schritt Kulturen als offene Netzwerke von – sowohl in der Gegenwart als auch in der Vergangenheit – unendlich vielen untereinander verbundenen Handlungen verstehen lassen.
Um dies an einem Beispiel zu verdeutlichen: Katholische Kirchen sind – so Beobachtungen auf der Perceptas-Ebene – prunkvoller ausgestattet als protestantische und laden eher zur Andacht ein. Auf der Conceptas-Ebene ließe sich dies im Rückgriff auf die unterschiedlichen Interpretationen des Sündenfalls erklären: Während die Einheit zwischen Gott und Mensch aus protestantischer Sicht unwiederbringlich zerstört ist, ist sie der katholischen Lehre zufolge nur gestört und auf dem Weg von Buße wiederherstellbar. Gerade weil die Bußleistung in der Kirche stattfindet, erhält diese auch eine andere und vielfältigere Funktion als protestantische Gotteshäuser, was sich unter anderem in der einladenderen Gestaltung und Ausschmückung äußert.
Der weitere Schritt zum Netzwerkdenken würde jetzt zum Beispiel darin bestehen, Zusammenhänge zwischen dem Gesagten und der erheblich stärkeren Ausprägung des Individualismus in protestantischen und der eher auf Gemeinschaftlichkeit hin orientierten Situation in katholisch geprägten Lebenswelten herzustellen. Von dort aus könnten dann zum Beispiel Beziehungen zwischen Protestantismus und freier Marktwirtschaft beziehungsweise Katholizismus und sozialer Marktwirtschaft aufgezeigt und erklärt werden.

Unbestreitbar bleibt aber einerseits die Tatsache, dass man sich nicht zu monokausalen Erklärungen verleiten lassen darf, weil es sich – wie beispielsweise bei kulturellen Stilen – de facto um polykausale Beziehungen handelt, die auf spezifische und wahrnehmbare Aspekte des Handelns Einfluss nehmen. Weiterhin ist offenkundig, dass unter diesen Voraussetzungen immer nur kleinste Zusammenhänge lebensweltlichen Handelns erklärbar sind – man eine Kultur in diesem Sinne also auch allenfalls ansatzweise verstehen kann.

3.2 Dülfers Schichtenmodell

Zur Erklärung der lebensweltlichen Gebundenheit unternehmerischen Handelns häufig herangezogen wird Eberhard Dülfers „Schichtenmodell der Umweltberücksichtigung" (Abb. 36) (Dülfer, 1999). Es besteht im Sinne des Eisberg-Modells aus mehreren wechselseitig verbundenen Schichten, die auf das Managerhandeln Einfluss nehmen und es damit als kulturgebunden ausweisen:

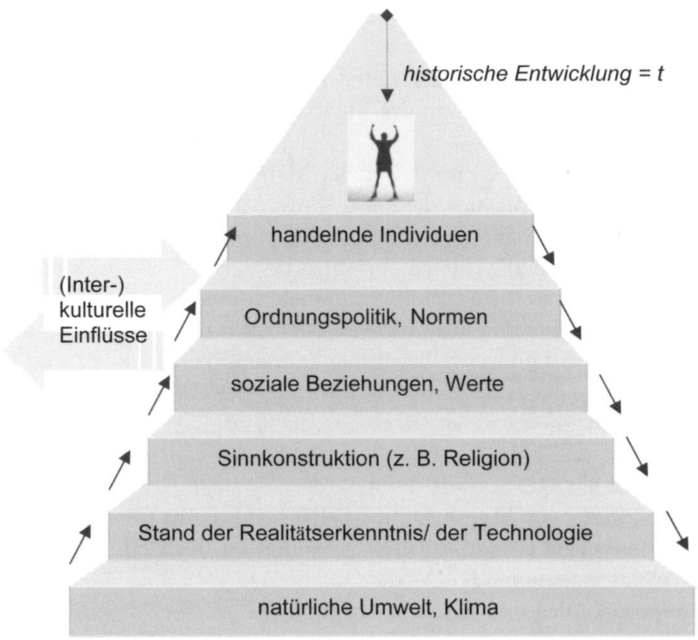

Abb. 36: Modifiziertes Schichtenmodell (in Anlehnung an Dülfer, 1999, S. 221)

Bei allen Schwächen im Detail (struktur- statt prozessorientierte Darstellung, Vernachlässigung interkultureller und historischer Einflussfaktoren) dokumentiert das – hier entsprechend modifizierte – Modell Dülfers in überzeugender Weise die Interdependenz der einzelnen Kulturebenen.
Um es an einigen Beispielen zu verdeutlichen: Bodenschätze, klimatische und topographische Bedingungen fordern die Ausbildung bestimmter Technologien wie zum Beispiel Bohrtechniken, Schiffsbau und Klimatechnik und schaffen Rahmenbedingungen für Sinnkonstruktionen, die sich wiederum in bestimmten Normsetzungen zum Beispiel rechtlicher und politischer Art reflektieren. So wird häufig darauf hingewiesen, dass sich die sogenannten Entwicklungsländer mit wenigen Ausnahmen auf den Gebieten zwischen 40 Grad nördlicher Breite und 30 Grad südlicher Breite finden, während die weltwirtschaftlich bedeutenden Industriezentren nahezu sämtlich in der nördlichen gemäßigten Zone liegen, wo die menschliche Leistungsfähigkeit naturgemäß höher ist. Dass eine strikt leistungsorientierte Form der Sinngebung, wie sie die protestantische Wirtschaftsethik verkörpert, in tropischen Klimazonen nur schwer zu verwirklichen wäre, liegt auf der Hand.

3.3 Ausblick: Interkulturelle Unternehmenskultur – Die Nichtidentität des Identischen

Bei der Realisierung internationaler Mergers wird heute in der Regel berücksichtigt, „dass die lokale Unternehmenskultur, eingebunden in die nationale Gesellschaftskultur, weitest möglich ihre Identität wahren kann“ (Bleher u. Götz, 1999, S. 74). Darüber hinaus bemüht man sich freilich auch, globale Mergerkulturen im Sinne einer übergreifenden *Corporate Identity* zu formulieren. Dass diese Merger-Identität eine vollkommen andere Qualität besitzt und besitzen muss, als es bei der Corporate Identity eines nationalen Unternehmens der Fall ist, liegt auf der Hand: Während sich die Selbstverständigungsprozesse innerhalb eines nationalen Unternehmens im Rekurs auf das fraglos Gegebene der gemeinsamen Lebenswelt ihrer Mitglieder vollziehen und damit tiefenstrukturell eine Basis gemeinsamer Letztverständigung besitzen, ist dies bei internationalen mergers gerade nicht der Fall. Ihre Identität ist temporäres Produkt eines Aushandlungsprozesses; hinsichtlich der Handlungsvoraussetzungen ihrer Agenten (Conceptas) ist sie wesensmäßig durch Nichtidentität charakterisiert.

Ob sich ein Merger in diesem Sinn als „deal“ oder als „desaster“ erweist, hängt nicht zuletzt damit zusammen, inwieweit seine Akteure in der Lage sind, diese prinzipielle Nichtidentität des (oberflächenstrukturell) Identischen bewusst zu leben und metakommunikativ zu thematisieren. Dass dies häufig zu misslingen scheint, liegt nicht nur an der mangelnden Reflexivität, mit der interkulturelle Prozesse vollzogen werden, sondern auch in der nahezu zwanghaften Neigung vieler Kulturen, Konsens um jeden Preis zu suchen. Konsens erscheint „angesichts des immer dagewesenen und nie enden wollenden Dissenses“ zwar „als etwas Wertvolles und Beruhigendes, weil dessen Abwesenheit einen reibungslosen Verlauf der menschlichen Handlungen beeinträchtigt“ (Mall, 2000, S. 343); er impliziert aber auch Idealzustände, Strukturen, Ordnungen und eine Statik, die der permanenten Prozessualität von Interkulturen widersprechen. Doch davon mehr, wenn es um das Thema Interkulturalität geht.

Metakommunikation: Thematisierung von Kommunikationsprozessen – oder Kommunikation über Kommunikation

Zum Nachdenken und Diskutieren

Internationale Unternehmenszusammenschlüsse werden auch dann, wenn sie für eine kürzere Kooperationsphase geplant sind, über Handlungsgrundsätze verfügen. Worin werden sich solche Unternehmensleitlinien hauptsächlich von konventionellen Corporate-Identity-Konzepten nationaler Unternehmen unterscheiden?

4 Exkurs: Methoden der Kulturanalyse

Das wesentliche Manko von Kulturanalysen, seien es deskriptive oder erklärende Ansätze, besteht zum einen sicherlich darin, dass sie Grenzziehungen (Nation, Unternehmen etc.) unterstellen, die es im Sinne ausgefranster Netzwerkstrukturen gar nicht gibt. Auch in der Innenperspektive haben sie es mit Gegenstandsbereichen zu tun, die in ihrer Komplexität nicht erfassbar sind. Dementsprechend zwingt allein schon der Versuch, kulturelle Besonderheiten benennen zu wollen dazu, Komplexitätsreduktionen vorzunehmen (Gudykunst et al., 1996). Und dies gelingt nur unter Zuhilfenahme von Kategorisierungen, die ihrerseits wiederum freilich immer subjektiv und damit relativ sind. Um es am Beispiel einer bei Kulturbeschreibungen sehr häufig verwendeten Kategorie zu verdeutlichen: Wie kollektivistisch eine Kultur eingeschätzt wird, hängt ers-

Kategorien zur Kulturerfassung sind relativ

tens von Betrachterstandpunkt ab und stellt zweitens immer eine Generalisierung dar, die keineswegs auf alle Mitglieder dieser Kultur zutreffen wird.

Andererseits besteht vor dem Hintergrund der zunehmenden internationalen Mobilität zweifellos ein erheblicher Bedarf an kompaktem Kulturwissen. Mit kulturellem Rezeptwissen im Sinne von Dos und Dont's wird man diesem Bedarf sicherlich am wenigsten gerecht, so dass sich die Frage stellt, wie sich ein möglichst hoher Kompaktheitsgrad der Darstellung am besten mit einem möglichst differenzierten Erfassungssystem betiehungsweise mit einem niedrigen Niveau der Stereotypenverwendung vereinbaren lässt.

Aus methodischer Sicht handelt es sich hierbei um einen Balanceakt zwischen einzelfallorientierten Mikroanalysen und (über)generalisierenden Makroanalysen. Beide Verfahren bilden in ihren extremen Realisationsformen die Pole eines Methodenstrahls (Abb. 37), auf dem sich die in den Kulturwissenschaften und der interkulturellen Kommunikationsforschung verwendeten Verfahren der Beschreibung und Erklärung kultureller Spezifika verorten lassen.

Methodenspektrum der Kulturanalyse

Jeder, der sich mit Kulturanalysen (welcher Art auch immer) befasst, sollte sich über die Einordnung des verwendeten methodischen Ansatzes innerhalb dieses bipolaren Spektrums und vor allem auch über die Konsequenzen bewusst sein, die mit einer solchen Methodenpraxis verbunden sind. Eine generell richtige Methode kann es dabei nicht geben; vielmehr hängt die Methodenwahl wesentlich von dem Gegenstandsbereich ab, der untersucht werden soll. Wie wir sehen werden, bieten sich für Analysen der Kultur eines Arbeitsteams durchaus mikroanalytische Methoden an, die aber wiederum ungeeignet sind, wenn es um die Erfassung komplexerer lebensweltlicher Strukturen geht. Generell Vorsicht geboten ist allerdings bei der Verwendung grobrastriger makroanalytischer Methoden.

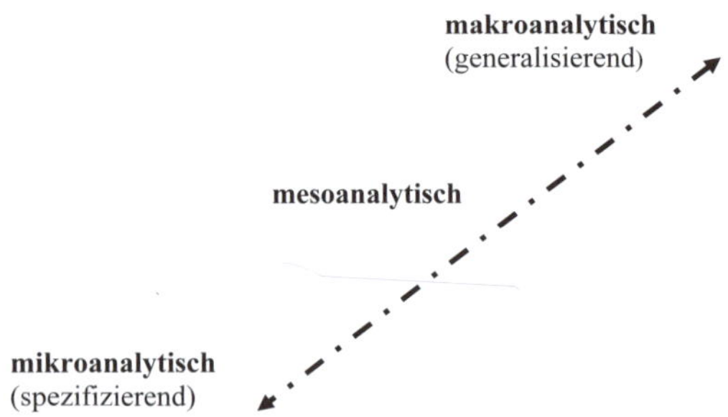

Abb. 37: Methodenspektrum

4.1 Makroanalytische Ansätze

Makroanalytisch:
Hall
Hofstede
↳ Anfänge der IK Kommunikation
→ Kulturdimensionen

Die nach wie vor einflussreichsten makroanalytischen Ansätze zur Beschreibung kultureller Spezifika stammen aus den 1960er Jahren des vergangenen Jahrhunderts. Sie wurden von Edward T. Hall (1969) und Geert Hofstede (1980) in der Anfangsphase der interkulturellen Kommunikationsforschung entwickelt und sind bis heute in vielfältigen Modifikationen fortgeführt worden (u.a. Triandis, 1988; Hecht, 1989; Hampden-Turner u. Trompenaars, 1993; Trompenaars, 1994; Apfelthaler, 1999).

Obwohl Hall in seinen anthropologischen Studien methodisch einen vollkommen anderen Problemzugang gewählt hat als Hofstede im Rahmen seiner empirischen Sozialforschung, gelangen beide zu Kategorisierungen, die sie als „Kulturdimensionen“ bezeichnen.

„high-context"- und „low-context"-Kulturen

Bei Hall sind diese Dimensionen durch die Pole „high context culture“ und „low context culture“ sowie durch die Einteilung in einerseits „monochronistische“ und andererseits „polychronistische“ Kulturen markiert. „High context cultures“ sind laut Hall dadurch charakterisiert, dass sie viele Hintergrundinformationen benötigen, um Entscheidungen treffen zu können, womit allerdings auch eine Langfristigkeit zwischenmenschlicher Beziehungen und ein eher hierarchisches Denken verbunden ist. Hall zufolge wäre Japan Beispiel für eine solche „high context culture“, während für die USA als „low context culture“ das Gegenteil gilt. Während sich monochronistische Kulturen durch sequentielles Handeln (eins nach dem anderen) auszeichnen, sind polychrone Kulturen durch synchrone Handlungsweisen (mehrere Dinge auf einmal) charakterisiert.

Hofstede hat im Rahmen seiner Datenerhebung unter 116.000 IBM-Mitarbeitern in 53 Ländern ursprünglich vier Dimensionen unterschieden: Power Distance (i. S. von Machtabstand), Individualism/Collectivism, Uncertainty Avoidance (i. S. von Unsicherheitsvermeidung), Femininity/Masculinity (i. S. von Rollenorientierung). In späteren Untersuchungen ergänzte er Langfristigkeit/Kurzfristigkeit als fünfte Dimension.

Den von ihm untersuchten Ländern weist Hofstede konkrete Indexwerte in den einzelnen Dimensionen zu. So erhält beispielsweise Malaysia in der Dimension Machtdistanz den Indexwert 104, während Dänemark den Wert 18 erreicht und damit Hofstede zufolge über eine niedrige Machtdistanz und damit zum Beispiel über flache Unternehmenshierarchien verfügt. Das ganze lässt sich auch in Rängen ausdrücken, wobei Malaysia Rangplatz 1 erhält und Dänemark nur Rang 51.

Die Problematik eines solchen indirekt auch kulturbewertenden Vorgehens ist offenkundig und lässt sich in wenigen Punkten zusammenfassen:

Kritik an Hofstedes „Dimensionen-Modell"

- Das makroanalytische Arbeiten mit Kulturdimensionen führt zu Übergeneralisierungen: Man erhält abstrakte Durchschnittswerte, die über konkrete Individuen und konkretes alltagskulturelles Verhalten innerhalb einer Kultur und erst recht über interkulturelles Handeln nichts aussagen.
- Selbst wenn suggeriert wird, bei der Erforschung kultureller Dimensionen seien sogenannte emische Untersuchungsmethoden leitend gewesen: Allein schon die Benennung der Dimensionen ist etwas, was von außen an eine Kultur herangetragen wird. Vor diesem Hintergrund sollte man sich im Übrigen davor hüten, die Abgrenzung von emischen gegenüber etischen Untersuchungsmethoden als eine Art Ablassfunktion in Hinblick auf den Verdacht ethnozentrischer Darstellungsweisen zu verwenden: Wer mit derartigen Unterscheidungen operiert und strikt zwischen Innensicht und Außensicht trennt, verkennt, dass Kulturen Produkte interkulturell vernetzten Handelns und eben keine Container sind.

emisch: Innenperspektive

etisch: Außenperspektive

- Die Arbeit mit Kulturdimensionen hat allenfalls deskriptive, nicht aber erklärende Funktion. Damit werden kulturelle Spezifika registriert, aber nicht unbedingt auch verstanden. Dies wiederum begünstigt stereotypengeleitetes Denken und Handeln.
- Kulturdimensionen geben das Spektrum möglicher Realisationsformen einer Kultur bereits vor. Was durch diese Dimensionen nicht erfassbar ist, wird notgedrungen unterschlagen. Nicht zu unterschätzen ist die Kraft der „selffulfilling prophecy", die – auch auf Seiten der Kulturmitglieder – durch derartige Zuschreibungen in Gang gesetzt werden kann. Ist zum Beispiel eine Kultur als polychrone identifiziert, legitimiert dies auf der einen Seite den Gebrauch von Vorurteilen in Bezug auf die Pünktlichkeit der Kulturmitglieder, während es auf der anderen Seite als willkommene Entschuldigung für tatsächliches Zuspätkommen verwendet werden kann: Interkulturelle Trainings, die mit Kulturdimensionen arbeiten, generieren dementsprechend faktisch, was sie eigentlich nur als Mittel der Komplexitätsreduktion an die Hand geben.

Gegen die Verwendung der Untersuchung Hofstedes als eine Art Orientierungsleitfaden für die Einschätzung internationaler Geschäftspartner spricht weiterhin das Alter der Studie. Die meisten Befragungsergebnisse stammen aus dem Zeitraum zwischen 1968

und 1972 und beziehen sich überdies auf landesspezifische Besonderheiten der jeweiligen IBM-Kultur. Kulturelle Wandlungsprozesse haben in den vergangenen Jahrzehnten allerdings zu teilweise gravierenden Veränderungen geführt, so dass Hofstedes Daten beispielsweise in Bezug auf den asiatischen Kulturraum heute schlichtweg irreführend sind.
Dass dennoch in Seminaren zur Auslandsvorbereitung und erst recht in vielen Außenhandelsabteilungen international agierender Unternehmen hinter mehr oder minder vorgehaltener Hand immer noch gern auf diese Daten zurückgegriffen wird, lässt sich nur mit der verführerischen Einfachheit ihrer Handhabung und wohl auch dem ausgeprägten Bedürfnis nach Klassifizierung und Simplifizierung erklären. (Ein wenig fühlt man sich hier an die rätselhaften Erfolge bestimmter Boulevardzeitungen und Fastfood-Ketten erinnert, zu deren zahlreicher Kundschaft sich ja erfahrungsgemäß ebenfalls kaum jemand bekennen mag.)
Daher ist auch bei Nachfolgeuntersuchungen in der makroanalytischen Tradition Hofstedes Vorsicht geboten: Sie arbeiten zwar mit aktuelleren Daten, aber mit dem gleichen methodischen Inventar (z. B. Tropenaars, 1997).

4.2 Mikroanalytische Ansätze

Die umgekehrte Perspektive, nämlich die Orientierung am kulturellen Mikrokosmos ethnischer Gruppierungen, findet man insbesondere in kulturanthropologischen und ethnographischen Detailanalysen wie etwa in Clifford Geertz' Standardwerk „Dichte Beschreibung" (1987). Derartige Mikroanalysen sind insbesondere von amerikanischen Forschern in Hinblick auf unterschiedlichste Gegenstandsbereiche erstellt worden. Sie existieren vor allem zu Ethnien mit geringerer Komplexität und relativer Überschaubarkeit, womit gleichzeitig auch die methodologischen Grenzen dieser Arbeiten genannt sind: Je detailorientierter (Sub-)Kulturen untersucht werden, desto weniger komplex dürfen sie sein, damit überhaupt noch Aussagen über sie möglich sind.
Vor diesem Problem steht auch die ethnomethodologische Konversationsanalyse, die ursprünglich auf die diskursanalytischen Ansätze von Dell H. Hymes (1962) beziehungsweise auf die ethnomethodologischen Untersuchungen Harold Garfinkels (1967) zurückgeht, und die heute vor allem im Rahmen der interkulturellen Kommunikationsforschung von Bedeutung ist (Bergmann, 1981;

ethnomethodologische Konversationsanalyse

Günthner, 1993; von Helmolt, 1997; ten Thije 2001). Den Untersuchungsgegenstand bilden vorwiegend Audio- oder Videoaufzeichnungen interkultureller Kommunikationssituationen. Das Interesse der Diskursforschung gilt hierbei insbesondere der Kultur- oder Interkulturspezifik des beobachteten Sprecherverhaltens. Dies kann für das Verständnis einer konkreten Kommunikationssituation sehr erhellend sein, aber es ist eben nur in Bezug auf diesen Einzelfall aussagefähig.

Wenn also beispielsweise Analysen deutsch-finnischer Kommunikation zeigen, dass ein stärker pausendurchsetztes paraverbales Gesprächsverhalten finnischer Geschäftsleute einen aus finnischer Sicht zu frühen Gesprächseinsatz der deutschen Gesprächspartner provoziert und das Gefühl hinterlässt, unterbrochen worden zu sein, so ist dies ausschließlich für die entsprechenden Beispielanalysen zutreffend. Eine Generalisierung oder die Erwartung, Finnen oder Deutsche würden grundsätzlich in dieser Weise kommunizieren, ist nicht möglich und letztlich auch unzulässig.

Einen Extrempunkt mikroanalytischer Betrachtung markieren die in den letzten Jahren insbesondere im Rahmen der Migrationsforschung verstärkt rezipierten Arbeiten postkolonialer Provenienz (z. B. Bhabha, 2000). Kultur wird hier auf die Subjektebene heruntergebrochen und aus der Perspektive binärer Identitäten verstanden. Dabei geht es zwangsläufig nunmehr um den Einzelfall zum Beispiel der Türkin, die in zweiter Generation in Deutschland aufgewachsen ist.

Auf der Methodenskala zwar mikroanalytisch verankert, aber dennoch bereits eher an makroanalytischem Erkenntnisinteresse orientiert, ist die sogenannte „critical-incident"-Analyse, wie sie in Deutschland vor allem im Umkreis der Kulturstandard-Forschungen von Alexander Thomas (1991) durchgeführt wird.

Kulturstandards (Alexander Thomas)

Den Ausgangspunkt der Analysen stellt immer eine sogenannte kritische Interaktionssituation beziehungsweise ein Missverständnis im Rahmen einer kleinen Fallstudie dar, in der eine Verletzung von Normalitätsannahmen und Plausibilitätserwartungen intra- oder interkulturellen Handelns dokumentiert wird. Von einer Vielzahl vergleichbarer Missverständnissituationen wird auf einen entsprechenden allgemeingültigen *Kulturstandard* geschlossen.

Um es an dem zitierten Beispiel der deutsch-finnischen Gesprächssituation vor Augen zu führen: Das Gefühl, unterbrochen worden zu sein, kann sich bei dem Finnen tatsächlich aus den genannten Gründen einstellen und auf einen finnischen Kulturstandard langsamer Sprechfluss schließen lassen; es kann aber auch gänzlich andere Ursachen haben, die unter Umständen individuenbedingt

sind (z. B. hat der Deutsche tatsächlich die Eigenart, anderen ins Wort zu fallen).
Eine solche Situationsbezogenheit wird in der Regel in den „critical-incident"-Texten nicht erfasst, weil es sich um die mehr oder minder getreue Wiedergabe von Fallstudien oder persönlichen Erfahrungen handelt, die zumeist auf ihren plot reduziert werden und damit die konkreten Kontextbedingungen von Missverständnissen nicht zu erkennen geben.
Eine wesentliche Kritik an derartigen interpretativen Orientierungen besteht darin, „dass sie die soziale Einbettung der Texte vernachlässigen und das soziale Gefüge, in dem Überzeugungen entstehen, verbreitet werden und ihre soziale Wirkung entfalten, nicht ausreichend analysieren." Thomas Schweizer, von dem diese Kritik stammt (Schweizer, 1996, S. 18), geht im Rahmen einer Verknüpfung zwischen ethnographischen Mikroanalysen und sozialen Netzwerkanalysen ebenfalls induktiv vor, bedient sich dabei aber eines stärker quantitativ orientierten Ansatzes.

Netzwerkanalyse

Sein Ziel besteht darin, „dichte (mikroanalytische) Beschreibungen" im Geertz'schen Sinne über die Akteursebene hinaus zu erweitern. „Denn die Akteure befinden sich nicht alleine in der Welt, sondern sind eingebunden in soziale, ökonomische, politische und kommunikative Netzwerke" (Schweizer, 1996, S. 18). Mehr noch: Sie wirken durch ihr Handeln und ihre Interaktionsbeziehungen an der Konstruktion dieser Netzwerke mit. Schweizer versucht diese Interaktionsbeziehungen zwischen den Ethniemitgliedern oder auch zwischen Mitgliedern unterschiedlicher Lebenswelten zunächst statistisch zu erfassen (Wer interagiert in welcher Häufigkeit mit wem?). Je häufiger Interaktionen stattfinden, desto dicker stellen sich die computererzeugten Verbindungslinien zwischen den Interagierenden dar (Abb. 38), und je größer ist die Wahrscheinlichkeit, dass es sich hierbei nicht um Einzelfälle, sondern um Muster sozialer Ordnungen handelt, die dann in einem weiteren Analyseschritt interpretativ erschlossen werden können.
Ein solches Verfahren der Kulturanalyse ist empirisch gut abgesichert und bietet den Vorteil, dass es den interpretativen Spielraum des Ethnographen einschränkt. Mit zunehmender Komplexität des Gegenstandsbereiches stößt es allerdings notwendigerweise an seine Grenzen, und dementsprechend wird es bislang auch fast ausschließlich bei der Analyse kleinerer ethnischer Gruppen beziehungsweise Gruppenbeziehungen verwendet.

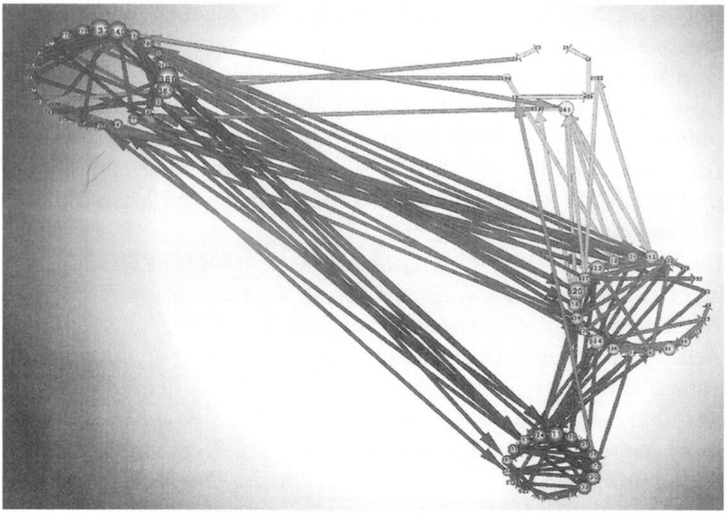

Abb. 38: Der Hxaro-Austausch der !Kung (aus Schweitzer, 1996, S. 263)

Ein wesentlicher Vorteil ethnographisch untermauerter Netzwerkanalysen besteht darin, dass sie ihre Befunde – anders als etwa die Kulturstandardtheorie – nicht nur aus misslungenen oder kritischen Interaktionen gewinnt, sondern aus den Mustern normalen Alltagshandelns. Das mag (hoffentlich) dem häufig vermittelten Eindruck entgegenwirken, interkulturelle Kommunikation sei im Wesentlichen problembeladen. Und das ist nun keineswegs der Fall.

4.3 Mesoanalytische Ansätze

So unterschiedlich und letztlich unvereinbar gerade die extremeren Formen der skizzierten makro- und mikroanalytischen Ansätze zur Kulturbeschreibung auch sind, so antworten sie im Grunde genommen doch beide auf das gleiche Problem: nämlich auf die Schwierigkeit, kulturelle Komplexität so zu reduzieren, dass sie einerseits noch sichtbar bleibt, aber gleichzeitig auch noch operationalisierbar ist. Wie wir gesehen haben, finden die meisten der in der interkulturellen Kommunikationsforschung verwendeten Methodenkonzeptionen nicht zu einer solchen Ausgewogenheit. Entweder engt man den Gegenstandsbereich zu stark ein und verirrt sich in individuellen Episoden und Einzelfällen, oder man arbeitet

mit zu weiten, zufällig von außen herangetragenen Dimensionen, was leicht zu Stereotypisierungen und Übergeneralisierungen verleiten kann.
Prinzipiell haben natürlich beide Forschungspositionen ihre Berechtigung, weil sich Kulturen erst durch Interaktionen ihrer Individuen als Kulturen konstituieren können und umgekehrt Individuen sich stets aus dem allgemeinen kulturellen Wissensvorrat mit Interpretationen ihrer Lebensumwelt versorgen. So wird niemand leugnen, dass es etwas typisch Französisches gibt, man wird aber auch zum Beispiel keinem Franzosen die Eigenständigkeit seines Handelns außerhalb dieses Allgemeinen absprechen können. Wäre dem so, gäbe es keinen kulturellen Wandel.
Den faktisch wechselseitigen Zusammenhang von Individuellem und Allgemeinen, von Teilen und Ganzem wird man methodisch um so eher in den Griff bekommen, je weniger man sich in alternativer Weise einer der beiden Positionen verschreibt, sondern wenn man mikro- und makroanalytische Perspektiven in einem mesoanalytischen Untersuchungsansatz integriert.
Es geht hierbei um die Formulierung eines möglichst großen gemeinsamen Nenners in Bezug auf eine Vielzahl von individuellen Handlungs- und Äußerungsformen, die sich innerhalb einer als Kultur definierten Lebenswelt ereignen.
Eine solche funktional begründete Systemhaftigkeit, die die Individualität ihrer Konstituenten gerade nicht verdeckt, wird in vielen wissenschaftlichen Bereichen mit dem Begriff Stil belegt. So spricht man von historischen, sozialen, situationsbezogenen und funktionsbezogenen Stilen immer dann, wenn es darum geht, eine Vielzahl eigenständiger und durchaus unterschiedlicher Äußerungsformen zu Orientierungszwecken unter einen gemeinsamen Begriff zu bringen. Dies gilt etwa für den postmodernen Stil, der an seinen Rändern, nämlich an den Grenzen zum Noch-Nicht und zum Nicht-Mehr von Postmoderne, sehr indifferent und unbestimmt ist, der aber gerade von hier aus, von diesen einzelnen Randfällen her, auch sein Wandlungspotential schöpft. Das Gemeinsame, Allgemeine, auf das der Stilbegriff verweist, stellt sich aus der Sicht des Einzelnen wiederum wenn nicht als Norm, so doch als Normalität dar.
Ausgehend von der historischen Kunstwissenschaft hat man in Europa seit dem 18. Jahrhundert insbesondere dem Zeit- oder Epochenstil besondere Aufmerksamkeit gewidmet. Buffons „Le style est l'homme meme" (1753) und Winckelmanns „Geschichte der Kunst des Altertums" (1764) bildeten den Auftakt für die dann ab der Romantik sehr bewusst durchgeführte kunstgeschichtliche Stil-

kulturelle Stilforschung

forschung. Dies gilt nicht nur für die bildende Kunst, sondern auch für Musik, Literatur und Sprache, wobei im letztgenannten Fall die Kategorie des Epochenstils beispielsweise auf der Beobachtung beruht, „dass auf einer sehr abstrakten Stufe alle Spracherzeugnisse einer bestimmten Zeit quer durch alle Gruppen-, Funktions- und Situationsbezogenheit gemeinsame Charakteristika aufweisen, etwa in der Wahl und Behandlung bestimmter Themen, Bevorzugung bestimmter Sprachformen oder Gattungen und so weiter, durch die sie sich von den Sprachgewohnheiten anderer Epochen signifikant unterscheiden" (Graubner, 1975, S. 173).

Während die Bestimmung beziehungsweise die Analyse von Epochenstilen mehr oder minder im Sinne von Querschnittstudien zu relativ eng begrenzten Zeiträumen erfolgt, ist dies bei einer vorrangigen Perspektivierung funktionaler Stiltypen wie zum Beispiel Wissenschaftsstilen, Wirtschaftsstilen oder Lernstilen nicht unbedingt der Fall. Hier geht es um offene Zeitreihen, in denen unter ein Allgemeines subsumierbare Äußerungsformen individuellen oder sozialen Handelns längerfristig beobachtet werden.

Ein Beispiel hierfür wäre eine Analyse des „französischen Wirtschaftsstils" (Ammon u. Knoblauch, 2001). Die methodische Integration von Mikro- und Makroanalyse erfolgt in einem solchen Fall heuristisch durch ein sich beständig vertiefendes (und letztlich auch nie abschließbares) hypothesengeleitetes Analyseverfahren: Ausgehend von der Beschreibung konkreter Äußerungsformen wirtschaftlichen Handelns im französischen Kontext können in einem ersten Schritt häufig wiederkehrende Merkmale im genannten Sinn hypothetisch als „Stilmerkmale" sondiert werden. Nach Ammon (1994) sind dies beispielsweise „Schlüsselwörter" wie „raison" oder „ésprit". Weitergehende – zum Beispiel bedeutungsgeschichtliche – Analysen führen dann zur Verifizierung, Differenzierung oder auch Falsifizierung derartiger Merkmalshypothesen.

Methodisch ist mit einem solchen Wechselspiel zwischen hypothesengeleitetem Suchen nach übergreifenden Stilmerkmalen einerseits und deren Überprüfung an Einzelfällen andererseits zumindest erreicht, dass im Allgemeinen das Individuelle sichtbar wird und vom Individuellen aus die Perspektive auf das Allgemeine erhalten bleibt. Es handelt sich damit im Gegensatz zu den nur mikroanalytisch oder nur makroanalytisch orientierten Ansätzen um ein sowohl induktives als auch deduktives Verfahren.

Da mit jeder Kategorisierung unvermeidbar Stereotypisierungsgefahren verbunden sind, werden sich natürlich auch Stilbeschreibungen immer dort, wo sie hypothetisch arbeiten, mit der Kritik auseinandersetzen müssen, zu generalisieren. Ein solcher Vorwurf lässt sich auch nur bedingt entkräften. Dies gelingt annäherungsweise unter der Voraussetzung, dass nicht nur die Anzahl der empirischen Belege hoch ist, sondern dass auch Vernetzungen erkennbar werden. Um auf das Beispiel „raison" zurückzukommen: Als Stilmerkmal wird es um so relevanter, je deutlicher herausgearbeitet werden kann, dass es sich leitmotivisch über längere Zeit beispielsweise einerseits als ordnungspolitisches Konzeptmerkmal für die französische Ökonomie identifizieren lässt, dass es andererseits aber auch in anderen Handlungsfeldern eine wichtige alltagsorganisatorische Funktion besitzt.

Genau an dieser Stelle wird ein solches zunächst nur in einem einzelnen Funktionalbereich identifiziertes Stilmerkmal zu einem übergreifenden, auf andere lebensweltliche Bereiche bezogenen Spezifikum. Man kann in diesem Fall zu Recht von einem kulturellen Stilmerkmal sprechen.

Wie wir gesehen haben, sind kulturelle Stilmerkmale gleichzeitig Bestandteile des „kulturellen Wissensvorrates" (Habermas, 1982) oder des „kulturellen Gedächtnisses" (u. a. Assmann, 2000). Sie prägen die Art und Weise der Wahrnehmung der in einem solchen Kontext sozialisierten Ethniemitglieder und reproduzieren sich auf diesem Weg mit entsprechenden Modifikationen als Konstituenten neuer Handlungen. Wie solche Tradierungsprozesse vonstatten gehen, warum bestimmte Stilmerkmale zunehmend mehr Netzwerke an sich binden und damit stärker werden und warum andere Merkmale über eine immer geringere Bindungskraft verfügen, wird man im Einzelfall noch nicht einmal ansatzweise rekonstruieren können. Könnte man es, wäre man in der Lage, das kulturelle Gedächtnis einer Ethnie zu bestimmen, und das wird auch mit den ausgefeiltesten informationstechnologischen Mitteln nicht möglich sein.

Dennoch ist die Frage nach möglichen Ursachen für die Herausbildung beispielsweise starker Stilmerkmale nicht nur legitim, sondern auch notwendig. Sie leitet von der Beschreibung zur Erklärung kultureller Stile und Zusammenhänge über. Hier geht es folglich – um bei unserem Beispiel zu bleiben – nicht mehr um eine Deskription der Erscheinungsweisen des Stilmerkmals „raison" in unterschiedlichen Lebensweltbereichen, sondern um das Warum, um die Frage nach den entsprechenden Entstehungs- und Tradierungszusammenhängen.

Dass sich dabei zum Beispiel die Analysen der aktuellen Wirtschaftsstilforschung an „Schlüsselbegriffen" orientieren (Ammon, 1994; Kaufhold, 1996), ist nur folgerichtig, wenn man bedenkt, dass einzelne Stilmerkmale und damit auch kulturelle Stile in ihrer

Gesamtheit nicht anders als auf kommunikativem Weg geäußert werden können. Wie Kulturen in gewisser Hinsicht als Kommunikationsprodukte auffassbar sind, so gilt in diesem Zusammenhang auch, dass kulturelle Stile als kommunikative Stile verstanden werden können und auch nur über die Analyse von Kommunikationsprodukten (in weitester Bedeutung) erschließbar sind. Der Differenzierungsgrad der Makroebene (kultureller/kommunikativer Stil) hängt dementsprechend von der Intensität der Mikroanalysen ab.

Unter der Prämisse, dass sich kulturelle Stile als kommunikative Stile dokumentieren, wäre es für eine systematische Analyse derartiger Spezifika zweifellos interessant, von der Frage auszugehen, wodurch kommunikatives Handeln in einem Kulturraum zu bestimmten Zeiten geprägt worden ist. Wie wir bereits gesehen haben, könnte an dieser Stelle beispielsweise eine Mediengeschichte Aufschluss bieten, die in der Lage wäre zu zeigen, welche Institutionen oder Gruppen wie zum Beispiel Kirche, Politik oder gegenwärtig auch die Medien selbst, prägenden Einfluss darauf genommen haben, was in einer Kultur vorrangig kommuniziert (und damit tradiert) wurde und was weniger, beziehungsweise in welcher Form dies geschah.

Eine solche Systematik existiert im Zusammenhang mit der Analyse kultureller Stile noch nicht. Langfristig scheint dies aber einen durchaus vielversprechenden Ansatz darzustellen, da auf diese Weise Stilanalysen integrierbar sind, die bislang eher punktuell und unverbunden in Bezug auf die unterschiedlichsten Teilbereiche kultureller Handlungsfelder erarbeitet werden: vom Wirtschaftsstil, Wissenschaftsstil, Lernstil, Managementstil über gruppenbezogene Kommunikations- und Interaktionsstile bis hin zu Kunst- und Baustilen.

Dies setzt voraus, dass man über Fächergrenzen hinweg in konzertierter Weise und auf der Grundlage eines vergleichbaren methodischen Zugangs kulturelle Substilforschungen durchführt und deren Ergebnisse untereinander im Sinne einer kulturellen Stilbeschreibung vernetzt.

5 Kulturbedingtheit des Wahrnehmens und Handelns

Zahlreiche Versuche international agierender Unternehmen, Produkte oder auch Produktwerbung weltweit anzugleichen, sind in der Vergangenheit häufig daran gescheitert, dass kulturspezifische Gewohnheiten, Geschmäcker und Wahrnehmungsformen nicht hinreichend berücksichtigt worden sind. Wie wir bereits gesehen haben, sind heute selbst Weltmarken keine Weltmarken im Sinne einer universalen Standardisierung: Eine Marlboro in Polen liegt bezogen auf den Teer- und Nikotingehalt beispielsweise über dem Niveau ihres US-amerikanischen Gegenstücks, ein Weichspülmittel wie Vernel enthält länderspezifisch unterschiedliche Geruchsstoffe, und der Nescafé in Italien ist wesentlich stärker geröstet als der in England.

Probleme der Produktstandardisierung

Derartige Unterschiede bestehen vor allem deshalb, weil sich in den einzelnen Kulturen über Jahrhunderte hinweg sehr unterschiedliche Erfahrungs- und Wahrnehmungswelten herausgebildet haben, die noch heute in der einen Kultur als normal erscheinen lassen, was in einer anderen Kultur vollkommen unakzeptabel wäre.

Ursachen hierfür sind zum Beispiel spezifische klimatische Verhältnisse, besondere Technologien oder auch konzeptionelle Eigenarten von Sprachen. Dies lässt sich gut am Beispiel eines Vergleichs von Kopfschmerzwerbung für Europa einerseits und für arabische Länder andererseits zeigen (Abb. 39): Die in der europäischen Werbung verwendete Bildfolge (der von links nach rechts weisende Weg vom Leiden zur Erleichterung) muss in arabischen Ländern aufgrund der von rechts nach links verlaufenden Schreib- und Leserichtung umgekehrt werden, da man ansonsten der für das Arabische normalen Wahrnehmungsbewegung nicht gerecht würde.

Abb. 39: Wahrnehmung der Bildfolge bei Kopfschmerzmittelwerbung

Viele interkulturelle Missverständnisse und Probleme resultieren daraus, dass man sich der Kulturgebundenheit der eigenen und der Wahrnehmung seines fremdkulturellen Partners nicht hinreichend bewusst ist: Es werden Dinge und Sachverhalte unhinterfragt als normal angesehen, die für die Wahrnehmungsgewohnheiten des anderen keineswegs plausibel sind.
Um derartige Missverständnissituationen grundsätzlich verstehen zu können, ist es zunächst wichtig, mit der Funktionsweise von Wahrnehmungsvorgängen im Allgemeinen vertraut zu sein (5.1). Sind wir dies, können wir einen Schritt weitergehen und fragen, warum Wahrnehmen kulturell geprägt ist (5.2).

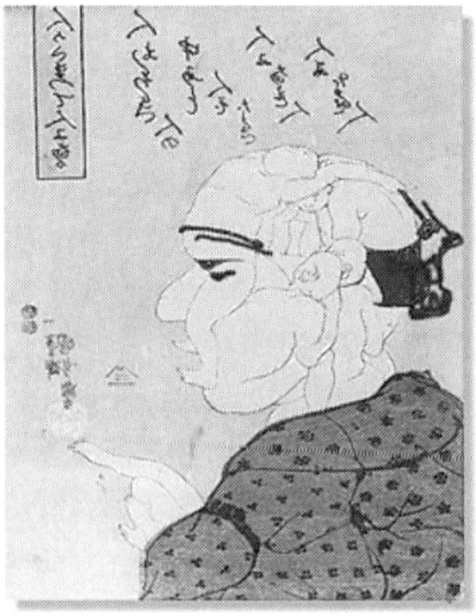

Abb. 40: K. Ichiyusai, Ein Mensch aus Menschen (Rock, 1998, S. 9)

5.1 Keine Perceptas ohne Conceptas: Wie Wahrnehmung funktioniert

Wahrnehmung ist selektiv und subjektiv: Jeder, der schon einmal mit dem Flugzeug in ein anderes Land geflogen ist, hat die Erfahrung gemacht, dass er spätestens nach dem Verlassen des Flughafengebäudes mit einer Vielzahl von visuellen Eindrücken, mit Geräuschen und Gerüchen konfrontiert ist, die ihm unbekannt sind, und die er zunächst auch nicht einordnen kann. Die wenigsten werden Zeit und Muße finden, um – womöglich mit einer großen Menge an Gepäck – in Ruhe alle Eindrücke auf sich wirken zu lassen und zu staunen.
Im Gegenteil: Man wird man zunächst versuchen, Vertrautes und Bekanntes zu entdecken, um eine allgemeine Orientierung zu finden. Dass dabei im Sinne einer Schutzfunktion notgedrungen un-

zählige potentielle Sinneseindrücke herausgefiltert und dementsprechend auch nicht wahrgenommen werden, ist naheliegend. Wäre dem nicht so, würden wir noch nicht einmal in der Lage sein, konzentriert einem Gespräch zu folgen, zielstrebig zu gehen, geschweige denn ein Auto zu lenken. Dieser Filtermechanismus führt aber auch dazu, dass unsere Wahrnehmung subjektiv geprägt ist (Abb. 41).

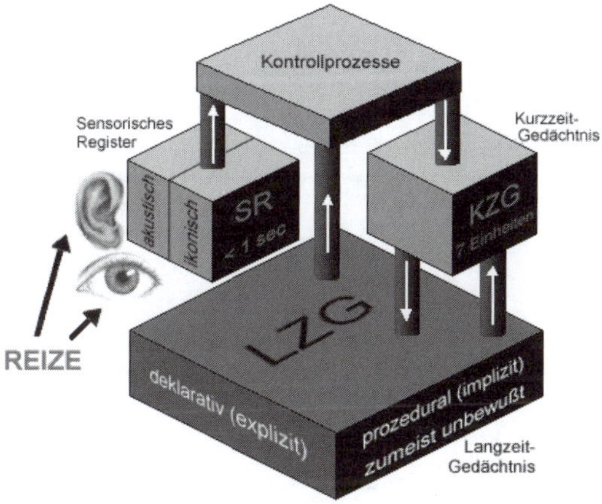

Abb. 41: Gedächtnismodell nach Atkinson und Shiffrin (1968, 1971; http://www.supplement.de/supplement/gedaech/gedh.htm)

sensorisches Register und Eingangskontrolle mittels Filter

Um uns als Neuankömmlinge auf einem Flughafen orientieren zu können, werden wir in einer ganz anderen Weise filtern als der einheimische Taxifahrer, der jeden Tag an der Ankunftshalle auf seine Gäste wartet. Viele potentielle Sinneseindrücke sind uns sogar überhaupt nicht erschließbar, wenn wir etwa an die Tonfrequenz von Insektenschutzgeräten oder an Gerüche denken, die nur Fische, nicht aber Menschen wahrnehmen können.
Mit anderen Worten: Eine objektive Realität existiert nicht – Realität ist immer das, was wir als solche aus unseren Sinneseindrücken individuell rekonstruieren. Und das bildet gleichzeitig eine der entscheidenden Grundlagen dafür, dass zwischenmenschliche Interaktion zu einem nicht unerheblichen Teil von Missverständnissen geprägt ist.

Wahrnehmung ist kein passiver Vorgang: Gerade die Tatsache, dass wir aus der unendlichen Anzahl möglicher Sinneseindrücke individuell sehr unterschiedliche Filterungen vornehmen, zeigt,

dass es sich bei Wahrnehmungsprozessen nicht, wie man annehmen könnte, um passive Vorgänge handelt.
Wie das Bildexperiment der Abbildung 42 verdeutlicht, funktioniert Wahrnehmung vielmehr im Sinne eines aktiven Orientierungsprozesses, der von dem Grundsatz geleitet ist: Es soll eine Ordnung sein beziehungsweise Es soll einen Sinn geben.

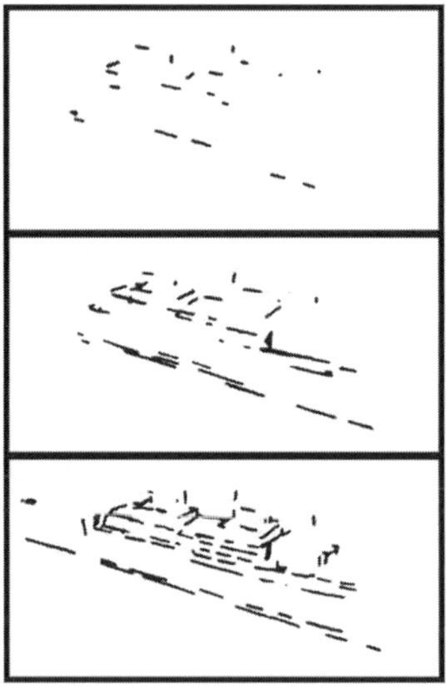

Abb. 42: Wahrnehmung als aktiver Orientierungsprozess

Dass der zugeordnete Sinn unterschiedlich sein kann beziehungsweise vom Erfahrungshintergrund des Betrachters abhängt, ist von der Wahrnehmungspsychologie verschiedentlich nachgewiesen worden. Als klassisches Beispiel ist nebenstehend ein Experiment mit Profilbildern dargestellt (Abb. 43).
Profilbilder werden zunächst einzeln gezeigt und jeweils mit Bestrafungs- oder Belohnungsstimuli verknüpft. In der zusammengesetzten Figur wird zumeist das belohnte Profil als Erstes gesucht.

Abb. 43: Profilbild (Rock, 1998, S. 123)

Noch vielfältiger sind die Möglichkeiten der Bedeutungskonstruktion bei Fantasiefiguren (Abb. 44). Wir konstruieren individuell sehr unterschiedliche Interpretationen, so dass in diesem Beispiel von verschiedenen Personen das gesamte Spektrum der Möglichkeiten von einem fliegenden Fisch über Hufeisenkunst und eine Insel bis hin etwa zu Amöben genannt werden könnte, aber jeder Einzelne von seiner Bedeutungszuweisung überzeugt ist.

Realität ist immer subjektiv

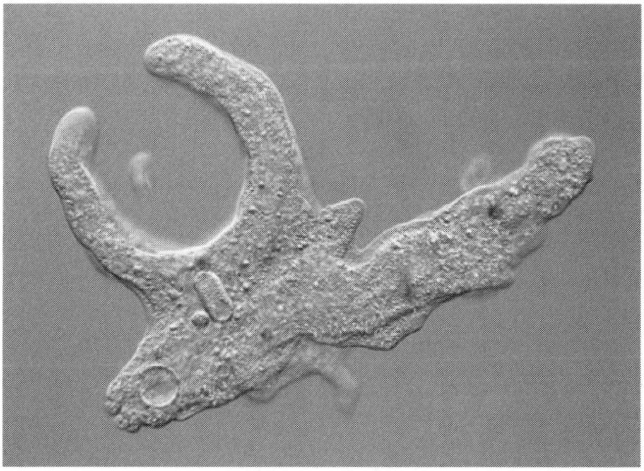

Abb. 44: Fantasiefigur

Was wir wahrnehmen, ist erfahrungsabhängig: Fragt man, warum bei der gezeigten Fantasiefigur der eine zum Beispiel einen Farbfleck, ein anderer aber ein Spiegelei und ein dritter eine Amöbe wahrnimmt, ist die Vermutung naheliegend, dass Bedeutungszuweisungen in Zusammenhang mit eigenen Hobbys, mit Befindlichkeiten wie zum Beispiel Hungergefühlen oder auf der Grundlage bestimmter Wissensvorräte erfolgen. Entscheidend ist, dass man auf entsprechende Erfahrungen zurückgreifen kann: So wird derjenige, der noch nie eine Amöbe gesehen hat, sie in unserem Beispiel auch nicht wahrnehmen.

individuelle Realitätskonstruktion

Der Umkehrschluss, wir nehmen nur wahr, was wir bereits kennen, ist allerdings auch nicht ganz korrekt, weil man nur unzureichend erklären könnte, wie wir überhaupt in den Besitz von Wissen gelangen, wenn es doch jeglicher Erfahrung vorausliegt und den Wahrnehmungsprozess bestimmen soll. Sieht man einmal von der unbewiesenen und auch unbeweisbaren kognitivistischen These vom eingeborenen Wissen ab, bleiben nur zwei Erklärungsmöglichkeiten übrig:

- Im Rahmen unserer Sozialisation erhalten wir im Elternhaus, in der Schule oder auch im Berufsleben explizite Erklärungen in Bezug auf Wahrnehmbares (dies ist eine Amöbe), was dann als Wissen abgespeichert wird und worauf wieder zurückgegriffen werden kann.
- Wir arbeiten – und das ist der Regelfall – nicht mit expliziten Erklärungen, sondern konstruieren einen Sinn, indem wir Analogien bilden und von bereits Bekanntem auf Ähnliches schließen. So wird ein kleines Kind, das den Begriff Zebra nicht kennt, ein entsprechendes Tier als Pferd bezeichnen, wohl wissend, dass ein Unterschied besteht. Diese Differenzerfahrung kann dann durchaus einen Ansporn für die Initiierung eines aktiven Lernprozesses darstellen.

Beide Thesen sind für das Verständnis eigen- und fremdkultureller Verstehensprozesse überaus wichtig und werden uns nachfolgend auch noch mehrfach beschäftigen: Die erstere zeigt, dass die Selektion von Wahrnehmungen und deren Überführung in Wissensvorräte zu einem Teil zumindest durch die Kontexte, in denen wir sozialisiert sind, gesteuert werden.
Unsere Wahrnehmungen wie auch unser Wissen sind in diesem Sinne kulturspezifisch, weil sie sich naheliegender Weise auf diejenigen Erfahrungen beziehen, die für eine bestimmte Lebenswelt von primärer Bedeutung sind. Aus diesem Grunde verfügen zum Beispiel Eskimos in ihren Sprachen über mehr und differenziertere Benennungen für Schnee als dies in arabischen Sprachen der Fall ist.
Für die Erklärung von interkulturellem Handeln ist insbesondere die zweite These von Bedeutung, weil sie zeigt, wie wir im Rahmen unseres Wahrnehmens quasi notgedrungen immer wieder Stereotype und Vorurteile produzieren. Denn ähnlich wie bei dem Zebra-Beispiel werden wir insbesondere in einer fremdkulturellen Umgebung eine Reihe von Eindrücken erhalten, zu denen in unserem Wissensvorrat keine Entsprechung existiert.
Weil aber dennoch der Grundsatz gilt: Es soll eine Ordnung sein beziehungsweise es soll einen Sinn geben, werden wir versuchen, diese Eindrücke bereits vorhandenem Wissen und vorhandenen Begriffen zuzuordnen. Ein scheinbar alltägliches Beispiel aus dem Anzeigenteil einer Zeitung mag dies verdeutlichen: Um welche Textsorten handelt es sich in den Abbildungen 45 und 46? Ein deutscher Betrachter wird die Textsorte 1 mit großer Wahrscheinlichkeit ohne Zögern als Todesanzeige klassifizieren, während Textsorte 2 schon eher Anlass zu Überlegungen bieten mag. Denkbar wäre eine Zuordnung zur Textsorte Amtsanzeiger oder Personalia.

Der Betrachter wird zunächst zwischen verschiedenen Wahlmöglichkeiten schwanken und dann eine halbherzige Zuordnung beziehungsweise Inferenzbildung vornehmen, weil es ja eine Lösung geben muss. Hinter dieser Kategorisierungspraxis steckt mehr als nur unser Orientierungsgrundsatz. Es zeigt sich vielmehr, dass unsere Wahrnehmungsaktivität darin besteht, dass wir jede Erfahrung bereits mit einer Erwartung begleiten.

Abb. 45: Textsorte 1

Offenkundig ist in diesem Zusammenhang, dass wahrgenommene Daten Erfahrungs- und Begriffssystemen zugeordnet werden, die in vollkommen anderen Zusammenhängen entstanden sind. Auf diese Weise werden eingehende Erfahrungen interpretativ so manipuliert, dass sie irgendwie dem eigenen Denksystem angepasst werden.
Die Suche nach richtigen Lösungen vollzieht sich im Prozess eines wechselweisen Abgleichs von Erfahrungs- und Erwartungsdaten. Dass die vermuteten Lösungen faktisch nicht von einem auf den anderen Kontext übertragbar sind, aber dennoch für richtige Lösungen gehalten werden, begründet die meisten interkulturellen Missverständnisse.

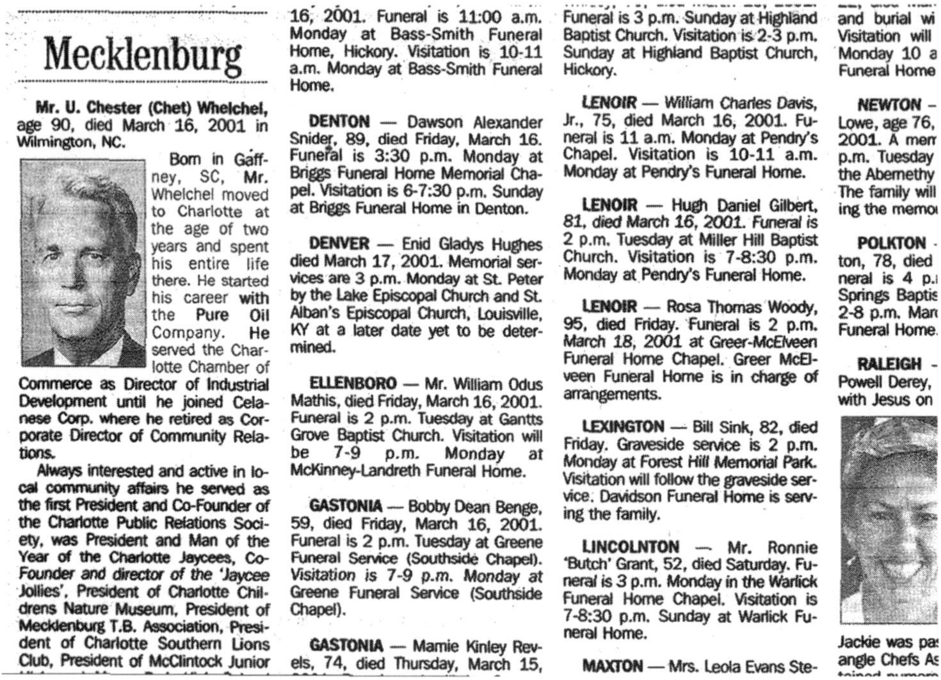

Mecklenburg

Mr. U. Chester (Chet) Whelchel, age 90, died March 16, 2001 in Wilmington, NC.

Born in Gaffney, SC, Mr. Whelchel moved to Charlotte at the age of two years and spent his entire life there. He started his career with the Pure Oil Company. He served the Charlotte Chamber of Commerce as Director of Industrial Development until he joined Celanese Corp. where he retired as Corporate Director of Community Relations.

Always interested and active in local community affairs he served as the first President and Co-Founder of the Charlotte Public Relations Society, was President and Man of the Year of the Charlotte Jaycees, Co-Founder and director of the 'Jaycee Jollies', President of Charlotte Childrens Nature Museum, President of Mecklenburg T.B. Association, President of Charlotte Southern Lions Club, President of McClintock Junior

16, 2001. Funeral is 11:00 a.m. Monday at Bass-Smith Funeral Home, Hickory. Visitation is 10-11 a.m. Monday at Bass-Smith Funeral Home.

DENTON — Dawson Alexander Snider, 89, died Friday, March 16. Funeral is 3:30 p.m. Monday at Briggs Funeral Home Memorial Chapel. Visitation is 6-7:30 p.m. Sunday at Briggs Funeral Home in Denton.

DENVER — Enid Gladys Hughes died March 17, 2001. Memorial services are 3 p.m. Monday at St. Peter by the Lake Episcopal Church and St. Alban's Episcopal Church, Louisville, KY at a later date yet to be determined.

ELLENBORO — Mr. William Odus Mathis, died Friday, March 16, 2001. Funeral is 2 p.m. Tuesday at Gantts Grove Baptist Church. Visitation will be 7-9 p.m. Monday at McKinney-Landreth Funeral Home.

GASTONIA — Bobby Dean Benge, 59, died Friday, March 16, 2001. Funeral is 2 p.m. Tuesday at Greene Funeral Service (Southside Chapel). Visitation is 7-9 p.m. Monday at Greene Funeral Service (Southside Chapel).

GASTONIA — Mamie Kinley Revels, 74, died Thursday, March 15,

Funeral is 3 p.m. Sunday at Highland Baptist Church. Visitation is 2-3 p.m. Sunday at Highland Baptist Church, Hickory.

LENOIR — William Charles Davis, Jr., 75, died March 16, 2001. Funeral is 11 a.m. Monday at Pendry's Chapel. Visitation is 10-11 a.m. Monday at Pendry's Funeral Home.

LENOIR — Hugh Daniel Gilbert, 81, died March 16, 2001. Funeral is 2 p.m. Tuesday at Miller Hill Baptist Church. Visitation is 7-8:30 p.m. Monday at Pendry's Funeral Home.

LENOIR — Rosa Thomas Woody, 95, died Friday. Funeral is 2 p.m. March 18, 2001 at Greer-McElveen Funeral Home Chapel. Greer McElveen Funeral Home is in charge of arrangements.

LEXINGTON — Bill Sink, 82, died Friday. Graveside service is 2 p.m. Monday at Forest Hill Memorial Park. Visitation will follow the graveside service. Davidson Funeral Home is serving the family.

LINCOLNTON — Mr. Ronnie 'Butch' Grant, 52, died Saturday. Funeral is 3 p.m. Monday in the Warlick Funeral Home Chapel. Visitation is 7-8:30 p.m. Sunday at Warlick Funeral Home.

MAXTON — Mrs. Leola Evans Ste-

and burial wi Visitation will Monday 10 a Funeral Home

NEWTON - Lowe, age 76, 2001. A mem p.m. Tuesday the Abernethy The family will ing the memo

POLKTON - ton, 78, died neral is 4 p. Springs Baptis 2-8 p.m. Mar Funeral Home.

RALEIGH - Powell Derey, with Jesus on

Jackie was pa: angle Chefs As

Abb. 46: Textsorte 2

So handelt es sich bei den abgebildeten Annoncen um Textsortenbeispiele aus den USA, die anderen Normalitätskriterien unterliegen, als dies in Deutschland der Fall ist: Bei Textsorte 1 handelt es sich um eine Vortragseinladung, während Textsorte 2 das US-amerikanische Format für Todesanzeigen (Iredell Neighbours, 18.3.2001) repräsentiert. Dass die Todesanzeigen unter der Rubrik „Mecklenburg“ (County of North Carolina) abgedruckt sind, mag einen deutschen Leser bei flüchtiger Kenntnisnahme erst recht darin bestätigen, dass es sich um etwas Bekanntes handelt. Die Plausibilität des Wahrgenommenen wird damit gar nicht erst in Frage gestellt, sondern fälschlicherweise vorausgesetzt.

Realitätskonstruktionen realisieren sich als hypothesengeleiteter Suchvorgang

Als Fazit können wir an dieser Stelle festhalten: Wahrnehmung vollzieht sich auf der Grundlage der Dialektik von Erfahrung und Erwartung als hypothesengeleiteter Suchvorgang, in dessen Verlauf Realität nicht im Sinne einer Kamera 1:1 fotografiert, sondern vielmehr konstruiert wird. Eingehende Daten werden mit schon vorhandenen Schemata verglichen und zugeordnet. Diese Zuordnungspraxis sorgt zwar einerseits für eine ständige Verfeinerung der Schemata, mit denen Wahrnehmungen kategorisiert werden, andererseits bleibt sie aber immer interpretatorisch und damit subjektiv. Weil die grundsätzlichen Forderungen nach Normalität, Plausibilität und Geordnetheit der Eindrücke unsere Wahrnehmungsprozesse permanent begleiten, werden notgedrungen ungenaue oder ungerechte Kategorisierungen vorgenommen. Im Vorgriff wird bereits hier transparent, warum ein Bemühen um Vermeidung von Stereotypen und Vorurteilen letztlich chancenlos bleiben muss.

Inferenzbildung: Andocken an vermeintlich passende Erfahrungen

5.2 Keine Conceptas ohne Perceptas: Warum wir auf eine ganz bestimmte Art und Weise wahrnehmen

Bislang haben wir uns eher mit der Oberflächenstruktur von Wahrnehmungen befasst. Dabei haben wir gesehen, dass unsere Wahrnehmungen nicht objektiv sind, sondern interpretatorisch durch Schemata geleitet werden, die sich im permanenten Wechselspiel von Erfahrung und Erwartung in unserem Gehirn herausgebildet haben.

Man nimmt an, dass sich diese neuronalen Schemata im Laufe eines Lebens a) einschleifen und b) zu mehr oder minder stark verzweigten (neuronalen) Netzwerken herausbilden. Ersteres geschieht aufgrund von immer wiederkehrenden Erfahrungen, während letzteres mit der Erfahrungsvielfalt zusammenhängt, der wir uns aussetzen.

Dies hat nicht zuletzt einen großen Einfluss auf den Grad unserer Flexibilität und Toleranzfähigkeit: Je vielfältiger unsere Erfahrungen sind, desto weniger verhärtet (und damit flexibler) sind die Schemata, mit denen wir agieren. Machen wir hingegen nur wenige (und immer gleiche) Erfahrungen, verhärten sich die Schemata, mit denen wir Wirklichkeiten interpretieren. Unsere Interpretationsmöglichkeiten sind dann geringer, so dass wir dazu neigen, Unbekanntes entweder gar nicht zu tolerieren oder es stereotyp beziehungsweise falsch einzuordnen.

Schemaflexibilität als Bedingung interkultureller Kompetenz

Nehmen wir als Beispiel noch einmal das Konzept für ein Begrüßungsritual: Wer diesbezüglich – beruflich wie privat – ausschließlich das Schema Hände schütteln, Guten-Tag-Äußern kennen gelernt hat, wird andere Begrüßungsrituale viel schwerer einordnen, verstehen oder gar akzeptieren können als jemand, der eine Reihe unterschiedlicher Begrüßungsrituale erfahren hat und demzufolge in der Lage ist, ein sehr differenziertes Schemaset aufzurufen.

Interkulturelle Kompetenz hängt folglich auch mit der Vielfalt der eigenen Fremdheitserfahrungen zusammen: Wer häufig und in sehr unterschiedlichen Kontexten Fremdheitserfahrungen sammeln konnte, wird in interkulturellen Situationen erheblich flexibler reagieren (können) als jemand, der über derartige Erfahrungen nicht oder nur in geringem Umfang verfügt. In einem solchen Erfahrungsmangel liegt nicht zuletzt auch eine wesentliche Ursache für Intoleranz und Fremdenfeindlichkeit.
In Hinblick auf die spezifische Formung der Schemata wird man also davon ausgehen können, dass sowohl das episodische als auch das semantische Gedächtnis hieran beteiligt sind (Abb. 47). Ersteres ist stärker durch individuelles Erleben, letzteres durch (kollektiv) vermitteltes Wissen geprägt.

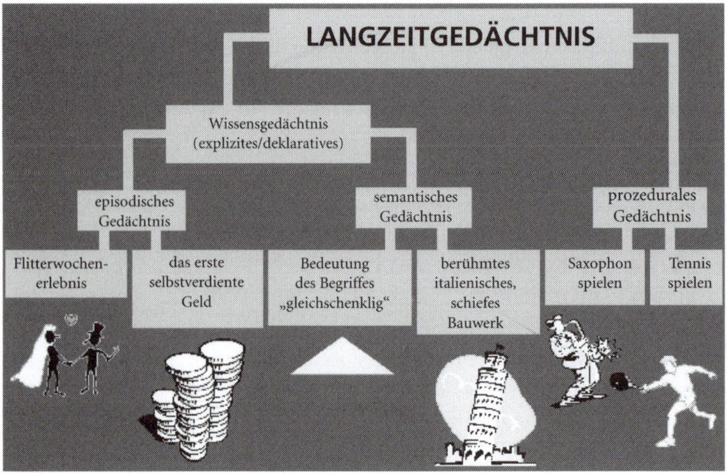

Abb. 47: Formen des Gedächtnisses (http://www.supplement.de/supplement/gedaech/gedh.htm)

episodisches und semantisches Gedächtnis

Was hier deutlich wird, ist vor allem die Tatsache, dass bei aller sozialisationsbedingten Eingebundenheit in bestimmte kulturelle Kontexte (und, wie wir gesehen haben, entsprechende kollektive Wissenstradierungen) zahllose individuelle Spielräume der Schemakonstituierung bestehen, welche generalisierende Aussagen über zum Beispiel die Deutschen als sehr problematisch entlarven.
Dennoch ist es unbestreitbar, dass kollektive Wissenserfahrungen etwa im Bereich der schulischen Erziehung, im Rahmen der Zugehörigkeit zu einem Unternehmen oder auch durch die kommunikative Selbstverständigung bestimmter Berufsgruppen bestehen.

Dementsprechend existieren natürlich auch gruppenspezifisch (und in diesem Sinne kulturell) geteilte Erfahrungen und Erwartungen, die zu lebenswelt- oder kulturspezifischem Handeln und Wahrnehmen führen.

6 Images und Stereotype

Der angemessene Umgang mit Fremdem und Fremdheit oder besser: mit Unvertrautem zählt zu den wichtigsten Aspekten, wenn es darum geht, interkulturelle Kompetenz unter Beweis zu stellen. Wie wir bereits gesehen haben, ist das Fremde allerdings nie an sich, sondern immer nur in Bezug auf uns selbst fremd: Von daher sind wir zumindest mittelbar selbst Bestandteil des für uns Fremden beziehungsweise Unvertrauten.

Interdependenz von Fremdem und Eigenem

6.1 Alles ist relativ: Fremdbilder als Spiegel des Selbstverständnisses

Dass uns das Fernstehende, Fremde überhaupt nichts sagt, dass wir keinerlei Beziehung dazu entwickeln, stellt eher eine Ausnahme als die Regel dar. Ein Beispiel hierfür wäre allenfalls der logisch-mathematische Fremdheitsbegriff: Fremd sind hier zwei Klassen oder Mengen, deren Durchschnitt leer ist, die also keinerlei Berührungspunkte besitzen.

Nahezu alle anderen Verwendungszusammenhänge des Fremdheitsbegriffs beinhalten allerdings jenes Bezugsverhältnis, das schon in der erwähnten Bedeutungserklärung – fremd von (etwas anderem) – mitgedacht ist. Während dieses Bezugsverhältnis beispielsweise in der Philosophie mit den Eckpunkten von „ego“ (ich) und „alter“ (der/die/das Andere) noch eher abstrakt und neutral gedacht wird, ist dies in anderen wissenschaftlichen Bereichen nicht der Fall. In der Soziologie erscheint der Fremde in der Regel negativ als Randseiter, in kultur- und religionsgeschichtlichen Darstellungen häufig als das Unheimliche und in der Theologie gar als Sünder. Mit anderen Worten: Der Fremdheitsbegriff scheint relativ und damit subjektiv definiert zu sein.

Fremdheitsbegriff ist relativ und damit subjektiv

Dies gilt auch, wenn man das *fern von* in seiner engen geographischen Bedeutung versteht. So sind zahlreiche Untersuchungen mit

Managern durchgeführt worden, in denen die Entfernung zu bestimmten Städten der Welt angegeben werden musste. Das Ergebnis war verblüffend: Städte, die aus eigener Erfahrung oder aus Sekundärerfahrungen (Medien, Kollegen etc.) bekannt waren, wurden kilometerbezogen viel näher eingeschätzt als eher unbekannte Städte, die dementsprechend erheblich ferner angesiedelt wurden. Das heißt, dass bei Definitionen des Fremden nicht tatsächliche oder objektive Kriterien zur Geltung kommen, sondern dass letztlich unsere Beziehung zu diesem Anderen darüber entscheidet, wie fern oder fremd es für uns ist. Viel folgenreicher noch ist der Umstand, dass wir nicht nur das Andere, sondern auch uns selbst über die Einschätzung dieser Beziehung definieren; ein Sachverhalt, der deutlich in dem von Psychologen und Philosophen häufig verwendeten Gegensatzpaar Ego – Alter Ego zum Ausdruck kommt. Kurz gesagt: Wir definieren uns immer im Verhältnis zu anderen – und umgekehrt. Hierbei handelt es sich in der Regel nicht um einmalige Definitionen: Ob ich mich als mager, dünn, vollschlank oder dick bezeichne, hängt unter anderem auch davon ab, in welchem Bezugsverhältnis ich mich auf diese bestimmte Art und Weise einschätze. Fest steht, dass ein Selbstverständnis nicht möglich wäre, wenn es nicht den Anderen, Fremden gäbe, mit dem ich mich vergleichen könnte. Umgekehrt ist auch mein Verständnis des Fremden in erster Linie davon abhängig, wie ich mich selbst in dieser Beziehung sehe.

Selbst- und Fremdbilder

Man spricht in diesem Zusammenhang von Selbst- und Fremdbildern, die in einem wechselseitigen Zusammenhang stehen und außerhalb dieses Zusammenhangs auch nicht denkbar wären. So können sich Selbsteinschätzungen in Abhängigkeit zu unterschiedlichen Fremdbildern vollkommen verändern. Das lässt sich an einem Beispiel gut vorstellen, wenn man überlegt, wie sich ein nationales Selbstverständnis zum Beispiel in Hinblick auf die weltpolitische Geltung aus deutscher Perspektive einerseits in Bezug auf die USA, andererseits in Bezug auf Mali formuliert.

Metabild: was ich vermute, was ein anderer über mich denkt

Unsere Wahrnehmung von Eigenem und Fremden ist über das direkte Wechselspiel von Selbst- und Fremdverständnis hinaus auch wesentlich dadurch geprägt, was wir annehmen beziehungsweise vermuten, was andere von uns denken und erwarten. Man spricht in diesem Zusammenhang von *Metabildern*. Wenn ich zum Beispiel vermute, dass der Andere von mir erwartet, dass ich in einer bestimmten Kleidung zu einer Veranstaltung gehe, die er auch besucht, so kann diese Vermutung beziehungsweise dieses Metabild für mich durchaus handlungsleitend sein und mich zur Wahl entsprechender Kleidungsstücke motivieren. Hieraus folgt: Wenn wir

Fremdes (und Eigenes) wahrnehmen und verstehen, dann geschieht dies immer auf der Grundlage des wechselseitigen Zusammenhangs von Selbst-, Fremd- und Metabildern (Abb. 48).

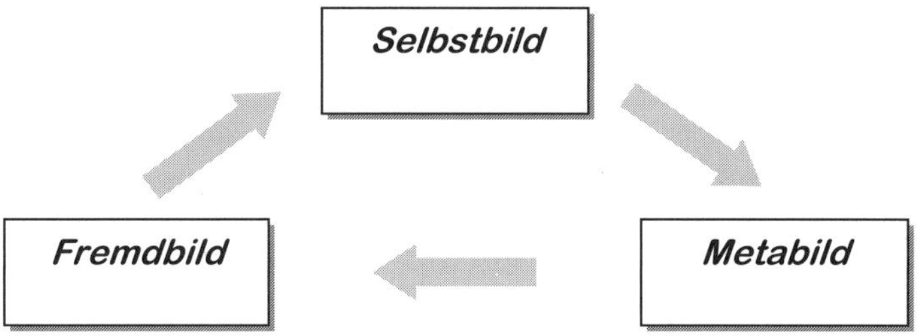

Abb. 48: Das Verhältnis von Selbst-, Fremd- und Metabild

Wie bei Selbstbildern unterscheidet man auch bei Fremdbildern positive und negative Extreme, die sogenannten Freund- beziehungsweise Feindbilder. Beide haben fast immer die Funktion, die eigene Identität zu stärken: Freundbilder in dem Sinne, dass Verbündete das Eigene stärken und bestätigen, Feindbilder dadurch, dass sie Abgrenzungen etwa in dem Sinne von das will ich auf gar keinen Fall oder ich bin das Gegenteil ermöglichen.
Dass es sich auch hierbei um Prozesse handelt, die ständigen Veränderungen unterliegen, lässt sich gut anhand der Fremdbildveränderungen im Zusammenhang mit den politischen Umwälzungen in Osteuropa dokumentieren. So hat mit dem Wegfall des verbindenden Elements eines gemeinsamen Feindes beispielsweise das Fremdbild Europas in den USA seine Qualität als Freundbild verloren; genauso wie Russland nicht mehr als großer Bruder mittelosteuropäischer Staaten und auch nicht mehr als Feind Westeuropas fungiert.

6.2 Über die Unvermeidbarkeit von Stereotypen und Vorurteilen

Dass Stereotypen eine bestimmte Form und Funktion von Wahrnehmungsschemata darstellen, haben wir bereits gesehen, als wir uns mit der Funktionsweise von Wahrnehmungsprozessen beschäftigt haben. Schemata sind demzufolge vorstellbar als Formenklassen oder Typen, denen bestimmte Wahrnehmungen zugeordnet werden, die dann als Subtypen Spezifizierungen des übergeordneten Typs darstellen (Schimpanse in Bezug auf Affe).

Die Definition von fremd im Sinne von einerseits fern von und andererseits vorwärts beinhaltet zum einen, dass etwas genau dann fremd ist, wenn entsprechende Erfahrungen nicht vorliegen. Das heißt, eine Bedingung für Fremdheit besteht in der mangelnden Erfahrungsvielfalt – oder banal gesagt: Was ich nicht kenne, ist mir fremd. Verräterisch für unseren Umgang mit Fremdheit ist allerdings die zweite Bedeutung vorwärts: Sie zeigt an, dass wir stets versucht sind, Fremdes zu erkunden, uns verständlich zu machen, aber auch dazu neigen, es um jeden Preis zu integrieren und es uns in diesem Sinne einzuverleiben. Die idealistische Philosophie in der Tradition Johann Gottlieb Fichtes hat zur Versinnbildlichung ein Fliehkraftmodell verwendet, demzufolge sich das Verhältnis von Ich und Anderem (bei Fichte: „Ich" und „Nicht-Ich") als Wechselbewegung zwischen nach außen gerichteter Zentrifugalkraft und nach innen gerichteter Zentripetalkraft abspielt: Das Fremde („Nicht-Ich") wird durch die Zentrifugalkraft (vorwärts) erfasst und durch die Zentripetalkraft zum Eigenen gezogen, gegebenenfalls auch transformiert und – oft aus Gründen der Homogenitätswahrung – integriert.

Dass diese Form von Integration äußerst kritikwürdig ist, weil sie in der Geschichte der politischen, wirtschaftlichen, gesellschaftlichen und religiösen Entwicklungen durchweg blutige Spuren hinterlassen hat, wird uns später noch genauer beschäftigen.

Kommen wir zunächst noch einmal zum Zusammenhang von Fremdheit und Erfahrungsmangel zurück, der zwangsläufig auch beinhaltet, dass zumindest eine minimale Erfahrungsbasis vorhanden sein muss, um etwas überhaupt als fremd und nicht als nichts zu klassifizieren.

Indem wir vom Fremden per definitionem weder Genaueres wissen noch erwarten, nähern wir uns ihm mit relativ undifferenzierten Rastern, Schemata oder Typen. Die wenigen dominierenden aber immer wiederkehrenden Erfahrungen des Fremden führen quasi zu einer Erstarrung meiner Erwartung, die dementsprechend auch nur auf entsprechende Erfahrungen fixiert ist und diese und keine anderen wahrnimmt.

So wird jemand, der noch nicht in Australien gewesen ist, aufgrund von Medienberichten, Postkarten oder Filmen hinsichtlich seiner Wahrnehmungen und Erwartungen vermutlich in erster Linie auf Kängurus und nicht unbedingt auf Blechdächer ausgerichtet sein. Von daher kann es leicht passieren, dass Australien durch den nach und nach verfestigten (→ griech. „stereos") Schematyp Känguru repräsentiert wird. Dieses Stereotyp ist im Sinne eines verfestigten, fossilierten Images (Bildes) maßgeblich für eigenes Handeln ver-

Stereotyp: fossiliertes Image

antwortlich: Wer nach Australien fährt, glaubt, den Zweck seiner Reise erst dann erfüllt zu haben, wenn er das erste Känguru gesehen hat, und australische Waren werden bei uns erst dann als echt australische akzeptiert, wenn sie in irgendeiner Form mit einem Känguru-Symbol versehen sind.

Wie sich Bilder (Images) beziehungsweise Vorstellungen von etwas Fremdem zu Stereotypen verfestigen, so fossilieren nach genau dem gleichen Mechanismus Einstellungen und Meinungen zu Vorurteilen.

Welche Konsequenzen dies haben kann, lässt sich an einem Beispiel aus der Wirtschaft zeigen: Von Mitte der 1990er Jahre bis 2006 wurde unter den Typenbezeichnungen VW Sharan, Ford Galaxy und Seat Alhambra ein nahezu identischer Minivan produziert und vertrieben. Obwohl sich die Fahrzeuge auch hinsichtlich des Preises kaum unterschieden, wurden vollkommen unterschiedliche Absatzzahlen erzielt. In der Phase der größten Differenz wurden Volkswagen in Deutschland fast doppelt so oft verkauft wie die entsprechenden Ford-Modelle und sogar fast um das Neunfache mehr als der Seat Alhambra (Tab. 17).

Tab. 17: Zulassungszahlen in Deutschland von VW Sharan, Ford Galaxy und Seat Alhambra laut Angaben des Kfz-Bundesamtes in Flensburg

	VW Sharan	*Ford Galaxy*	*Seat Alhambra*
1997	29.913	16.733	3.436
2003	22.171	13.968	7.055

Da die Absatzzahlen in anderen europäischen Ländern wieder ganz anders aussehen – so spielt der VW Sharan in Großbritannien gegenüber dem dort als britisch angesehenen Ford eher eine untergeordnete Rolle – liegt die Vermutung nahe, dass Vorurteile über die Herkunft des jeweiligen Autos einen nicht unwesentlichen Einfluss auf die Kaufentscheidung nehmen. Aus deutscher Sicht gilt dabei immer noch die Überzeugung von deutscher Wertarbeit, während der Seat-Sitz Spanien als Produktionsort nicht unbedingt mit Zuverlässigkeit assoziiert wird. Dass derartige Vorurteile auch durch Fakten nur schwer veränderbar sind, belegt die tatsächliche Produktionssituation. Was die meisten Käufer nämlich nicht wissen: Alle drei Fahrzeugtypen wurden im Werk *Auto Europa* in Portugal hergestellt, in der Endphase der Kooperation der Ford Galaxy sogar in Lohnarbeit von VW.

Ob die spärlichen Erfahrungen, auf denen Stereotype und Vorurteile basieren, nun positiven oder negativen Inhalts sein mögen: Allgemein werden sie mit großer Skepsis beziehungsweise Ablehnung betrachtet. So zutreffend dies einerseits ist, weil sie aufgrund ihrer groben Rasterung immer auch Ungerechtigkeit (sowohl zum Positiven als auch zum Negativen hin) beinhalten, so unverzichtbar sind sie andererseits, um überhaupt Orientierungen in Bezug auf Fremdes geben zu können.
Von daher wird niemand sich davon freisprechen können, mit Stereotypen und Vorurteilen zu arbeiten. Sie sind sozusagen der erste Schritt vorwärts zum Fernen, Fremden. Gleichzeitig bilden sie aber auch nur ein Skelett, das angereichert werden will mit einer Fülle differenzierender Erfahrungen. Und wenn man sich bewusst ist, dass Stereotype nur einen vorläufigen, zur Orientierung dienenden Behelf darstellen, sind sie auch nicht negativ, sondern als erster Schritt zum Positiven zu bewerten. In der Praxis sind Vorurteile und Stereotype nur schwer voneinander abgrenzbar. Deshalb wird nachfolgend auf eine trennscharfe Differenzierung verzichtet.

6.3 Was Stereotype und Vorurteile über diejenigen verraten, die sie äußern

Wie wir bislang unter eher formalen Aspekten gesehen haben, stellen Stereotype und Vorurteile eine Reduktion von Wahrnehmungen auf sehr häufig und in immer gleicher Weise aktivierte Schemata dar. Erfahrungen in Bezug auf Fremdes werden, dem Drang nach Integration folgend, in dasjenige Schema eingeordnet, von dem man glaubt, dass es am besten passt. Anders gesagt: Man erklärt das Fremde immer aus der Perspektive des Eigenen. Da man nur in Schemata einordnen kann, über die man auch verfügt, sagen inhaltliche Bestimmungen von Stereotypen beziehungsweise Vorurteilen notwendiger Weise auch sehr viel über das gedankliche Spektrum beziehungsweise den Wissensvorrat derer aus, die diese Stereotypen und Vorurteile verwenden.

Ziel: neutralere Images durch Dynamisierung und Ausdifferenzierung von Stereotypen

Deutlich wird dies, wenn man sich Fremdbild-Formulierungen der deutschen Presse zur Zeit des Golfkonfliktes 1990/1991 vor Augen führt. Zur Charakterisierung Saddam Husseins wurden damals die Schemata a) „unmenschlicher Politiker der schlimmsten Form“ und b) „aus dem Orient“ verwendet, wobei inhaltliche Verfestigungen von a) auf eigenkulturelle Erfahrungen mit dem Nationalsozialismus und insbesondere mit Hitler und von b) auf die Märchen aus 1001 Nacht verweisen. Wie die Herkunft der Presseartikel zeigt, sind derartige Reduktionen keineswegs nur spezifisch für die Sensationspresse. Sie dokumentieren, wie zu einer bestimmten Zeit vor dem Hintergrund eines spezifischen gesellschaftlichen Selbstverständnisses auf bestimmte Teile des kulturellen Wissensvorrats zurückgegriffen wird, weil diese als bestmögliche Erklärungsform angesehen werden:

a) „Der Hitler von Bagdad überfällt ein wehrloses Volk im Morgengrauen“ (Bild, 3.8.1990); „Irak richtet Konzentrationslager für ausländische Geiseln ein“ (Welt am Sonntag, 29.8.1990).
b) „Hussein hat seinen Krummsäbeldolch an die Halsschlagader der westlichen Industrienationen gesetzt“ (Die Zeit, 31.8.1990); „Ein wildgewordener Teppichflieger aus dem Orient“ (Westdeutsche Allgemeine Zeitung, 25.8.1990).

Dass aus der Perspektive eines anderen kulturellen Wissensvorrats Stereotype unterschiedlich kontextualisiert werden können und insofern auch unterschiedliche Bedeutungen aufweisen, verdeutlicht eine in Taiwan veröffentlichte Werbeanzeige für Honda-PKWs (Abb. 49). Unter der Überschrift „Auch Sie könnten ein Hitler sein! Damals wurden viele Juden von Hitler mit Giftgas ermordet. Heute könnte das Auspuffrohr Ihres Autos ebenfalls eine Gaswaffe sein“

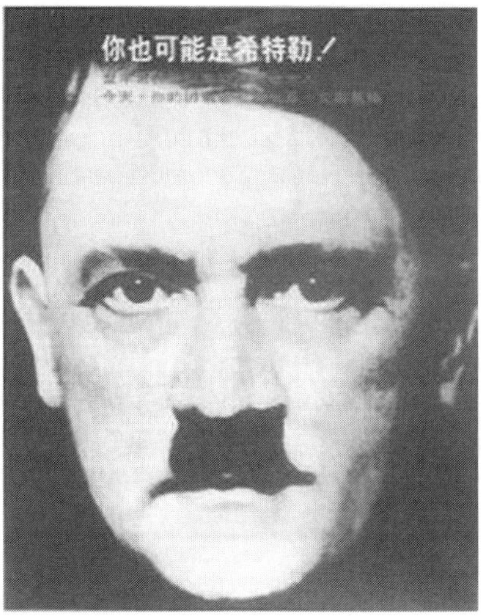

Abb. 49: Taiwanesische Werbeanzeige (Lo, 2005, S. 159)

wird hier in einer Form für die Umweltfreundlichkeit von Honda-Fahrzeugen geworben, die in Europa so sicherlich nicht akzeptabel wäre, weil die mit der Person Hitler verknüpften Wissensvorräte in einer Weise präsent sind, die in der Regel Tabuisierung, Scham und Betroffenheit resultieren lässt. Eine Vermarktung als Werbefigur wäre dementsprechend absurd.
In ganz anderem Zusammenhang, aber dennoch erkenntnistheoretisch vergleichbar, lässt sich der 2006 von einer dänischen Zeitschrift ausgelöste Karikaturenstreit verstehen.
Zusammengefasst können wir hieraus folgern, dass Stereotype den Umgang mit Fremden einerseits erleichtern und in gewisser Weise auch erst ermöglichen, indem sie Orientierungsfunktionen bieten. Andererseits sind sie inhaltlich auch immer ein Spiegel der Erfahrungen und des Wissensvorrates derjenigen, die sie äußern. Wie insbesondere das taiwanesische Werbebeispiel zeigt, muss interkulturelle Kompetenz folglich nicht nur beinhalten, dass man sich im Sinne einer permanenten (inter)kulturellen Lernbereitschaft um die fortschreitende Differenzierung seiner eigenen Schemata beziehungsweise Stereotype bemüht. Ebenso wichtig ist es, die Zusammenhänge zu verstehen, in denen in anderen Kulturen beispielsweise Stereotype als Fremdstereotype in Bezug auf die eigene Kultur gebildet werden. Das hat sehr viel mit dem Bestreben zu tun, den Anderen zumindest bis zu gewissen Grenzen in seinem Anderssein zu verstehen. Dieses Verstehen bedeutet nicht unbedingt, die Denk- und Verhaltensweisen des anderen zu akzeptieren. Zu akzeptieren ist zunächst vor allem das Anderssein als solches.

6.4 Hypothesen zu künftigen Entwicklungstendenzen bei der Verwendung von Nationalstereotypen

Die aktuellen Globalisierungsprozesse begünstigen aufgrund zunehmender Mobilität und der auch medientechnologisch bedingten Reduktion internationaler Distanzen zweifellos die Möglichkeit rascher und vielfältiger Fremderfahrung. Bezogen auf unsere Erfahrungs-Erwartungs-Dialektik, aber auch in Hinblick auf Gordon Allports nicht unumstrittene „Kontakthypothese“ von 1954 – Allport postulierte, dass der Kontakt zwischen verschiedenen sozialen Gruppen um Beispiel unterschiedlicher kultureller Herkunft unter bestimmten Bedingungen zu verbesserten Intergruppenbeziehungen führt; Untersuchungen von Pettigrew und Tropp (2000) bestätigen, dass Intergruppenkontakt eine effektive Strategie zur Reduzierung von Vorurteilen und Konflikten zwischen Gruppen darstel-

len kann – wirft dies gerade in Bezug auf die künftige Entwicklung von Nationalstereotypen zahlreiche Fragen auf: Wird die gegenwärtig stark zunehmende Zahl transnationaler Kooperationen zu einem sukzessiven Abbau nationaler Stereotype führen? Oder provozieren schnelle Pluralisierungsentwicklungen und Globalisierungsdynamiken gerade ein Orientierungsbedürfnis, das eine verstärkte Stereotypenverwendung eher begünstigt als verhindert? Befinden wir uns überhaupt auf dem Weg in eine „Zweite Moderne" im Beck'schen Sinne, oder sind wir nicht zuletzt auch aufgrund der letztlich ebenfalls an fossilierten Schemata orientierten Rekonstruktionsleistung unseres „kulturellen" oder „sozialen" Gedächtnisses (Assmann, 1994) noch auf sehr lange Sicht an Denkstrukturen der „Ersten Moderne" gebunden?
Antworten auf diese Fragen werden sicherlich nicht in eindeutiger und allgemeingültiger Weise gegeben werden können. Zu erwarten sind vielmehr regional- und länderspezifisch unterschiedliche Entwicklungen, wie sie sich derzeit bezogen auf Westeuropa etwa in den Befragungsergebnissen britischer und französischer Studierender dokumentieren. So bewirken beispielsweise bei den Befragten in Großbritannien „Sozialisationsagenten" (Süßmuth, 1996, S. 24) wie das Fernsehen oder in besonderer Weise der Geschichtsunterricht offenkundig eine Stereotypenbündelung, die aufgrund der vergleichsweise nicht unbedingt geringen primären Deutschlanderfahrungen der Studierenden nicht zu erwarten gewesen wäre.

Stereotypenresistenz versus Stereotypenstreuung

Hieraus lässt sich die Vermutung ableiten, dass die Stereotypenresistenz in diesen Fällen auch größer sein wird als in beispielsweise in Ländern wie Taiwan, in denen trotz eines geringeren Anteils an Primärkontakten eine erheblich größere Stereotypenstreuung vorliegt. Die vor dem Hintergrund der aktuellen Globalisierung zu erwartende Mobilitätszunahme wird in Fällen, wo mit einer größeren Stereotypenstreuung auch vielschichtigere Erwartungshaltungen geprägt wurden, zu relativ vielschichtigen Erfahrungen und damit zu einer weiteren Pluralisierung der Deutschlandbilder führen.
Umkehrt wirken kann die Erwartungs-Erfahrungs-Dialektik dort, wo Stereotypenbündelungen entsprechend verengte Erwartungshaltungen generieren und Deutschlandaufenthalte nur über den Filter einer ausgeprägt selektiven Wahrnehmung erfahren werden (Stiersdorfer, 2003, S. 13). Primärerfahrungen werden in diesen Fällen in nicht unerheblichem Maß durch die Suche nach Konkretisationen der stereotypengeprägten Erwartungen beeinflusst: Man findet im Zweifelsfall bei seinem Deutschlandaufenthalt das bestätigt, was man erwartungsgeleitet sucht. Interessant wäre es sicherlich auch zu untersuchen, inwieweit die Tourismusindustrie –

gleichzeitig Produkt und Mitinitiator der Globalisierung – derartigen stereotypenfestigenden Entwicklungen dadurch Vorschub leistet, dass sie häufig zu Leitthemen von Besuchsprogrammen, Reiseführern oder auch des Ländermarketings erklärt, was ohnehin in der Gruppe besonders resistenter Nationalstereotype zu finden ist. Sie koppelt ihren (wirtschaftlichen) Erfolg damit an das, was sie vom Standpunkt einer verantwortungsvollen, diversifizierenden Sichtweise aus eigentlich vermeiden müsste.

Ob es künftig zu einer schrittweisen Auflösung von Nationalstereotypen kommen kann, wird dementsprechend unter anderem auch von Entwicklungen des Tourismusmarketing abhängen. Aus interkultureller Perspektive sind positive Tendenzen freilich erst zu erwarten, wenn mit diversifizierenden Programmen ein größerer wirtschaftlicher Erfolg erzielt werden kann als mit stereotypenorientierten. Dies ist letztlich abhängig von künftigen Entwicklungen in der Bildungssozialisation der Zielgruppen: Es setzt ein Denken voraus, das nicht mehr in erster Linie nationalen Schließungs- und Abgrenzungsbedürfnissen folgt beziehungsweise den Zwängen der Entweder-oder-Strukturierung der Ersten Moderne verpflichtet ist.

Die Verantwortung von Kulturmittlern, seien es Sprach- und Geschichtslehrer, Autoren landeskundlicher Informations- und Lehrmaterialien oder auch Medienschaffende, ist in diesem Prozess offenkundig. Sie selbst müssen sich freilich dazu freilich permanent bewusst machen, dass der Weg in die Zweite Moderne nicht mit Werkzeugen der Ersten Moderne geebnet werden kann; dass sich Kulturen nicht über generalisierende Dos und Don'ts, sondern nur über spezifizierende und diversifizierende Analysen kleiner Lebenswelten in komplexerer Form verständlich machen lassen.

Auf ein Manko der gegenwärtigen Kulturmittler-Generation sind wir bereits an anderer Stelle aufmerksam geworden: Sie ist überwiegend selbst Produkt jener Ersten Moderne, zu deren Überwindung sie beitragen soll.

Ebenso wie Mobilität und direkter Kontakt nicht zwangsläufig zu einer Aufweichung nationaler Stereotype führen, bewirkt auch die mit dem Globalisierungsprozess verwobene Mediendurchdringung via Satelliten-, Kabel- oder Internettechnologie nicht unbedingt eine Gewähr dafür, dass die zunehmende Quantität des Medienangebots notwendigerweise in jedem Bereich zu einer Pluralisierung der Medieninhalte führt. Unter anderem aufgrund der globalisierungstypischen wirtschaftlichen Verflechtungen der Medienkonzerne entstehen heute Content-Homogenisierungen, die – wie derzeit in Bezug auf Darstellungen des Islam – in erheblich stärkerem Aus-

maß stereotypenbildend sein können, als in den Fällen, in denen Radio und TV noch primär als politische öffentliche Sphäre des Nationalstaates und als Mittelpunkt der nationalen Identifikation fungier(t)en (Morley u. Robins, 2002, S. 533). Unter diesem Gesichtspunkt ist gerade in Bezug auf die Medienentwicklung eine im Sinne Robertsons dezidiert glokalisierende Wirkung dergestalt zu erwarten, dass dadurch (durchaus unter dem Primat nationalstaatlicher Bindungen) die Ausbildung einer „mehrschichtigen Identität“ (Seebauer, 2005, S. 17) forciert wird.
Das Switchen zwischen nationalstaatlich geprägten lokalen Identitätskonstruktionen und solchen, die eher an transnationalen und in diesem Sinne globalen Communities orientiert sind, wird bedarfsweise erfolgen. Dies birgt immerhin den Vorteil, dass die Verwendung von Nationalstereotypen langfristig nur noch „mit Ironie, ohne Unschuld“ (Eco, 1986, S. 78) erfolgt, und dass damit die oftmals auch politisch heikle Ernsthaftigkeit des Entweder-oder-Prinzips einem relativierenden Sowohl-als-auch weichen könnte. Inwieweit es einer solchermaßen kohäsiven Identität gelingt „eine größere Zahl von Loyalitäten als bisher unter einen Hut zu bringen“, ob man tatsächlich „mehr Erwartungen miteinander vereinbar machen, aufeinander abstimmen und erfüllen“ kann (Münch, 1999, S. 477), bleibt abzuwarten. Offenkundig belegen die bisherigen Untersuchungsergebnisse allerdings einmal mehr, dass man schlecht beraten ist, für ein Land weltweit standardisierte PR-Materialien zu entwickeln. Das gilt genauso für den Bildungsbereich wie für die Öffentlichkeitsarbeit etwa des Bundespresseamtes. Eine große und letztlich als ethisch zu klassifizierende Verantwortung von Autoren und anderen Kulturmittlern besteht darin, zielgruppenspezifisch aktiv zum Aufbrechen bestehenden Stereotypenverdichtungen beizutragen.

Zum Nachdenken und Diskutieren

In einer Befragung aus dem Jahr 2005 (Bolten, 2006) (Tab. 18) wurden 747 Studierende in 21 Ländern gebeten, fünf Begriffe zu nennen, die sie assoziieren, wenn sie an den Begriff Deutschland denken. Nachstehend sehen Sie eine Übersicht, die Auskunft über den Anteil der Studierenden unter den Befragten gibt, die bereits in Deutschland waren. Im Vergleich dazu ist aufgeführt, zu welchem Anteil besonders resistente Stereotypen (die zehn insgesamt am häufigsten erwähnten) genannt wurden. Wie interpretieren Sie den Zusammenhang?

Tab. 18: Anteil der Befragten mit Primärerfahrungen in Deutschland (Aufenthalte nach Art und Dauer undifferenziert; Bolten, 2006)

Land	*Anteil der Befragten mit Primärerfahrungen in Deutschland (in %)*	*Anteil der genannten Stereotype unter den Top 10 (%)*
Slowakei	23	48,1
Polen	34	41,1
Japan	59	29,3
Irland	68	31,2
Großbritannien	22	44,4
Dänemark	33	32,5
Indonesien	6,2	50,0
Russland	24	44,4
Finnland	48	21,8
Frankreich	29	41,7

Interkulturelles Handeln

1 Multikulturalität als Interkulturalität? Vom Nebeneinander zum Miteinander

Multikulturalität, Interkulturalität oder in neuerer Zeit auch *Transkulturalität* sind Begriffe, die auch in wissenschaftlichen Zusammenhängen definitorisch nicht immer eindeutig markiert sind. Das erschwert fachliche Positionsbestimmungen und führt häufig zu erheblichen Irritationen und Verzögerungen sowohl bei gesellschaftlichen als auch bei unternehmensbezogenen Integrations- und Synergiebildungsprozessen. Was ist mit den Bezeichnungen gemeint? Wie lassen sie sich in einen definitorisch eindeutigen Zusammenhang stellen?

Multikulturell bezeichnet entsprechend der lateinischen Bedeutung von „multus“: viel, zahlreich zunächst nur den Tatbestand, dass eine Lebenswelt primär dadurch charakterisiert ist, dass sie sich aus Angehörigen mehrerer Kulturen zusammensetzt. Ob und inwieweit zwischen den Angehörigen einer solchen Multikultur Kontakte, Interaktionen stattfinden und auf diese Weise *Interkulturen* erzeugt werden, ist eine andere Sache.

Offenkundig ist jedoch, dass mit Multikulturalität in erster Linie eine soziale Organisationsstruktur bezeichnet wird, während sich Interkulturalität, entsprechend der Bedeutung des lateinischen „inter“: zwischen, auf den Prozess und die Dynamik des Zusammenlebens bezieht. Ist die Interkulturalität oder das Dazwischen innerhalb multikultureller Gruppen relativ schwach ausgeprägt, werden die Gruppenmitglieder nebeneinander existieren. Je stärker die Interkulturalität ausgeprägt ist, desto eher wird es folglich auch ein Miteinander geben können.

Multikulturalität: Organisationsstruktur

Interkulturalität: Interaktionsprozess

Da ein Miteinander einem Nebeneinander fraglos vorzuziehen ist, soll es in diesem Kapitel einerseits darum gehen zu überlegen, wie Wege vom Neben- zum Miteinander geebnet werden können, welche Grenzen es dabei zu beachten gilt, welche Probleme dabei auftreten und wie sie gelöst werden können.

1.1 Multikulturelle Perspektiven – oder: Drei Varianten von Multikulturalität

Innerhalb dieses Spektrums zwischen Nebeneinander und Miteinander können wir drei Varianten von Multikulturalität unterscheiden, die ihrerseits durch ein Mehr oder Minder an Interaktion charakterisiert sind: Je intensiver die Interaktionen zwischen den Angehörigen unterschiedlicher Lebenswelten sind, desto deutlicher ist die organisationale Multikulturalität durch interkulturelle Prozessdynamiken charakterisiert. Bezogen auf die Einschätzung kultureller Vielfalt lässt sich dabei eine Entwicklung feststellen, die vielleicht am treffendsten als Stufenfolge von Ignoranz – Toleranz – Akzeptanz beschrieben werden kann (Abb. 50):

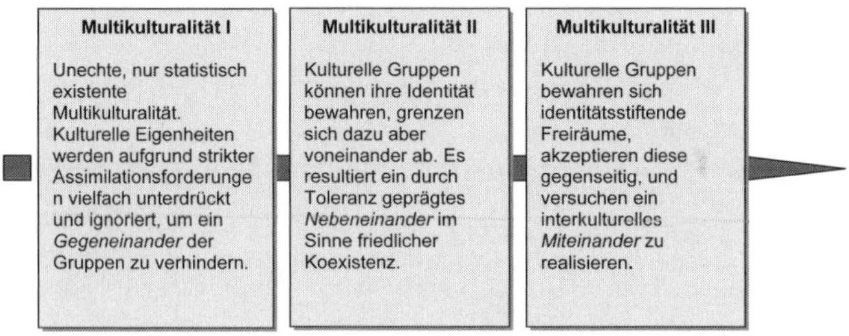

Abb. 50: Multikulturalität

Multikulturalität I intendiert Monokulturalität

Multikulturalität I ist also geprägt durch die deutliche Dominanz einer übergreifenden und im besten Fall gastgebenden Lebenswelt, die ihre in der Regel schwachen Identitätsstrukturen durch strikte Anpassungsforderungen zu wahren sucht. Ihrer Intention nach weist sich Multikulturalität I als Monokulturalität aus. Integration impliziert dementsprechend die vollständige Unterordnung unter das Regelsystem einer *Leitkultur.* Aufgrund der latenten Angst, die eigene Kultur werde durch fremde Einflüsse unterhöhlt, vollzieht sich Handeln im Sinne einer präventiven Gefahrenabwehr. Dies gilt letztlich für jede Lebenswelt, die ihre Identität im Sinne des Beck'schen „Containers“ zu wahren sucht. Politisch lässt sich ein solches Denken in Deutschland vor allem bei den rechtsextremen Parteien nachweisen: „Die derzeit stattfindende Masseneinwanderung stellt eine Aushöhlung und schleichende Änderung unserer Verfassung dar, die weder rechtlich noch demokratisch legitimiert ist. Wir fordern daher die Rückkehr zu dem bis vor kurzer Zeit noch anerkannten Grundsatz, dass Deutschland kein Einwanderungsland ist“ (aus: Positionen zur Ausländer- und Asylpolitik: Auszug aus dem Grundsatzprogramm der REP; http://www.rep.de/index.aspx?ArticleID=6f0f68dc-bbc6-47e0–8e84–3762f8b9ab98; Zugriff: Juni 2006).

Multikulturalität II sichert Koexistenz

Im Kontext von Multikulturalität II wird Integration demgegenüber nicht als Vereinnahmung verstanden. Auch in organisationaler Hinsicht bleiben hier Freiräume bestehen, die gerade in Krisensituationen identitätsstiftende und -stärkende Funktion erfüllen können.
Unter diesem Aspekt sind die in westdeutschen Großstädten zu beobachtenden ethnischen „communities" auch keineswegs nur negativ zu werten. Sie bieten den angesprochenen Freiraum kultureller Selbstverständigung, wobei sie nicht in jedem Fall mit Ghettos verwechselt werden dürfen.
Gerade für die Einwanderer der zweiten und dritten Generation geht es nicht um die Alternativen Abschottung oder vollständige Integration in Bezug auf die deutsche Gesellschaft. Anpassung erfolgt immer als partielle, während auf anderen Gebieten Eigenständigkeit gewahrt wird und die ethnischen „communities" die Möglichkeit bieten, dies auch zu realisieren.
In diesem Sinn ist Multikulturalität II einerseits durch ein (mehr oder minder) gebilligtes Maß an Interaktion zwischen Angehörigen unterschiedlicher Lebenswelten charakterisiert. Andererseits wird aber in einem ebenso breiten Spektrum sehr deutlich die Unterordnung unter die bestehende Leitkultur gefordert. Ziel ist letztlich eine Homogenisierung von Differenzen durch die Förderung friedlicher Koexistenz.

Tab. 19: Ethnische Gruppierungen in den Stadtvierteln New Yorks

Abstammung	*Anzahl*	*bevorzugte Wohnorte in New York*
spanisch	1.150.000	Spanish Harlem
italienisch	653.000	Little Italy, East Harlem
jiddisch	543.000	Brooklyn, Lower East Side
deutsch	264.000	Yorkville, beiderseits der East 86th Street
polnisch	105.000	Manhattan (7th/8th Street östlich der 3rd Ave.)
griechisch	68.000	Borough Queens (Astoria, Flushing, Forest Hill)
chinesisch	62.000	Chinatown
russisch	46.000	Broadway/160th Street
norwegisch	18.000	Brooklyn: Bay Ridge
arabisch	15.000	Brooklyn: Atlantic Avenue
japanisch	10.000	West 57th Street

Ein immer wieder angeführtes Beispiel für ein solches auch räumlich fixiertes Nebeneinander ist New York, wo ganze Stadtviertel wie Spanish Harlem, Chinatown und Little Italy oder aber größere Straßenzüge primär von derartigen ethnischen „communities" bevölkert sind (Tab. 19).

USA → kein melting pot

Kaum ein US-Amerikaner würde vor diesem Hintergrund auf den Gedanken kommen, New York – wie es viele Nicht-Amerikaner es tun – als typisch für die USA zu bezeichnen. New York steht gerade wegen seiner Multikulturalität (II) nicht stellvertretend für die USA. Ebenso wenig korrekt wäre es dementsprechend, von der US-amerikanischen Identität zu sprechen – es geht unter gesellschaftlichem Aspekt immer um American identities. Von daher ist auch die auf die USA bezogene melting-pot-Hypothese sehr umstritten: Eine Verschmelzung der Kulturen hat gerade nicht stattgefunden, wie gegenwärtig beispielsweise das Verhältnis zwischen Hispanics, Asiaten und Afro-Americans in den Südstaaten der USA sehr deutlich vor Augen führt.

In Deutschland dokumentieren zumindest die Grundsatzprogramme der Parteien der Großen Koalition ebenfalls eine Politik der Multikulturalität II. Aus der Sicht der CDU bedeutet dies: „Integration heißt für uns, dass Menschen anderer Herkunft die Erfordernisse des Zusammenlebens, -wohnens und – arbeitens in unserer Gesellschaft erfüllen, und dass der Wunsch, die eigene Identität in Kultur, Sprache und Lebensform zu bewahren, als ein menschliches Grundanliegen geachtet wird" (aus: http://www.cdu.de/partei/15.htm; Zugriff: Juni 2006).

Und bei der SPD: „Kulturelle Vielfalt bereichert uns. Daher wollen wir alles tun, was Verständnis, Achtung und Zusammenarbeit zwischen unterschiedlichen Nationen und Kulturen fördert, Integration und Teilhabe ermöglicht. Doch auch darüber hinaus gilt: Wer hier lebt, der muss sich an die demokratische Ordnung des Grundgesetzes halten und die Sprache des Landes lernen. Beides ist Voraussetzung für das Miteinander von Menschen und Kulturen" (aus: http://www.spd.de/servlet/PB/menu/1588241/index.htm; Zugriff: Juni 2006).

Multikulturalität III: Interkulturalität im Sinne eines wechselseitigen und gleichberechtigten Aushandlungsprozesses

Auch wenn im Grundsatzprogramm der SPD Multikulturalität explizit im Sinne eines Miteinanders verstanden wird, dokumentiert der Textduktus letztlich doch das, was wir als Transmissionsbegriff von Kommunikation kennen gelernt haben.

Zwar besagt auch der Begriff Multikulturalität III nicht, dass das sich das Nebeneinander von Lebenswelten im Sinne einer homogenen Weltkultur oder dergleichen vollständig auflöst. Differenzen werden und müssen bestehen bleiben, aber die einzelnen Lebenswelten überwinden ihre Container-Statik und die damit verbundenen Abschottungstendenzen, indem über die Grenzen der eigenen ethnischen Gruppe hinweg im Sinne des gleichberechtigten und wechselseitigen Gemeinschaftlich-Machens („communicare") auch gemeinsame Handlungsmöglichkeiten realisiert werden. Ein solches Handeln ist per definitionem interkulturell, weil es sich im Zwischenraum der Lebenswelten abspielt.

Multikulturalität existiert dann nicht mehr als Ordnungsprinzip, sondern als Prozess, innerhalb dessen neue Gedanken, Pläne und Handlungen entstehen können, die bei strikter räumlicher Trennung der Lebenswelten nicht denkbar wären.

So weiß man, dass Schüler in gut moderierten multikulturellen Klassen insgesamt kreativer sind und weniger Vorurteile gegenüber Menschen anderer ethnischer Herkunft haben als Kinder aus Klassen mit einem geringen Ausländeranteil. Zu den Bedingungen zählt allerdings, dass die Kinder zu gemeinsamen Aufgaben und Problemlösungen motiviert werden und dass sie merken, dass der häufige interkulturelle Kontakt allen Seiten Vorteile verschafft. Hierzu gehört in erster Linie, dass man im Sinne des „communicare" etwas gemeinschaftlich macht – oder wie es zumindest theoretisch im Grundsatzprogramm der PDS anklingt: „Tatsächlich beschreibt Integration einen Prozess, der von beiden Seiten aus zu leisten ist, von der Aufnahmegesellschaft aus genauso wie von den Einwandernden. Zum Erfolg führt er nur, wenn er auf gegenseitigem Respekt fußt, auf der Anerkennung des anderen als gleichwertig und gleichberechtigt" (aus: http://sozialisten.de/partei/dokumente/programm/index.htm; Zugriff: Juni 2006).

Dennoch: Was mittels interkultureller Erziehung in Schulen bereits ansatzweise gelingt, müsste auch in anderen für die Sozialisation wichtigen Subkulturen praktizierbar sein: In Kindergärten, in Hochschulen und nicht zuletzt am Arbeitsplatz dürfte es erheblich leichter sein, multikulturelle Gruppen zu einem Miteinander zu motivieren, als dies in gesellschaftlichen Makrobereichen der Fall ist. In diesem Sinne von unten, vom gemeinschaftlichen Handeln der Individuen ausgehend, ist es denkbar, dass sich langfristig trotz aller Idealtypik zumindest die Tendenz zu einem Miteinander von Kulturen im Sinne der Multikulturalität III herausbildet. Kein Zweifel besteht zumindest daran, dass angesichts der gegenwärtigen und zu erwartenden weltweiten Migrantenströme Multikulturalität (in welcher Form auch immer) in den kommenden Jahrzehnten ein zentrales Thema darstellen wird.

Zu fragen ist allerdings, mit welchen Mitteln eine Multikulturalität des Miteinander (III) sinnvoll forciert werden kann und was eine solche Entwicklung eher verhindert. Bei dem Versuch einer Beantwortung dieser Frage stößt man zunächst unweigerlich auf das Problem, inwieweit die Zielvorstellungen des Miteinander-Agierens und damit des interkulturellen Handelns auch im Resultat als gemeinsame und undifferenzierte formuliert werden sollen, oder anders gesagt, wie sich das Verhältnis von kultureller Vielfalt und handlungsbezogener Einheit unter Aspekten der „good corporate citizenship", der Interkultur, am produktivsten darstellt.

1.2 Interkulturalität als Aushandlungsprozess

Aufbauend auf sozialen Handlungstheorien wird interkulturell anders als noch in der Tradition kulturvergleichender Forschungen nicht als mehr oder minder statisches Verhältnis von A und B (oder in deren Synthese C) gesehen, sondern als Prozess, in dessen Wechselbeziehung A und B permanente Interaktionsszenarien C generieren. Dies kann als, synergetisches „Drittes" (Casmir, 1992) oder eben als „Interkultur" (Bolten, 1992) bezeichnet werden. Unter Interkultur versteht man dementsprechend kein Vergleichsprodukt, keine Synthese und auch keinen Raum, sondern ein Interaktionsgeschehen, ein Ereignis und in gewisser Weise auch ein Spiel, in dem sich zwischen Mitgliedern unterschiedlicher Kulturen A und B Aushandlungsprozesse vollziehen: Es handelt sich – wie bei Kultur und Kommunikation – um einen Prozessbegriff.

Interkulturalität als Prozessbegriff

Je expliziter und reflektierter das Spiel des Aushandelns eines solchen gemeinsamen dritten Handlungskontextes erfolgt, desto mehr bietet es sich an von interkulturellem kommunikativem Handeln oder von interkultureller Kommunikation zu sprechen. Da Sprache als eine Form des Handelns angesehen werden kann, ist der Übergang zwischen interkulturellem Handeln und interkultureller Kommunikation fließend.

Folglich existieren Interkulturen auch nicht im Sinne einer Substanz, sondern nur in Abhängigkeit ihrer Beteiligten: Sie werden permanent neu erzeugt, und zwar im Sinne eines Dritten, einer Zwischen-Welt C, die weder der Lebenswelt A noch der Lebenswelt B vollkommen entspricht. Weil es sich um ein Handlungsfeld, um einen Prozess handelt, ist eine Interkultur also gerade nicht statisch als Synthese von A und B im Sinne eines 50:50 oder anderswie gewichteten Verhältnisses zu denken. Vielmehr kann in dieser Begegnung im Sinne eines klassischen Lerneffekts eine vollständig neue Qualität, eine Synergie, entstehen, die aus eigener Kraft weder A noch B erzielt hätten.

Auf individueller Ebene lässt sich dies am Beispiel der Unvorhersagbarkeit von Handlungsausgängen demonstrieren: Wenn sich zwei Personen begrüßen, die in ihren Lebenswelten das Ritual des Händeschütteln einerseits überwiegend (A), andererseits aber überhaupt nicht praktizieren (B), lässt sich nicht vorhersagen, wie sich die Begegnung tatsächlich vollziehen beziehungsweise wie sich die Interkultur (C) in diesem bestimmten Moment gestalten wird. Welche Form der Begrüßung man letztlich wählt (Händeschütteln, kein Händeschütteln, Zwischenlösungen oder vollkommen andere Begrüßungsformen), hängt davon ab, welche Möglichkeit die beiden Partner in der konkreten Situation spontan (und keineswegs immer reflektiert) aushandeln. Dieser Aushandlungsprozess wiederum ist durch eine Reihe von Kontextvariablen wie Altersunterschied, Bekanntheitsgrad oder Hierarchiegefälle bestimmt. Er spielt sich in Bruchteilen von Sekunden ab.

Nicht anders funktioniert auf organisationaler Ebene die Herausbildung neuer Unternehmenskulturen etwa im Rahmen internationaler Akquisitionen oder Fusionen: Schlecht beraten wäre, wer von vornherein festlegen wollte, wo genau die neue Unternehmenskultur qua Interkultur liegen soll.

Entscheidend für den Erfolg interkulturellen Handelns ist die Frage, inwieweit es gelingt, gemeinsame Handlungskontexte zu schaffen, ohne dass einer der Interaktionspartner Akzeptanzgrenzen des anderen überschreitet.

Aus interaktionstheoretischer Sicht hat Erving Goffman hierfür mit seiner Beschreibung der „Territorien des Selbst“ eine sehr pointierte Darstellung geliefert. Verkürzt ausgedrückt besagt sie, dass Interaktionen in der Regel so ablaufen, dass das jeweilige Selbstkonzept der Individuen und die damit verbundenen Ansprüche nicht verletzt werden. Die Territorien sind hinsichtlich ihres Umfangs und ihrer Grenzen jedoch situationsabhängig und variabel, wie ein einfaches Beispiel aus dem Bereich des Alltagshandelns zeigt (Goffman, 1974, S. 58 f.):

„Im Kleinen kann man das alles beim Verhalten in einem Fahrstuhl erleben. Für die in einem Fahrstuhl Mitfahrenden ergeben sich zwei Probleme: sich den Raum gleichmäßig zu teilen und eine Position zu beziehen, die leicht zu verteidigen ist – was hier Orientierung zur Tür und zur Mitte hin bedeutet, und zwar möglichst mit dem Rücken an der Wand. Die ersten Personen können eintreten, ohne dass irgendeiner der Anwesenden seinen Platz verändern müsste, aber schon bald veranlasst jeder neu Hinzukommende alle Anwesenden dazu, ihre Position zu verändern und sich neu zu orientieren. Diese Tendenz wird aber abgeschwächt durch den Wunsch, nicht als jemand zu erscheinen, der es als unangenehm empfindet, sich in einer einmal hergestellten Distanz zu jemand anderem zu befinden. In dem Maße, in dem sich der Fahrstuhl leert, stellt sich deshalb ein Gefühl des Unbehagens bei den Mitfahrenden ein, da sie von zwei einander widersprechenden Neigungen erfasst sind – nämlich maximale Entfernung von den anderen einzuhalten und sich gleichzeitig nicht wie jemand zu verhalten, der andere meidet, was Anstoß erregen könnte."

Grundsätzlich kann in Bezug auf Alltagshandlungen unterstellt werden, dass Interaktionspartner das Territorium des anderen wie das eigene zu wahren suchen. Grenzverletzungen treten dann auf, wenn akzeptierte Selbstbehauptungsansprüche sich verändern oder wenn – bewusst oder unbewusst – Selbstbehauptungsansprüche beschnitten werden. Zwar bestehen auch hier Toleranzspielräume, die ihrerseits aber wieder kulturbedingten Regelungsmechanismen unterliegen und damit im interkulturellen Kontakt indexikalisch sind. Man denke an den Kontext einer Entschuldigungshandlung, die beispielweise im Japanischen vollkommen anders bestimmt ist als im Deutschen.

indexikalisch: uneindeutig

Schematisch dargestellt, vollzieht sich interkulturelles Handeln dementsprechend als Spiel fremdkultureller Lebenswelten (Abb. 51), in dem permanent ein Dazwischen qua Interkultur erzeugt wird, für das gänzlich andere Akzeptanzgrenzen, Konventionen und Handlungsroutinen gelten können als für die des kommunikativen Handelns innerhalb der Ausgangskulturen.

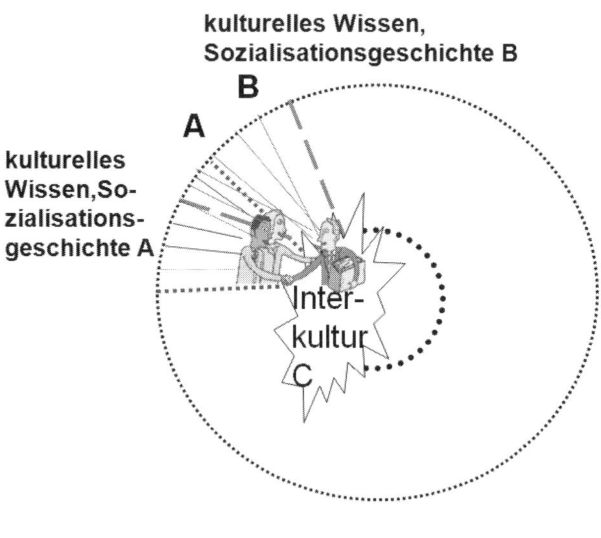

Abb. 51: Interkultur als Interaktionsprozess

Unter welchen konkreten Voraussetzungen sich interkulturelles Handeln ereignet, hängt wesentlich von Sozialisationsgeschichten der Interaktionsbeteiligten ab. Diese sind – durchaus im Sinne von Dülfers Schichtenmodell – geprägt durch die erfahrungsbedingt individuelle Verknüpfung ihrer spezifischen kulturellen Kontextbedingungen (wie z. B. politisch-rechtliche Normen, soziale Beziehungsdefinitionen, Wertesysteme, Formen der Sinnkonstruktion und der Tradierung kollektiver Wissensvorräte, Einfluss natürlicher Umweltgegebenheiten auf Technologie und Realitätserkenntnis).
Wo im interkulturellen Handeln in dieser Weise oberflächenstrukturell scheinbar identische Konstrukte (z. B. englischsprachige Begriffe wie „team") auf tiefenstrukturell unterschiedliche Wissensvorräte bezogen werden, besteht eine deutliche Gefahr der Produktion von Missverständnissen: Man spricht – in Anbindung an eigene kommunikative Systemkonventionen – über scheinbar Gleiches, meint aber Verschiedenes. Umgekehrt gilt freilich genauso, dass tiefenstrukturell unterschiedliche Auslegungen eines Sachverhaltes durchaus produktiv wirken können, wenn sie synergetisch zu etwas Neuem (Dritten) verknüpft werden.

2 Interkulturelle Missverständnisse und Metakommunikation

Wie wir gesehen haben, sind Interkulturen Synergieprodukte, die im Kontext der Interaktion ihrer Beteiligten durchaus eine eigene Normalität, eigene Handlungsschemata und damit auch eigene, spezifisch interkulturelle Wissensvorräte entwickeln können. Diese im Prozess interkulturellen Handelns erzeugten Wissensvorräte werden allerdings im Gegensatz zu den ausgangskulturellen Wissensvorräten den Erfahrungen ihrer Subjekte historisch nie vorgelagert sein können.
Das bedeutet, es konkurrieren bei den Mitgliedern einer solchen Interkultur zwei Handlungsschemata: Eines, das (oberflächenstrukturell) auf die aktuelle interkulturelle Realität des Miteinander bezogen ist sowie eines, das dieser Realität (tiefenstrukturell) vorgelagert und durch den Wissensvorrat der jeweiligen unterschiedlichen Herkunftskulturen determiniert ist.
Insofern spielen die Agenten einer Interkultur stets eine Doppelrolle: Entsprechend dem ursprünglichen BMW-Rover-Motto „Wir

verändern uns gemeinsam" (BMW, 1996) werden sie dabei im Idealfall bemüht sein, Handlungsspielräume nicht nach Maßgabe der jeweils eigenen Kultur zu definieren, sondern so, dass für alle Beteiligten eine größtmögliche Akzeptanz erzielt wird. Je stärker sich die Mitglieder eines internationalen Teams in Bezug auf ihre kulturelle Herkunft unterscheiden, desto bewusster werden sie bemüht sein, gegenseitige Akzeptanzgrenzen zu erkennen und zu wahren. Vertrautheit und Routine werden sich zwar einstellen; sie werden aber zunächst noch von dem Bewusstsein der Differenz der jeweiligen kulturellen Handlungsvoraussetzungen begleitet sein: Jeder Konsens, der ausgehandelt wird, beruht auf dem Bewusstsein, dass ihm tiefenstrukturell ein Dissens zugrunde liegt.

Interessanterweise lehrt die Praxis internationaler Kooperationen – und hier bezeichnet die Zusammenarbeit von BMW und Rover lediglich einen Einzelfall – dass interkulturelle Zusammenarbeit zumindest dann, wenn sie nicht von international unerfahrenen Beteiligten gesteuert wird, keineswegs zu Beginn, sondern eher erst nach einigen Jahren gefährdet ist. Ein wesentlicher Grund hierfür ist darin zu sehen, dass sich in der interkulturellen Beziehung nach und nach Handlungsroutinen etablieren, die das Differenzbewusstsein auf ein Minimum reduzieren und oberflächenstrukturell eine Normalität beziehungsweise einen Konsens suggerieren, der zumindest tiefenstrukturell nicht existiert. Dies kann dazu führen, dass interkulturelle und eigenkulturelle Handlungsschemata reflexiv nicht mehr auseinandergehalten werden, dass interkulturelles Handeln auf der Folie des eigenkulturellen Wissensvorrats gedeutet wird. Gerade weil dies nicht bewusst verläuft, sind Missverständnisse vorprogrammiert, die sich im Rückgriff auf einen gemeinsamen Wissensvorrat auch nicht mehr lösen lassen, weil eine solche gemeinsame Interpretationsbasis aufgrund unterschiedlicher Sozialisationsbedingungen eben nicht oder nur partiell existiert.

Sofern diese Missverständnisse nicht rechtzeitig bemerkt und thematisiert werden, können sie durchaus irreparabel sein. Denn unter Umständen ist den Beteiligten noch nicht einmal bewusst, worin das Missverständnis besteht und zu welchem Zeitpunkt es ursprünglich auftrat. Letztlich entlarvt sich damit die Paradoxie des Konsenses, die darin besteht, dass die häufig mit dem Konsensstreben verbundene bewusste oder unbewusste Ausklammerung von tatsächlich bestehender kultureller Unterschiedlichkeit die Produktion von Missverständnissen und negativer Gegensätzlichkeit gerade fördert. Anders gesagt: Unreflektierter oder erzwungener Konsens begünstigt die Entstehung von Missverständnissen.

Perspektivisch dürfte hier eines der vordringlichsten Arbeitsfelder

der interkulturellen Handlungsforschung zu sehen sein. Während man inzwischen über relativ gesicherte Kenntnisse in Bezug auf die spezifischen Voraussetzungen interkulturellen Handelns verfügt und eine Reihe von Methoden zur Analyse dysfunktionaler interkultureller Handlungen erarbeitet worden sind, weiß man noch deutlich zu wenig über Verfahren der nachhaltigen Sicherung interkultureller Reziprozität in internationalen politischen, ökonomischen und sozialen Netzwerkprozessen.
Wie schwierig es sein kann, in interkulturellen Aushandlungsprozessen auf transnationaler Ebene zum Beispiel Akzeptanz (von Differenz), Verantwortung und Gerechtigkeit zu realisieren, führen aktuelle Diskussionen und Maßnahmen zur Eindämmung von Korruption ebenso vor Augen wie die Versuche der Entwicklung von Richtlinien für eine gemeinsame EU-Politik oder von „Good-Governance"-Konzepten in der internationalen Entwicklungszusammenarbeit. Damit stellt sich folgerichtig die Frage, wie man sich vor diesem anscheinend durchaus verbreiteten unreflektierten Konsenshandeln schützt und dementsprechend die Gefahr interkultureller Missverständnisse wenn nicht ausschließt, so doch zumindest reduziert.
Als erfolgreiche Verhaltensweisen genannt werden in diesem Zusammenhang vor allem *Rollendistanz, Empathie* und *Metakommunikation*:

- Unter Rollendistanz versteht man die Fähigkeit, sich gleichsam selbst auf den Kopf gucken, sich also in seinem eigenen Handeln beobachten zu können. Damit vergegenständlicht man in gewisser Weise natürlich auch den gesamten (interkulturellen) Handlungskontext, was es erleichtert, die Differenz zwischen Eigenem und Fremdem zu reflektieren. Selbstbeobachtung in diesem Sinne ist letztlich auch eine Grundlage für selbstkontrolliertes Handeln, was – um keine Missverständnisse aufkommen zu lassen – keineswegs auf Emotionslosigkeit hinauslaufen soll oder muss.

Rollendistanz bewirkt Selbst-Objektivierung

- Im Gegenteil: Die Distanz gegenüber dem eigenen Handeln und letztlich auch gegenüber dem Situationskontext erleichtert es, auf den anderen einzugehen, zu versuchen die Hintergründe seines Handelns zu verstehen. Man spricht dann von Einfühlungsvermögen oder Empathie. Und so wie die Rollendistanz den Raum für Situationsbeobachtungen öffnet, so bietet Empathie auf der Grundlage dieser Beobachtungen überhaupt erst die Möglichkeit, für den anderen und sein Handeln Verständnis aufzubringen.

Empathie: Einfühlungsvermögen, Fähigkeit, die Perspektive des Handlungspartners einnehmen zu können

– Obwohl Rollendistanz und Empathie wichtige Voraussetzungen darstellen, um mögliche Missverständnisquellen umgehen zu können, wird man dennoch nicht davor gefeit sein, in sogenannte Fettnäpfchen zu treten. Dies kann nun entweder offenkundig und einem selbst hinsichtlich der Ursachen bewusst sein, es kann aber auch in der Anfangsphase sehr verdeckt geschehen und man fühlt erst lange nachdem die Ursache des Missverständnisses sich ereignet hat, „dass etwas nicht stimmt". In beiden Fällen gilt, dass man die empfundene Unnormalität der Situation anspricht, thematisiert. Dies kann in der einfachsten Form beispielweise durch ein Nachfragen (Wie meinen Sie das?) beziehungsweise eine Entschuldigung geschehen oder aber durch ein Gespräch über die entstandene und zumindest für einen selbst als ungut empfundene Situation. Man spricht in diesen Fällen, in denen (misslungene) Handlungen oder Kommunikationsprozesse selbst zum Gegenstand der Kommunikation werden, von Metakommunikation. Metakommunikation zählt wie Rollendistanz und Empathie zu den grundlegenden Bestandteilen eines interkulturell kompetenten Verhaltens, wobei freilich die kulturellen Besonderheiten des Thematisierens zu unterschiedlichen Formen der Metakommunikation führen. Dies gilt übrigens auch für ostasiatische Kulturen, bei denen man häufig glaubt, der Grundsatz des Gesicht-Wahrens würde Metakommunikation ausschließen. Dem ist keineswegs so – nur die Art und Weise der Metakommunikation ist indirekter als beispielsweise in westeuropäischen Kontexten.

Metakommunikation: Kommunikation über Kommunikationsprozesse; Thematisierungen dessen, was kommuniziert wird

Wichtig ist, dass insbesondere Metakommunikation, aber auch Rollendistanz und Empathie, nicht als Kriseninstrumente verstanden werden, sondern als permanent einzusetzende Mittel interkulturellen Handelns. Anders gesagt: Sie dienen dazu, Entstehungsbrände zu vermeiden oder deren Ausweitung zu (kaum mehr reparablen) Flächenbränden zu verhindern.

3 Transkulturalität

In neueren philosophischen und soziologischen Arbeiten (z. B. Hepp u. Löffelholz, 2002) wird seit einigen Jahren häufig vom Konzept der „Transkulturalität" gesprochen. Wolfgang Welsch, einer der Begründer des Transkulturalitätsgedankens, bemerkt hierzu:

„Das Konzept der Transkulturalität zielt auf ein vielmaschiges und inklusives, nicht seperatistisches und exklusives Verständnis von Kultur. Es intendiert eine Kultur und Gesellschaft, deren pragmatische Leistungen nicht in Ausgrenzungen, sondern in Anknüpfungen und Übergängen bestehen. Stets gibt es im Zusammentreffen mit anderen Lebensformen nicht nur Divergenzen, sondern auch Anschlussmöglichkeiten, und diese können entwickelt und erweitert werden, so dass sich eine gemeinsame Lebensform entwickelt, die auch Bestände einbegreift, die früher nicht anschlussfähig schienen. Solche Erweiterungen stellen heute eine vordringliche Aufgabe dar. Es gilt, unseren inneren Kompass umzustellen: von der Konzentration auf die Polarität von Eigenem und Fremden (mit der Folge einer zumindest gebremsten und oft nur mehr abwehrenden Reaktion auf das Fremde) hin zu einer Aufmerksamkeit auf das möglicherweise Gemeinsame und Verbindende, wo immer wir Fremdem begegnen" (Welsch, 1997, S. 3).

Hybridkultur: übergreifender kultureller Zusammenhang

Im Grunde zielt ein solcher Transkulturalitätsbegriff auf das Gleiche wie der bereits diskutierte interaktionistisch und prozesshaft orientierte Begriff von Interkulturalität, nämlich auf die Schaffung eines synergetischen Handlungskontextes, der als Hybridkultur über kulturelle Divergenzen hinweg Gemeinschaftliches initiiert, ohne diese Divergenzen zu unterschlagen oder zu verdrängen: Beiden geht es darum, Gemeinschaftlichkeit angesichts und eingedenk der Vielfalt zu realisieren.

Probleme bei der Verwendung des Transkulturalitätsbegriffs

Problematisch hingegen ist der Transkulturalitätsbegriff dort, wo mit der Etymologie des Präfixes „trans-": „hinüber; jenseits" (Kluge, 1989, S. 736) eine Art Kulturfreiheit des Handelns suggeriert wird, die gemäß der Definition von Welsch gerade nicht gegeben und gemeint ist: Man schafft sich einen scheinbar „übergreifenden" „Raum durchgängiger Ideen, Überzeugungen und Zugehörigkeiten", der als „intersubjektiv Menschliches" (Fischer, 2005) unabhängig von kulturellen Sozialisationserfahrungen eine Art gemeinsamen Nenner darstellt. Folgerichtig sind „transkulturelle Kompetenzen" aus dieser Perspektive auch „keine kulturspezifischen, sondern ganz generelle, in ganz unterschiedlichen interkulturellen Begegnungen wirksame Kompetenzen" (Habermann, 2005, S. 12).

So zutreffend die von Habermann skizzierte Position, dass Zuneigung, Mitgefühl oder Aufmerksamkeit dem gemeinsamen Beziehungsaufbau förderlich sind, gerade in Hinblick auf die von ihr vertretene interkulturelle Pflegewissenschaft sein mag: Man darf nicht unterschlagen, dass es sich bei diesen vermeintlichen Universalien lediglich um abstrakte Kategorien handelt. In der Praxis existieren jedoch keine sozialisationsfreien Räume, so dass man faktisch immer auf sehr unterschiedliche und teilweise inkompatible Handlungsmuster stoßen wird, wenn es zum Beispiel darum geht Zuneigung zu realisieren. Lässt man dies unbeachtet, resultieren fast schon zwangsläufig klassische interkulturelle Missverständnisse beziehungsweise Konfliktsituationen. Vor diesem Hintergrund ist der Begriff der Transkulturalität dort brauchbar, wo er dem Einzelnen Hilfestellungen bietet, sich als kulturell-multiple Persönlichkeit zu verstehen und zu positionieren. Kontraproduktiv wird er jedoch, wo er in ontologischer Absicht eine Kulturfreiheit suggeriert, die es realiter nicht geben kann.

4 Wo sind die Grenzen der „Einmischung in kulturelle Angelegenheiten"?

Jedes interkulturelle Handeln schließt ein, dass die Beteiligten mit anderen, mehr oder minder fremden Konventionen, Normalitätsannahmen und Weltsichten ihrer jeweiligen Partner konfrontiert werden. In der Regel wird eine gemeinsame und in diesem Sinn dritte Handlungsgrundlage im Prozess des Zusammenarbeitens oder -lebens permanent ausgehandelt und korrigiert. Dies geschieht grundsätzlich unterschwellig; es kann sich aber auch – vor allem im ökonomischen und politischen Bereich – sehr geplant und reflektiert vollziehen.

In beiden Fällen kommt es vor, dass der Aushandlungsprozess dadurch gestört oder unterbrochen wird, dass eine gegenseitige Akzeptanz der jeweiligen Handlungsvoraussetzungen nicht erzielbar ist.

Fallbeispiel Korruption

Ein Beispiel hierfür ist die von Kultur zu Kultur sehr unterschiedliche Korruptionspraxis. So besteht zwar spätestens seit der Verabschiedung des „Übereinkommens über die Bekämpfung der Bestechung ausländischer Amtsträger im internationalen Geschäftsverkehr" der OECD (1997) seitens der Unterzeichnerstaaten Übereinkunft in Hinblick auf die grundsätzliche moralische Verurteilung von Korruption. Ungeklärt lässt die Konvention allerdings, was genau unter Korruption zu verstehen ist. In Artikel 1, Abs. 1 heißt es:

> „Jede Vertragspartei trifft die erforderlichen Maßnahmen, um nach ihrem Recht jede Person mit Strafe zu bedrohen, die unmittelbar oder über Mittelspersonen einem ausländischen Amtsträger vorsätzlich, um im interna-

tionalen Geschäftsverkehr einen Auftrag oder einen sonstigen unbilligen Vorteil zu erlangen oder zu behalten, einen ungerechtfertigten geldwerten oder sonstigen Vorteil für diesen Amtsträger oder einen Dritten anbietet, verspricht oder gewährt, damit der Amtsträger in Zusammenhang mit der Ausübung von Dienstpflichten eine Handlung vornimmt oder unterlässt."

Vagheit bei Festlegungen in interkulturellen Kontexten

Was im einzelnen Fall unter „unbillig" und „ungerechtfertigt" verstanden wird, ist kulturell genauso unterschiedlich wie das jeweilige Länderrecht, auf dessen Grundlage die Strafbemessung erfolgt. Die Tatsache, dass die OECD-Konvention in ihren Formulierungen eher vage ist und mit der Souveränität der Mitgliedsstaaten auch deren Entscheidungsspielraum innerhalb des gemeinsamen Rahmens offen hält, belegt die Unmöglichkeit eines streng universalistischen Vorgehens. Ein solches Vorgehen würde beispielsweise voraussetzen, dass man über einen weltweit identischen Begriff von Korruption verfügt.

Wie wir verschiedentlich gesehen haben, ist ein solches identisches Begriffsverständnis allerdings schon deshalb nicht möglich, weil die Bedeutung von Begriffen Wandlungsprozessen ausgesetzt ist, die nicht weltweit synchron verlaufen. Andererseits entstehen Bedeutungen erst dadurch, dass sie – in der Regel innerhalb kultureller Gruppen – kommuniziert, vereinbart und in Handlungen erprobt beziehungsweise korrigiert werden.

Um es am Beispiel von Korruption zu konkretisieren: Ab welcher Grenze eine Handlung als korrupt bezeichnet wird, hängt nicht zuletzt damit zusammen, wie sich die Normalität von Reziprozitätsbeziehungen in einer Kultur definiert. Aus sehr vielfältigen Ursachen, zu denen klimatische ebenso zählen wie religiöse, ist dies von Kultur zu Kultur sehr verschieden, was man etwa an der unterschiedlichen Praxis des Schenkens ablesen kann. So wie ein Nicht-Beschenken aus der Sicht der einen Kultur als unhöflich bewertet werden kann, mag umgekehrt ein Beschenken aus der Perspektive der anderen Kultur bereits als Bestechung registriert werden. Beispielsweise sind in China Zahlungen zwecks Aufbau oder Erhalt einer Geschäftsbeziehung keineswegs ungewöhnlich. Anders als ein Westeuropäer würde ein Chinese normalerweise nicht auf den Gedanken kommen, derartige Zahlungen unter dem Begriff Korruption zu verbuchen.

Problematisch wird es zweifellos dann, wenn entsprechende Zahlungen aus chinesischer Sicht von einem Westeuropäer selbstverständlich erwartet werden, weil sie normal sind, der westeuropäische Partner allerdings in moralische Konflikte geriete, wenn er tatsächlich (aus seiner Sicht: Schmiergeld) zahlen und sich der Korruption schuldig machen würde.

Keiner der Partner wird an den bestehenden kulturellen Normalitätssystemen etwas ändern: Dem Westeuropäer werden seine moralischen Bedenken kaum genommen werden können und auf chinesischer Seite wird es sicherlich für diesen konkreten Fall nicht zu einer Systemänderung kommen.

Eine ausweglose Situation? Zumindest dann, wenn eine Lösung oktroyiert wird, welche die Souveränität einer der beiden Positionen missachtet. Unter der Behauptung von Souveränität ist hierbei nicht das Beharren auf ursprünglichen Standpunkten gemeint, sondern die Wahrung eigener und die Respektierung der fremden Identität im Vorwagen an die äußersten Toleranzgrenzen. Werden diese Toleranzgrenzen überschritten, wird es zumindest von einem der beiden Partner keine Akzeptanz für die Grundlage des gemeinsamen Handelns geben. In einem solchen Fall, in dem eine Verständigung über die unterschiedlichen Positionen zu keinem gemeinsamen Aushandlungsergebnis führt, ist es ratsam, sich nicht anzupassen, sondern die Geschäftsbeziehungen vorerst aufzugeben oder – wenn möglich – so zu führen, dass der strittige Punkt bewusst ausgeklammert wird.

Während in Fällen wie den beschriebenen eine Einmischung nicht sinnvoll ist, sofern sie die Souveränität der Partner in Frage stellt, gibt es natürlich auch Situationen, in denen eine derartige Einmischung in fremde Angelegenheiten legitim und notwendig ist. Gemeint sind vor allem Menschenrechtsverletzungen wie Völkermord, Kriegsverbrechen und Verbrechen gegen die Menschlichkeit. Die immer wieder aufflammenden Diskussionen über die Universalität beziehungsweise die Relativität von Menschenrechten oder auch die Tatsache, dass erst 1998 ein internationaler Strafgerichtshof als Gerichtshof für Menschenrechte eingerichtet werden konnte, zeigt, dass auch in diesem Zusammenhang keineswegs unstrittig feststeht, wann und unter welchen Grenzvoraussetzungen eine Einmischung gerechtfertigt ist. So resultiert eines der am häufigsten vorgebrachten Argumente gegen den universalen Geltungsanspruch der Menschenrechte daher, dass deren Wiege in den USA beziehungsweise der westlichen Welt steht und insofern auch die ursprünglichen Formulierungen eindeutig durch eine kulturell determinierte Sichtweise bestimmt sind, die nicht unbedingt mit den Sichtweisen anderer Kulturräume vereinbar ist.

Dementsprechend sind viele Ethnien gar nicht imstande, Werte oder Handlungsweisen zu übernehmen, die in der westlichen Welt als moralisch richtig beurteilt werden. Erinnert sei in diesem Zusammenhang beispielsweise an die Kasteneinteilung im Hinduismus. Ungleichheit ist hier als sinn- und realitätskonstituierendes

Element für einen ganzen Kulturkreis festgeschrieben, ohne dass sich jemand auch nur annähernd negativ dadurch beeinträchtigt fühlen würde. Ein Tatbestand, der sich im *neuen* Indien nach Abschaffung des Kastensystems immer noch in der sozial relativ strikt geregelten Praxis der Auswahl von Ehepartnern dokumentiert. Aus der Perspektive des euro-amerikanischen Gleichheitsprinzips, das letztlich auch den Menschenrechten zugrunde liegt, stößt dies in der Regel auf Unverständnis.

Die Beispiele zeigen, dass die Frage nach der Legitimität von Einmischungen in fremde Kulturkonventionen letztlich nicht eindeutig geschweige den in generalisierbarer Form beantwortbar ist. Es handelt sich letztlich immer um eine Gratwanderung zwischen kulturellem Relativismus und kulturellem Universalismus. Gleitet man zu stark in kulturrelativistische Positionen ab, verkehrt sich die postulierte gleiche Gültigkeit von Kulturen in Gleichgültigkeit. Überwiegt eine universalistische Sichtweise, kann dies zu kulturellen Dominanzbildungen und Ethnozentrismen führen.

gleiche Gültigkeit kultureller Positionen impliziert nicht Gleichgültigkeit (gegenüber z. B. Menschenrechtsverletzungen)

Interkulturelle Kompetenz bedeutet in diesem Zusammenhang, dass man sowohl in Mikro- wie in Makrobereichen sozialer Interaktion in der Lage ist, größtmögliche Toleranzspielräume auszuhandeln. Hierzu ist es notwendig, die Souveränität der Partner anzuerkennen und zu respektieren, in der Lage zu sein, Unvereinbarkeiten zu erkennen und zu thematisieren, seine eigene Position erklären, die fremde verstehen und für die Permanenz von Aushandlungsprozessen werben zu können.

4.1 Exkurs: Wie fremd kann, darf oder muss das Fremde sein? Über die Grenzen der Integration

Diese Akzeptanz des Anderen, des Fremden, fällt vor allem dann leicht, wenn die Beziehungen dazu sporadisch sind, wenn man sich nur oberflächlich damit auseinandersetzen muss. Typische Beispiele hierfür sind Urlaubsreisen ins Ausland, alle Formen des kurzfristigeren Schüler- und Studentenaustauschs oder auch internationale Geschäftsbeziehungen, die von Zeit zu Zeit mit kürzeren Arbeitsaufenthalten im Ausland verbunden sind.

Ganz anders sieht es hingegen aus, wenn man aus privaten, ökonomischen oder auch politischen Gründen in ein anderes Land übersiedelt, um sich dort auf lange Sicht eine neue Existenz, eine neue Lebenswelt aufzubauen, wie es die EU beispielsweise seit einigen Jahren aufgrund der Regelung zur Niederlassungsfreiheit in ihren Mitgliedsstaaten ermöglicht. In solchen Fällen, aber auch bei allen anderen Fällen von Einbeziehungsweise Auswanderung, vollzieht sich ein Bruch in der eigenen Sozialisationsgeschichte. Die Enkulturation a) wird über den Zwischenschritt der Akkomodation b) als Akkulturation c) fortgesetzt. Im Einzelnen bedeutet dies:

Enkulturation: Primärsozialisation

- Enkulturation: auf den Sozialisationsprozess der Herkunftskultur bezogener Erwerb von Werten, Normen, Sprache und Verhaltensstilen. Enkulturation ist stets auf die Primärsozialisation bezogen, während Akkomodation und Akkulturation hierauf aufbauen und von daher der Sekundärsozialisation zugerechnet werden.

Akkomodation: Erlernen der Handlungsfähigkeit in anderen als der Primärsozialisations-Kulturen

- Akkomodation: Phase der Aneignung von Kommunikations- und Interaktionsregeln derjenigen Kultur, in die man seinen Lebensmittelpunkt verlagert hat. Hierzu zählt insbesondere die Aneignung fremdkulturellen Wissens, um in der fremden Gesellschaft handlungsfähig sein zu können. Akkomodation als eine funktionale Form der Anpassung schließt nicht ein, dass man seine in der Primärsozialisation erworbenen Werte und Denkweisen ändert. Dies ist erst der Fall, wenn sich der eigene Sozialisationsprozess vollzieht als

Akkulturation: Aneignung des Unvertrauten

- Akkulturation: Aufbauend auf die Phase der Akkomodation werden infolge eines längeren Aufenthaltes in einer anderen Kultur nach und nach deren Werte, Normen und Denkweisen übernommen und als eigene deklariert.

In Abbildung 52 wird dieser Prozess schematisch abgebildet.

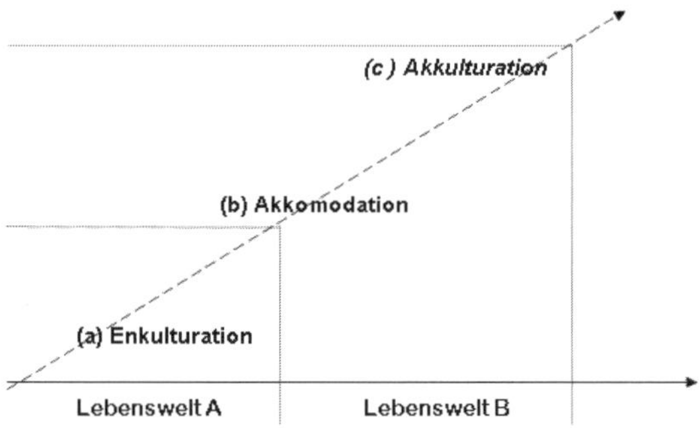

Abb. 52: Zum Verhältnis von Enkulturation, Akkomodation und Akkulturation

Wie wir gesehen haben, ist es nicht möglich, sich während des Akkulturationsprozesses in der Lebenswelt B von der Bindung an den (en)kulturellen Wissensvorrat der Lebenswelt A zu lösen. Bei Problernen, in Konfliktsituationen, zum Teil aber auch in einfachen Alltagshandlungen wird unweigerlich in der im zweiten Kapitel beschriebenen Weise auf Wissensvorräte des Enkulturationskontextes der Lebenswelt zurückgegriffen, weil diese den Grundstock für alles spätere Wahrnehmen und Verstehen darstellen. Was in individueller Hinsicht gilt, trifft auch für Gesellschaften beziehungsweise komplexe Lebenswelten zu, weshalb zum Beispiel die Rede von einer Stunde Null zur Charakterisierung des Beginns der Nachkriegszeit in Deutschland oder auch der Nachwendezeit in der ehemaligen DDR nicht nur beschönigend, sondern schlichtweg falsch ist.

Weil es für den einzelnen Migranten ebenfalls keine derartige Stunde Null gibt, wird es für ihn auch nie zu einer vollständigen Integration in die Lebenswelt B kommen. Wie wir gesehen haben, wird ihm dies selbst dann kaum gelingen, wenn er zwar in der Lebenswelt B geboren und aufgewachsen ist, seine Eltern und gegebenenfalls sein familiäres Umfeld aber als Migranten der ersten Generation noch auf der Grundlage des Wissensvorrates ihres eigenen Enkulturationsprozesses handeln. Umgekehrt gilt nach langandauernden Akkulturationsprozessen auch, dass der Weg zu einer vollständigen Reintegration in die Lebenswelt A unter anderem deshalb mehr oder minder versperrt ist, weil das im Rahmen der Akkulturation fortgeschriebene Schema-Netzwerk auf Erfahrungen und Erwartungen beruht, die in dieser Weise in der Ausgangskultur nicht möglich sind.

Aus diesem Grund ist bereits bei Personalentsendungen mittlerer Dauer das Reintegrationsproblem zentral. Erst recht tritt dieses Problem bei Migranten der zweiten und dritten Generation zutage, die für das Heimatland ihrer Eltern allenfalls touristisches Interesse aufbringen, gerade damit aber automatisch Generationenkonflikte hervorrufen. Sie fühlen sich nicht mehr in die Lebenswelt A und noch nicht vollständig in die Lebenswelt B integriert.

Ein häufig zitiertes Beispiel für die Problematik dieses zwischenweltlichen Nicht-Mehr und Noch-Nicht bilden die türkischen Migranten in Deutschland. Während die erste Generation in den 1960er Jahren eindeutig von der Absicht geleitet war, eine hohe Sparquote zu erzielen, um nach einiger Zeit zurückkehren und daheim zum Beispiel ein Haus bauen zu können, stellte sich die Situation nach der Phase der Familienzusammenführung in den frühen 1970er Jahren bereits anders dar. Längerfristige Aufenthalte in Deutschland schienen erstrebenswert, so dass zumindest Akkomodationsprozesse einen überlebensnotwendigen Stellenwert erhielten. Man wohnte nicht mehr in den Heimen der arbeitgebenden Unternehmen, sondern nahm mehr und mehr Wohnungsangebote innerhalb der Städte war. Die weiterhin bestehende Zielsetzung, in der Türkei zurückgebliebene Familienangehörige mitzuversorgen beziehungsweise für eine Rückkehr im Alter zu sparen, führte – wie im Übrigen auch die Integrationsunwilligkeit der meisten deutschen Vermieter – dazu, dass man sich vor allem preiswerte Wohngegenden mit dementsprechend verminderter Wohnqualität aussuchte. Mehr oder minder ungeplant haben sich auf diese Weise Gettoisierungen wie etwa in Berlin-Kreuzberg oder Duisburg-Hüttenheim vollzogen, die teilweise bis heute fortbestehen. Sie sind für die so genannte Ausländerproblematik in Deutschland symptomatisch, weil sie die Schwierigkeit des Übergangs von Akkomodations- zu Akkulturationsprozessen gleich in mehrfacher Hinsicht repräsentieren: Positiv zu bewerten sind sie, weil sie mit Freiräumen für die Ausübung eigener Kommunikationsgewohnheiten und Rituale Möglichkeiten der Identitätsvergewisserung bieten, die für einen Einzelnen in der fremden Gesellschaft in dieser Weise nicht bestünden. Negativ sind sie insofern, als sie sehr offenkundig und damit auch bewusst die Distanz zwischen Eigenem und Fremdem wahren und auf diese Weise Akkulturationsprozesse erschweren. So wird mit der teilweisen Überbetonung des Eigenen natürlich auch der Fremdheitsgrad des Anderen erhöht und die Kluft zwischen beiden größer.

Als Beispiel sei auf die Praxis der Kleiderregelung verwiesen: Während etwa das Tragen von Kopftüchern gerade in türkischen Dörfern (außer gegenüber Fremden) nicht sonderlich streng gehandhabt werden, trifft auf das Verhalten derselben Frauen in Deutschland teilweise genau das Gegenteil zu. Sie halten sich strikt an die Kleiderregeln, um die eigene Identität zu wahren.

Ein solches Verhalten kommentarlos zu verurteilen, wäre indes falsch, weil ansonsten ein stückweit mit der Identität auch die Handlungsgrundlage der Betroffenen entzogen wäre. In diesem Fall gilt es, zunächst das Anderssein zu akzeptieren, darüber hinaus aber auch – zum Beispiel im Rahmen interkultureller Lernprozesse – zu vermitteln, wie unter den gegebenen Umständen eine Akkulturation überhaupt möglich sein kann. Konkret bedeutet dies, dass Institutionen unterstützt werden sollten, die Migranten einen identifikatorischen Rückhalt bieten können, um jenen Grad an Selbstsicherheit zu erlangen, der notwendig ist, um Akkulturationsprozesse vollziehen zu können. Hierzu zählen beispielsweise Moscheenvereine, in denen man lernt, mit Widersprüchen umzugehen, die sich dadurch ergeben, dass Eigenes wie Fastenzeit, fünfmalige Pflichtgebete oder das Verbot von Schweinefleischverzehr mit dem Arbeitsrhythmus und den Verhaltensgewohnheiten beispielsweise des deutschen Industrieunternehmens, in dem man angestellt ist, zwangsläufig kollidieren. Eine wichtige Rolle spielt aber auch, inwieweit es sinnvoll und notwendig ist, in der Schule muttersprachlichen Unterricht oder islamischen Religionsunterricht zu besuchen.

Deutlich wird an dieser Stelle, dass es sehr stark vom Individuum selbst abhängt, ob und inwieweit es Akkulturationsprozesse vollzieht. Ein richtiges oder objektiv gültiges Maß für eine angemessene Akkulturation kann es schon deshalb nicht geben, weil sich das Fremde, in das man sich integriert, immer in Abhängigkeit vom Selbstbild beziehungsweise vom Selbstverständnis des Betroffenen formuliert und sich für den Einzelnen dementsprechend auch sehr unterschiedlich darstellt. Fest steht, dass eine vollständige Integration zumindest der ersten und zweiten Generation nicht gelingt; inwieweit sie vollzogen werden kann, ist individuenabhängig und allenfalls graduell im Verhältnis zu den Kraftfeldern bestimmbar, in denen der Einzelne sich bewegt.

Verstärkend in Richtung auf die Ausgangskultur wirken zweifellos ethnische Isolation (Wohngebiete, Schulen), eine lange Enkulturationsphase in der Ausgangskultur, ein über Eltern, Familie und Freunde vermittelter Anpassungsdruck an die Normalität der Ausgangskultur (Beibehaltung von Regeln, Denkweisen etc.) sowie ein überhöhter Anpassungsdruck seitens der fremden Umgebung.

So wie die Erfahrungsvielfalt und -möglichkeit in Bezug auf das Fremde in allen diesen Fällen stark eingeschränkt ist, so wirkt eine Öffnung gegenüber Fremderfahrungen verstärkend in Richtung auf eine Akkulturation an die Fremdkultur. Hierzu zählen fremdkulturelle Lernbereitschaft, Rollendistanz, Neugierde auf das Andere, Freunde aus der Fremdkultur, sehr gute Sprachkenntnisse und eine kürzere beziehungsweise nur über die Eltern vermittelte Enkulturationsphase in der Ausgangskultur.

Vor allem bei Migranten der zweiten und auch der dritten Generation werden beide Kraftfelder in verschiedenen Bereichen aktiv sein. Auch wenn dies individuell sehr unterschiedlich ausgeprägt ist, führt dieses Leben in der Zwischenwelt folgerichtig immer wieder zu Missverständnissen auf beiden Seiten oder zu Verstößen gegen das eine oder das andere Wertesystem.

Bezogen auf die Fragestellung der Überschrift dieses Abschnittes bleibt aus der Sicht von Migranten festzuhalten, dass das Fremde immer ein stückweit fremd bleiben wird und anderslautende Erwartungen als Illusion verbucht werden müssen.

Der Grad der Fremdheit ist dabei sehr stark von der eigenen Bereitschaft und den Möglichkeiten abhängig, sich auf Fremdheitserfah-

rungen einzulassen und sich mit ihnen auseinanderzusetzen. Hierbei sollte – durchaus bewusst – eine Entwicklung der Identität in Hinblick auf eine Akkulturation angestrebt und der Grad der notwendigen Fremdheit (und damit die Stärke der eigenkulturellen Bindung) festgelegt werden.
Nicht akzeptabel ist hingegen der aus besagten Gründen ohnehin zum Scheitern verurteilte Versuch, die eigene Identität aufzugeben (und damit kulturelle Fremdheit aufheben zu wollen). Dies wird aus Migrantensicht häufig bei euphorischen Überanpassungen versucht. Umgekehrt läuft der Anpassungsdruck der fremden Lebensumwelt – sei es in politischer oder in alltagskultureller Hinsicht – häufig ebenfalls darauf hinaus, dass man von Migranten eine solche Aufgabe ihrer entkulturierten Identität erwartet. Dass eine Unterdrückung des Eigenen hingegen nicht funktioniert und überdies dazu tendiert, in ihr Gegenteil umzuschlagen, haben nicht zuletzt die politischen und wirtschaftlichen Transformationsprozesse der 1990er Jahre in Osteuropa gezeigt.

4.2 Kulturschock

Kulturschock tritt nicht zwangsläufig auf

Im Rahmen von Akkomodations- und Akkulturationsprozessen wird häufig das *Kulturschockphänomen* erörtert. Ein so genannter Kulturschock kann, muss aber keineswegs zwangsläufig auftreten, wenn man für einen längeren Zeitraum im Ausland lebt. Kalvero Oberg, auf den der Begriff zurückzuführen ist, hat bereits 1960 verschiedene Phasen des Kulturschocks herausgearbeitet (Abb. 53), die sich idealtypisch in einem U-förmigen Verlauf anordnen lassen. Sie lassen sich wie folgt beschreiben:

1. Euphorie: Man freut sich auf das Neue und reagiert anfangs überschwänglich, weil man nur das (positiv) Erwartete wahrnimmt.
2. Missverständnisse: Man erkennt die Normalitätsregeln der Zielkultur teilweise nicht und erzeugt Missverständnisse, weist sich aber als Neuankömmling die Schuld selbst zu.
3. Kollisionen: Die Ursachen der Missverständnisse bleiben einem verborgen, man weist den anderen die Schuld zu, resigniert teilweise und neigt zu einer starken Aufwertung der eigenen Kultur.
4. Unterschiede werden akzeptiert und Widersprüche ausgehalten. Man bemüht sich um ein Verstehen.

5. Akkulturation: Man versteht die Unterschiede weitgehend und tendiert zur Übernahme fremdkulturspezifischer Verhaltensmerkmale.

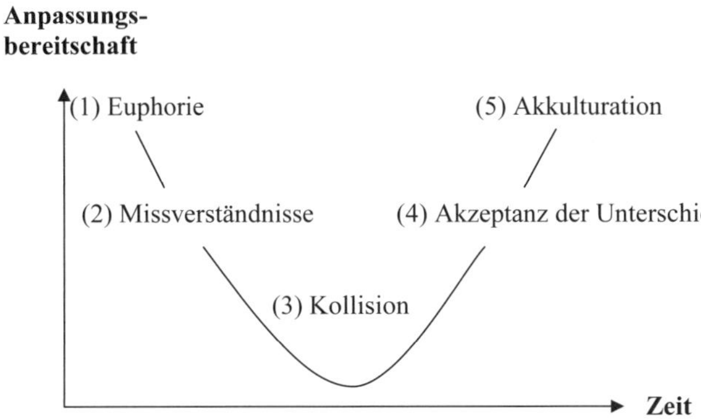

Abb. 53: Phasen des Kulturschocks

Im Bericht einer Frankfurter Studentin über eigene Kulturschockerfahrungen (http://www.aupairusa.de/kulturschock/beate/texte/kulterfa.htm) lassen sich einige dieser von Oberg beschriebenen Phasen rekonstruieren:

„Meinen aller ersten großen Kulturschock erlebte ich, als ich 1997 nach meinem Abitur für ein Jahr als Aupair nach Cincinnati (USA) gehen wollte. Ich habe noch nie in meinem Leben zuvor so viel über mein Befinden und über meine Probleme nachgedacht wie in der Zeit. Sicherlich spielte auch die Tatsache, dass ich erst 18 Jahre alt war, und dass ich das erste Mal so weit weg von zu Hause und dann auch noch das erste Mal in Amerika überhaupt war, eine große Rolle. (Auch eine Reihe von Missgeschicken gleich zu Beginn meines Aufenthaltes setzte dem Ganzen zu.) Zunächst ging mir der sprachliche Fortschritt zu langsam voran, dann wurde ich mit der völlig anderen Art von Kindererziehung der USA konfrontiert, mit der oberflächlichen Nettigkeit (die mich zwar offener machte, aber zugleich doch auch sehr misstrauisch) und schließlich war es nicht leicht, sich an den Lebensstil einer amerikanischen Familie zu gewöhnen, denn bei uns gab es zum Beispiel jede Mahlzeit vom Pappteller. Jedenfalls führte es dazu, dass ich nach vier Monaten (ich wollte nicht gleich nach vier Wochen fahren, weil ich immer dachte, ich hätte dem Land und mir so keine Chance gegeben) nach Deutschland zurückflog. Aber spätestens als ich zurück in Deutschland war, muss es so etwas wie „klick" gemacht haben, denn schon nach einer Woche (nun musste ich mich bereits an Deutschland wieder anpassen) entschied ich mich, noch mal für drei Monate in die USA zu fliegen. Warum ich mich so entschieden habe, das kann ich bis heute nicht mal mir selber erklären. Ich habe es einfach aus dem Bauch heraus entschieden. Und ich kann nur sagen, dass ich es bereut hätte, wenn ich diese drei Monate nicht erlebt hätte, denn ich habe die amerikanische Kultur zu akzeptieren gelernt, sodass ich sie, als ich nach insgesamt sieben Monaten Aufenthalt nach Deutschland zurückkehrte, vermisste, so wie ich Deutschland vermisst habe, als ich in den Staaten war."

Zum Nachdenken und Diskutieren

Wie wir gesehen haben, hängt die Art und Weise der Selbsteinschätzung (Identitätsausbildung) immer auch von der Beziehung zum Fremden ab: Je vertrauter das Fremde ist, desto geringer ist das Streben nach Selbstbehauptung – und umgekehrt.
Wie stellt sich dieses Verhältnis von Selbst- und Fremdbild in den einzelnen Phasen der U-Kurve des Kulturschocks dar? Worin bestehen trotz des gleichen Grades der Anpassungsbereitschaft die Unterschiede zwischen den Phasen 1 und 5?
Warum muss ein Kulturschock nicht zwangsläufig in dem von Oberg dargestellten Phasenverlauf auftreten? Wie könnten Bedingungen dafür aussehen, damit man keinen Kulturschock erleidet?

Anwendungsfelder in der Wirtschaft

Im Unterschied zur allgemeinen Interkulturellen Kommunikationsforschung, die sich im Wesentlichen mit theoretischen Grundlagen der Kulturspezifik unseres Denken und Handelns sowie mit den Voraussetzungen und Realisationsformen interkulturellen Interagierens befasst, orientiert sich die Interkulturelle Wirtschaftskommunikationsforschung an der Praxis interkulturellen Handelns in konkreten (betriebs)wirtschaftlichen Zusammenhängen. Sie baut dabei auf den theoretischen Grundlagen der Interkulturellen Kommunikationsforschung auf und wendet sie bislang zumeist auf Fragestellungen der Organisationslehre, des Marketing und der Personalentwicklung an. Forschungen zu interkulturellem Handeln in Unternehmensbereichen wie etwa Finanzierung, Rechnungswesen, Controlling oder Produktion stellen noch Neuland dar und liegen bislang vereinzelt vor (z. B. Strähle, 2004).

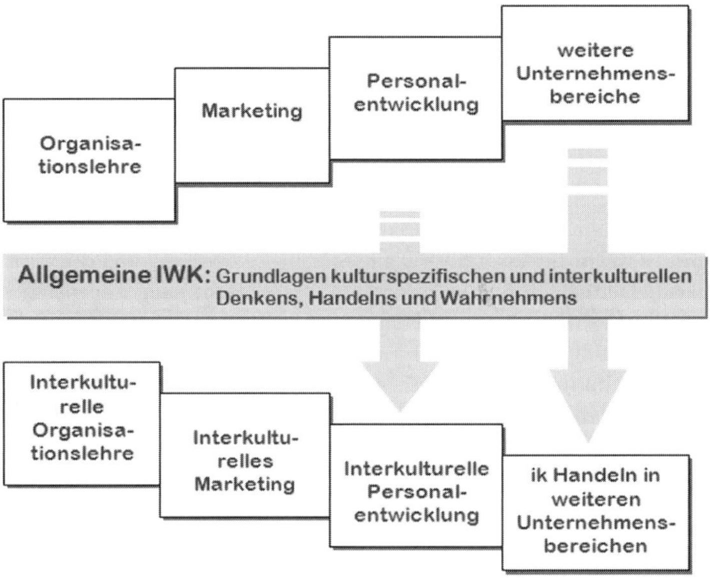

Abb. 54: Anwendungsfelder in der Wirtschaft (nach Strähle, 2004)

Interkulturelle Organisationslehre

Organisationslehre statt Management

Geläufiger als die Bezeichnung *Interkulturelle Organisationslehre* ist der Begriff *Interkulturelles Management*. Dass wir im Zusammenhang der Darstellung der Anwendungsfelder in der Praxis dennoch von Interkultureller Organisationslehre sprechen werden, hat zwei Gründe: Management ist zum einen eine übergreifende Bezeichnung, die letztlich auf jeden Unternehmensbereich – also auch auf Marketing und Personal – anwendbar ist und deren Verwendung dementsprechend weniger geeignet scheint, wenn es um in engerem Sinne organisationale Fragen der strategischen Unternehmensführung oder um Aspekte der Unternehmenspolitik wie Kooperations- und Merger-Planung geht.
Zum anderen ist die Bezeichnung Interkulturelles Management semantisch alles andere als eindeutig: Häufig wird sie mit internationalem Management gleichgesetzt, obwohl wir es hierbei – wie auch bei kulturvergleichendem Management – mit einem qualitativ vollkommen anderen Sachverhalt zu tun haben.

1 Internationales, kulturvergleichendes oder interkulturelles Management?

Um die inhaltliche Differenz zwischen internationalem, kulturvergleichendem und interkulturellem Management genauer zu verstehen, ist ein Blick in die Wissenschaftsgeschichte der internationalen Betriebswirtschaftslehre hilfreich.

ökonomistische („culture free") versus kulturalistische („culture bound") Ansätze

Unterscheidbar sind dabei im Wesentlichen „culture-free"- und „culture-bound"-Orientierungen. Bisweilen auch als „ökonomistische" beziehungsweise „kulturalistische" Denkrichtungen bezeichnet (Schlamelcher, 2003, S. 22f; Bergemann u. Bergemann, 2005, S. 21f.), geht es um den Grad der Akzeptanz kultureller Einflüsse auf wirtschaftliches Handeln.

neoliberaler „Globalismus"

Klassische und (neo)liberale Wirtschaftstheorien gehen von einem eher geringen Einfluss kultureller Faktoren aus. Ihnen zufolge sind Unternehmen zweckrational strukturiert sowie technokratisch plan- und steuerbar. Sie setzen in der Regel ein lineares und kohärentes Geschichtsverständnis Hegel'scher Provenienz aus, das an das Ziel einer vernunftgemäßen stufenweisen Entwicklung der Welt zu einer

alle Lebensbereiche durchdringenden Ökonomisierung gekoppelt ist. Da sich diese Entwicklung in beziehungsweise nach bestimmten Zyklen und Gesetzen (wie z.B. Maslows Bedürfnispyramide) vollzieht, gibt es mehr oder minder weit entwickelte Gruppen. Darüber hinaus existieren auf dem universalistisch gedachten Weg zu einer sukzessiven Internationalisierung der Wirtschaft Hindernisse, die meist in Umweltbedingungen zum Beispiel von Zielländern unternehmerischen Handelns liegen, als solche aber aufgrund der eigenen Entwicklungsüberlegenheit überwindbar sind. Internationalisierung im Sinne neoliberalistischer Wirtschaftstheorien impliziert dementsprechend nicht nur den Glauben an universelle Machbarkeit, sondern auch ein stückweit ethnozentristisches (und in gewisser Weise: kolonialistisches) Denken, da aufgrund der vermeintlich höchsten Entwicklung westlicher Wirtschaftstheorien, diese auch auf weniger entwickelte Regionen übertragen werden müssen (vgl. die sog. Schocktherapie bei den Transformationen in Osteuropa).
Ulrich Beck (1998, S.26) bezeichnet diese Form der Globalisierung als „Globalismus“: „Mit Globalismus bezeichne ich die Auffassung, dass der Weltmarkt politisches Handeln verdrängt oder ersetzt, und zwar durch die Ideologie des Neoliberalismus. Sie verfährt monokausal, ökonomistisch, verkürzt die Vieldimensionalität der Globalisierung auf eine, die wirtschaftliche Dimension, die auch noch linear gedacht wird.“
Da ökonomistischen Ansätzen zufolge alle Gesellschaften letztlich der gleichen Modernisierungsdynamik unterworfen sind, spielen kulturelle Unterschiede nur eine untergeordnete Rolle im Internationalisierungsgeschehen: Letzteres verläuft in diesem Sinne „culture free“.
Dies war in der deutschen Betriebswirtschaftslehre bis in die 1980er Jahre des vergangenen Jahrhunderts im Übrigen ein kaum bezweifelter Sachverhalt, und in der Außenhandelslehre ging es dementsprechend auch primär um Probleme des grenzüberschreitenden Warenverkehrs. Erst im Umkreis der 1982 vom Verband der Hochschullehrer für Betriebswirtschaftslehre durchgeführten Tagung „Internationalisierung der Unternehmung als Problem der Betriebswirtschaftslehre“ (Lück u. Trommsdorff, 1982) begann man sich in den Wirtschaftswissenschaften mit Fragestellungen der Kulturgebundenheit internationaler Unternehmenstätigkeit auseinanderzusetzen (Dülfer, 1983; Pausenberger, 1983).
Beeinflusst durch die angelsächsische Tradition der „International“ beziehungsweise der „Cross Cultural Management Studies“ (u.a. Adler, 1980; Ouchi, 1981; Pascale u. Athos, 1981) und aufbauend auf Geert Hofstedes IBM-Studie „Culture's Consequences“ (Hof-

stede, 1980) erschienen unter Einbeziehung soziologischer und (organisations)psychologischer Fragestellungen nachfolgend zahlreiche Arbeiten sowohl zum kulturvergleichenden Management in unterschiedlichen Ländern (u. a. Keller, 1982; Bleicher, 1983; Hentze, 1987) als auch allgemein zum „Internationalen Management" (z. B. Dülfer, 1991; Perlitz, 1993; Sell 1994). Gemeinsam ist diesen Publikationen, dass sie den ökonomistischen Machbarkeitstechnokratien neoliberaler Prägung die Annahme einer Kulturgebundenheit wirtschaftlichen Handelns entgegensetzen. Zu den besonders öffentlichkeitswirksamen Vertretern des frühen „Kulturalismus" zählt Francis Fukuyama. In seinem 1992 erschienenen Band „Das Ende der Geschichte" proklamiert er mit dem Blick auf das Aufbrechen west-östlicher Blockbildungen, es werde „das internationale Leben in Zukunft nicht mehr als Konkurrenzkampf rivalisierender Ideologien interpretiert werden – die meisten wirtschaftlich erfolgreichen Staaten werden ohnehin nach ähnlichen Prinzipien organisiert sein – sondern als Konkurrenzkampf unterschiedlicher Kulturen" (Fukuyama, 1992, S. 320).

Gemeinsam ist den meisten „culture-bound"-Arbeiten der 1980er und 1990er Jahre, dass sie sich zwar einerseits aussprechen gegen die „irrige Neigung, die Wirtschaft als einen vom Rest der Gesellschaft abgetrennten Bereich mit eigenen Gesetzen zu betrachten" (Fukuyama, 1997, S. 20), dass sie aber andererseits ihren Befund der Kulturgebundenheit als Problemfaktor deklarieren.

So unterscheiden sie sich bei der Interpretation des besagten „Konkurrenzkampfes" vor allem in der Art und Weise der Parteiergreifung für die eine oder die andere Seite: Samuel Huntington, bekannt geworden durch seine (äußerst umstrittene) Studie „Der Kampf der Kulturen" (1996), sieht bestehende kulturelle und vor allem religiös bedingte Differenzen als Quellen künftiger Konflikte, die sich nur durch eine Isolierung und Abgrenzung der Kulturkreise verhindern ließen. Eine besondere Gefahr sieht er vom Islam ausgehen, gegen die sich insbesondere „der Westen" schützen müsse.

Auch wenn Fukuyama der Differenzthese grundsätzlich zustimmt, vertritt er eher eine Konfliktüberwindungs- als Konfliktvermeidungsstrategie. In seinem Buch „Der Konflikt der Kulturen" (1997) heißt es in Abgrenzung zu Huntington: „Die Spannungen, die sich aus dem Aufeinandertreffen unterschiedlicher Kulturen ergeben, können auch Anlass zu kreativen Veränderungen sein, und wir kennen viele Beispiele für wechselseitige Stimulation über Grenzen hinweg" (Fukuyama, 1997, S. 20).

Samuel Huntington (*1927)

Aber auch die Aussicht auf eine Überwindung kultureller Differenzen löst nicht deren generelle Problematik, und wie sie für Fukuyama (1997, S. 27) im internationalen Wirtschaftsbereich „Barrieren für die Kooperation“ impliziert, so ist nach Huntington „die Gesamteffizienz einer regionalen Organisation [...] in der Regel umgekehrt proportional zu der kulturellen Verschiedenheit ihrer Mitglieder“ (Huntington, 1996, S. 203).

Zusammengefasst: Wirtschaftliches Handeln ist kulturell bedingt, wobei die kulturellen Unterschiede allerdings erhebliche Konfliktpotentiale bergen. Insofern gilt es kulturelle Unterschiede zu überwinden; eine Schlussfolgerung, die – eindeutig dem monadischen Homogenitätsdenken der Ersten Moderne verpflichtet – bis heute den Umgang mit Kultur und Fremdheit prägt. Nicht die Anerkennung von Diversität als Chance, das bewusste Aushalten von Pluralität steht im Vordergrund, sondern der Schutz möglichst homogener Einheiten. Dies prägt immer noch ganz entscheidend die Mehrzahl der Vorbereitungstrainings für internationale Tätigkeiten: Angestrebt wird eine möglichst genaue Kenntnis der Zielkultur, um sich anpassen oder aber Märkte erobern zu können, oder es geht um die Aneignung von Konfliktvermeidungsstrategien zum Zweck des Aufbaus homogener Szenarien.

Manko kulturalistischer Ansätze: kulturelle Differenz wird stets als zu überwindende verstanden

Der produktive Umgang mit Differenz – etwa durch das Bemühen um Synergieeffekte – oder die Praxis der Anerkennung kultureller Differenzen spielt in den zumeist kulturvergleichenden Ansätzen des ausgehenden zwanzigsten Jahrhunderts keine Rolle, weil ein statischer und weitgehend geschlossener Kulturbegriff zugrunde liegt. Internationales Management ist in solchen Zusammenhängen im Gegensatz zu klassischen und neoliberalen Theorien zwar kulturalistisch. Von interkulturellem Management kann hier indes nicht die Rede sein – auch wenn diese Bezeichnung aus Modegründen gern verwendet wird (z. B. Schuppert, Papmehl u. Walsh, 1994).

Interkulturelles Management, das dieser Bezeichnung im Sinne des Prozessbegriffs von Interkulturalität gerecht zu werden vermag, geht über kulturvergleichende Fragestellungen hinaus und thematisiert konkrete Interaktionen. Kulturelle Diversität gilt es dabei nicht zu überwinden, sondern als Chance für die Konstruktion synergetischer Handlungsszenarien zu begreifen, die bei einer Unterdrückung oder bei einer „best-of-both“-Synthese vorhandener Potentiale gerade nicht erreicht werden würden. Interkulturelles Management erweist sich dementsprechend selbst als Prozessbegriff, während internationales Management einen Strukturbegriff repräsentiert.

kulturvergleichendes Management

internationales Management: Strukturbegriff

interkulturelles Management: Prozessbegriff

Dass sich die Bezeichnung interkulturelles Management in dieser prozesshaften Bedeutung erst gegen Mitte der 1990er Jahre etablieren konnte, hängt in erheblichem Maß von den sich seinerzeit rasch verändernden Kontextbedingungen der Globalisierung ab:

Zu Beginn der 1990er Jahre war der Bedarf an internationalem Managementwissen insgesamt stark angewachsen. Neben der Quantität des erforderlichen Wissens änderte sich auch die geforderte Qualität: Vor dem Hintergrund der Erfahrungen, die im Wirtschaftsalltag seinerzeit mit der einsetzenden EU-Niederlassungsfreiheit oder auch mit der Erschließung osteuropäischer Märkte gesammelt wurden, war evident, dass kulturvergleichendes oder wirtschaftsgeographisches Faktenwissen allein für einen erfolgreichen Markteintritt ebenso wenig einen Erfolgsgaranten darstellen konnte wie die Kenntnis zielkultureller Sitten und Gebräuche (Beneke u. Nothnagel, 1988). Gerade das Scheitern politischer und ökonomischer Schocktherapien in zahlreichen Transformationsländern hatte deutlich werden lassen, dass marktwirtschaftliche Ordnungsmodelle, aber auch Grundsätze betrieblicher Organisation (Produktion, Führung), nicht transmittorisch (im Sinne eines informatorischen Kommunikationsbegriffs) von Kultur A auf Kultur B übertragbar waren oder dadurch erzeugt werden konnten, dass man auf der Grundlage eines Vergleichs von Unternehmenskultur A und Unternehmenskultur B eine synthetisch-strukturell gebildete dritte (Unternehmens-)Kultur C ableitete.
Ein solches theoretisches Konstrukt wie es zum Beispiel die der Lean-Management-Diskussion zugrunde liegende „Theory Z“ (Ouchi, 1981) darstellte, war aufgrund des statischen Charakters ihrer Synthesenformulierung in der Wirtschaftspraxis nicht tragfähig. Faktisch bestanden Asymmetrien zu Gunsten einer der Partner A oder B, und in dieser Weise war dann auch die interkulturelle Unternehmenskultur geprägt. Zahlreiche Beispiele hierfür findet man in der Praxis der Doppelspitzenpolitik von west-osteuropäischen Joint Ventures vor allem der 1990er Jahre (Bolten u. Dathe, 1995; Höhne, 1997).
Methodisch verfügte die kulturvergleichende Managementforschung nicht über Instrumente oder Möglichkeiten, dieses Dilemma zu überwinden. Sie brachte zwar wertvolle Erkenntnisse zur Kulturspezifik wirtschaftsbezogenen Handelns in fremden Kulturkreisen hervor, ohne jedoch aufzeigen zu können, wie konkretes Handeln zwischen Partnern aus unterschiedlichen Kulturen (A und B) verläuft, warum in diesen Interaktionen bestimmte Probleme entstehen und wie man mit solchen Schwierigkeiten umgehen kann. Umgekehrt lässt sich die kulturvergleichende beziehungsweise – kontrastive Managementforschung entsprechend der Prämisse „international heißt komparativ“ (Stahl, Mayrhofer u. Kühlmann, 2005, S. 2) am ehesten dem Bereich des internationalen und nicht dem des interkulturellen Managements zuordnen (Bolten, 2000a).

Entwicklung der internationalen interkulturellen Organisationslehre

Interkulturelles Management geht hingegen einen Schritt weiter: Aufbauend auf sozialen Handlungstheorien wird interkulturell anders als noch in der Tradition kulturvergleichender Forschungen nicht als mehr oder minder statisches Verhältnis von A und B (oder in deren Synthese C) gesehen, sondern als Prozess, in dessen Wechselbeziehung A und B permanente Interaktionsszenarien C generieren. Dies kann als synergetisches Drittes oder eben als Interkultur bezeichnet werden. Interkulturen repräsentieren – wie bereits gezeigt – kein Vergleichsprodukt, keine Synthese und auch keinen Raum, sondern ein Interaktionsgeschehen, ein Ereignis und in gewisser Weise auch ein Spiel, in dem sich zwischen Mitgliedern unterschiedlicher Kulturen A und B Aushandlungsprozesse vollziehen (Bolten, 1992a, 1993).

Prozesshaftigkeit interkulturellen Managements

Da derartige Prozesse auf kulturell unterschiedlichen Handlungsvoraussetzungen beruhen, in der Regel kommunikativ realisiert werden und selbst einen Kernbestandteil interkulturellen Handelns darstellen, ist es plausibel, dass der Weg „vom kontrastiven Management zum interkulturellen" (Höhne, 1995) gegen Mitte der 1990er Jahre insbesondere über Schnittstellen zu den Kommunikations- und Handlungs- beziehungsweise Verhaltenswissenschaften, und hier vor allem der Psychologie (Thomas, 1992; Bergemann u. Sourisseaux, 1992), führen musste.

In Wechselwirkung mit diesen Entwicklungen und gleichzeitig aufbauend auf Theorien des symbolischen Interaktionismus wurde wenig später auch in den Wirtschaftswissenschaften „Interkulturelles Management als soziales Handeln" interpretiert (Apfelthaler, 1998; Hasenstab, 1999).

Da die Tradition der vergleichenden Managementforschung parallel hierzu ebenso weitergeführt wurde wie die Formulierung neoliberaler Theorien, koexistieren gegenwärtig drei Varianten des Verständnisses von Internationalem Management (Abb. 55):

Varianten des internationalen Managements

- klassisches/neoliberales internationales Management,
- kulturvergleichendes internationales Management,
- interkulturelles internationales Management.

Welche dieser drei Varianten im Rahmen eines Internationalisierungsprozesses gewählt wird, hängt einerseits von dem Stellenwert ab, den Kultur und Kommunikation im konkreten Managementhandeln einnehmen und andererseits von dem spezifischen Verständnis, das mit diesen Begriffen verbunden ist: Eine eher zurückhaltende Einschätzung der Bedeutung von Kommunikation und Kultur in Bezug auf wirtschaftliches Handeln führt zu klassisch-neoliberalen Ansätzen des internationalen Managements. Ein geschlossener, substanzorientierter Kulturbegriff in Verbindung mit einem transmittorischen Kommunikationsverständnis begünstigt den Rückgriff auf kulturvergleichende Managementtheorien, während ein Prozessverständnis von Kultur, Kommunikation und Interkultur mit interkulturellem Managementhandeln konvergiert.

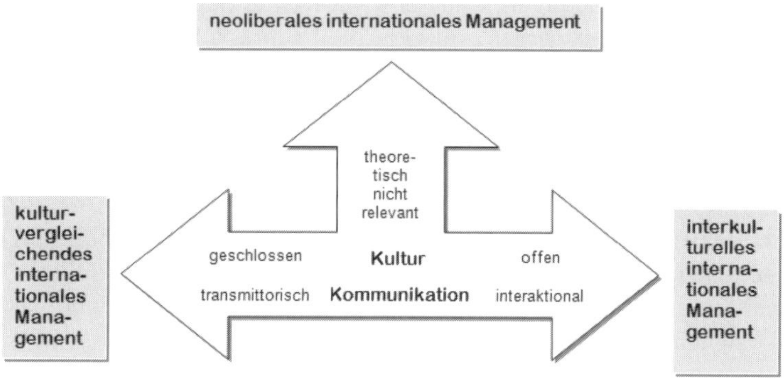

Abb. 55: Varianten des Managementverständnisses

2 Realisationsformen der drei Varianten internationalen Managements

Jede der drei Varianten des internationalen Managements hat ihre Berechtigung, aber erst ihr Zusammenspiel in einem ganzheitlichen Verständnis von internationalem Management führt zu optimalen Handlungsergebnissen sowohl auf der Sach- als auch auf der Beziehungsebene. Entsprechend holistische Denk- und Praxismodelle sind bislang jedoch noch weitgehend Desiderat, und nach wie vor besteht auch in der Praxis des internationalen Management eine Tendenz zu monoperspektivischem Handeln.
Im Vorgriff auf die Darstellung von gängigen Realisationsformen der drei Varianten des internationalen Managements lassen sich folgende Hypothesen formulieren:

- Eine einseitige Orientierung an neoliberalen Methoden des internationalen Managements führt zur Vernachlässigung der Beziehungsebene beziehungsweise der „soft facts".
- Allein auf Kulturvergleichen aufbauendes internationales Management bleibt theoretisch.

- Ein ausschließlich interkulturell verstandenes internationales Management läuft Gefahr, die Bedeutung der Sachebene qua „hard facts“ zu unterschätzen.

2.1 „Culture-free“-Praktiken des internationalen Managements

Obwohl selbst hartgesottene Vertreter klassischer und (neo)liberaler Wirtschaftstheorien heute kaum mehr ernsthaft einen zumindest partiellen kulturellen Einfluss auf internationale Managementtätigkeiten leugnen würden, dominieren in der betrieblichen Entscheidungspraxis nach wie vor in erster Linie sach- und nicht beziehungs- oder interaktionsorientierte Aspekte. Einen guten Überblick über entsprechende Internationalisierungstheorien geben Welge und Holtbrügge (2003). Die von ihnen angeführten Internationalisierungsstrategien orientieren sich im Wesentlichen an Kostengesichtspunkten und beziehen sich auf Entscheidungen über

- Markt- beziehungsweise Standortwahl,
- Wahl der Internationalisierungsform,
- Wahl des Markteintrittspunktes.

Markt- und Standortwahl

Ausschlaggebend für die Markt- beziehungsweise Standortwahl sind hohe Ertragswahrscheinlichkeiten, die mit Methoden wie Checklistenverfahren, Punktbewertungsverfahren, sequentiellen Bewertungsverfahren und Portfolioanalysen bestimmt werden, wobei die Grundlagen für die Ermittlung der jeweiligen Kennziffern dem Nutzer in der Regel nicht transparent sind.

Wahl der Internationalisierungsform

Bezüglich der Wahl der Internationalisierungsform (Abb. 56) steht die Abwägung von Vor- und Nachteilen möglicher Marktbearbeitungsformen (Export, Lizenzvergabe, Joint Venture, Merger etc.), Ansiedlungsformen (Neugründung, Kauf) und Eigentumsformen (z. B. Markttransaktion, Unternehmenskooperation, Tochtergesellschaft) im Vordergrund. Entscheidungen erfolgen auch hier vor allem unter Gesichtspunkten der Kosten- und Ertragsabschätzung.

Markteintrittszeitpunkt

Ähnliches gilt für die Bestimmung des besten Zeitpunkts für einen Markteintritt, wobei auch hier die Vorteile eines frühen Markteintritts (z. B. als Pionier in sich öffnenden Märkten; vgl. Welge, 2003, S. 131) beziehungsweise die eines späten Engagements (v. a. in Märkten mit hohem Unsicherheitsniveau) letztlich primär auf der Grundlage grobrastriger Checklisten abgeschätzt werden.

In Analogie zum Unterschied zwischen technischen und fundamentalen Analysen von Aktienkursentwicklungen orientieren sich

„culture-free"-Ansätze des internationalen Managements eher an technischen Faktendarstellungen als an fundamentalen Erklärungen komplexer Zusammenhänge. Ein solches Verfahren ist zweifellos kurzfristig handlungsfähig, birgt aber auch erhebliche Risiken zum Beispiel beim Auftreten unvorhergesehener Außeneinflüsse (Streiks, Währungsschwankungen, Naturkatastrophen etc.).

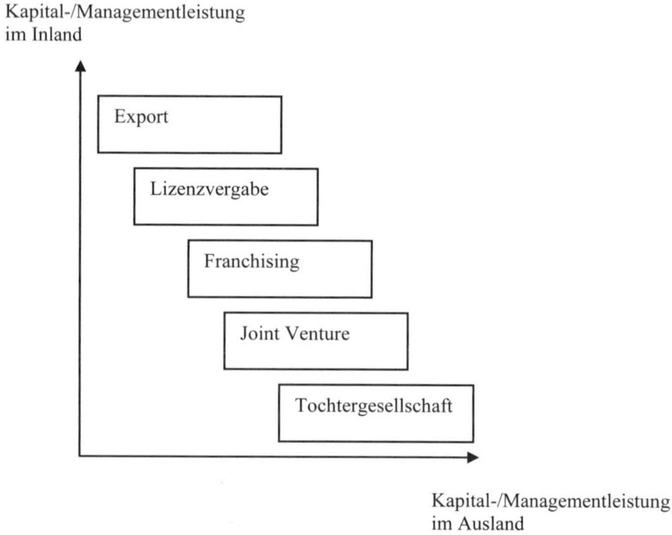

Internationalisierungsstufen

Abb. 56: Internationalisierungsstufen

2.2 Kulturvergleichendes internationales Management

Ihren nachhaltigen Durchbruch erfuhr die kulturbezogene Managementforschung Mitte der 1980er Jahre im Rahmen der damaligen Produktions- und Absatzoffensive japanischer Automobilhersteller insbesondere in den USA, aber auch in Westeuropa. Um Gründe dieses Wettbewerbserfolgs benennen zu können, wurden unter anderem die Produktionsbedingungen in amerikanischen und japanischen Automobilunternehmen (Tab. 20) untersucht und beschrieben. Dabei wurde sehr schnell deutlich, dass die mit 16,8 gegenüber 25,1 Stunden erheblich kürzere Produktionszeit für japanische Autos ursächlich vor allem auf eine andere Arbeitsorganisation, ein anderes Personalmanagement und ein anderes Zuliefersystem zurückzuführen war.

Tab. 20: Produktionsbedingungen in amerikanischen und japanischen Automobilunternehmen (Zülch, 1992)

Merkmale	*Japanische Werke in Japan*	*Amerikanische Werke in den USA*
Produktivität (Std./Fahrzeugherstellung)	16,8	25,1
Lagerbestand (Tage für 8 ausgewählte Teile)	0,2	2,9
Anteil Teamarbeiter in % der Belegschaft	69,3	17,3
Verbesserungsvorschläge je Beschäftigtem	61,6	0,4
Ausbildungsdauer neuer Produktionsmitarbeiter (Std.)	380,3	46,4
Montagefehler pro 100 Fahrzeuge	60	82,3

Ein wesentlicher Grund für die Unterschiedlichkeit der Ergebnisse besteht in dem eindeutig an langfristiger Beschäftigung beziehungsweise Mitarbeitertreue, Teamdenken und Unternehmensvernetzung orientierten japanischen Modell, das dem „hire-and-fire"-Prinzip in amerikanischen Unternehmen ebenso entgegengesetzt ist, wie es in Bezug auf die Wettbewerbs- und Einzelkämpfermentalität der amerikanischen Arbeitsorganisation der Fall ist. Geht man noch weiter zurück, wird man sehr schnell den religiösen Einfluss entdecken: einerseits das buddhistische Prinzip der unteilbaren Einheit, das Sowohl-als-auch, andererseits den protestantischen Individualismus mit seinem Prinzip des Entweder-oder.

Überwiegend wurden die Ergebnisse jedoch mit Hilfe von Merkmalen kultureller Dimensionsmodelle, wie sie Hall oder Hofstede vorgegeben haben, analysiert.

Auch wenn die Analysen dementsprechend nur in den seltensten Fällen über einfache Merkmalszuweisungen wie „Individualismus" in Bezug auf das US-amerikanische und „Kollektivismus" in Bezug auf das japanische Produktionsszenario hinausgingen, war dennoch ein wichtiger Schritt unternommen worden, um die Kulturbedingtheit wirtschaftlichen Handelns allgemein plausibel werden zu lassen.

Gleichzeitig leitete sich hieraus – insbesondere auf der ökonomisch unterlegenen amerikanischen Seite – der Wunsch ab, das Wissen um die Vorteile japanischer Produktionsregimes in die Konzeption eigener Modelle zu integrieren. Dass eine komplette Übernahme japanischer Produktionsprinzipien nicht gelingen konnte, war angesichts der kulturvergleichenden Analysen offenkundig geworden. Folglich musste es darum gehen, bestmögliche Formen der Anpassung und Integration zu finden.

Hierzu zählt die Entwicklung von „best-of-both"-Synthesen: Von den zusammenzuführenden Merkmalen werden aus den Unternehmen A und B die jeweils besten zum Beispiel der Prozessorganisation, der Führungskultur, der betrieblichen Kranken- und Altersversorgung und der Mitbestimmungspraxis ausgewählt und zu einem neuen Modell synthetisiert.

Theory Z (William G. Ouchi)

Eines der bekanntesten Beispiele für ein solches synthetisches Vorgehen ist William G. Ouchis „Theory Z" (Ouchi, 1981) (Abb. 57), mittels derer man in den 1980er Jahren in den USA den Konkurrenzkampf mit der japanischen Automobilindustrie gewinnen wollte. Ausgehend von einer Merkmalsbeschreibung des amerikanischen (Typ A) und des japanischen Systems (Typ J) stellt die „Theory Z" das „best of both" dar (nach Macharzina, 2003, S. 310 f.).

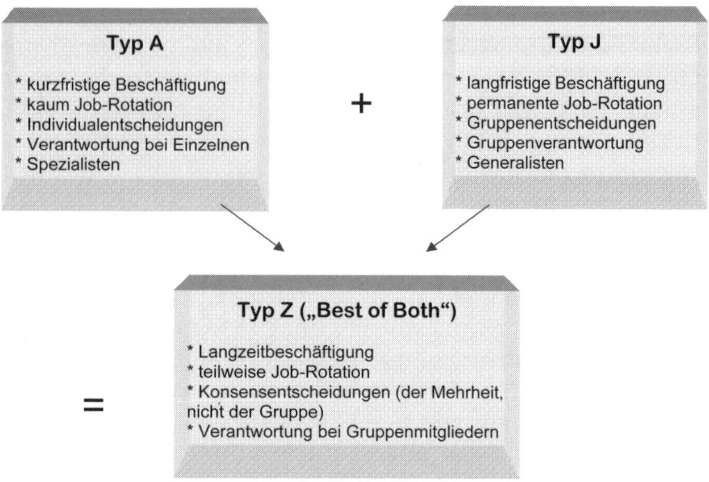

Abb. 57: Theory Z (Ouchi, 1981)

Obwohl die Theory Z das Ausgangsmodell für die heute auch in europäischen Werken praktizierte Methode des „Lean Management" beziehungsweise der „Lean Production" gebildet hat, ist sie in dieser synthetischen Form nirgendwo realisiert worden. Auch wenn Ouchi das „Modell Z" als kulturneutral und weltweit einsetzbar deklariert hatte, waren etliche Anpassungen sowohl in den USA als auch in Westeuropa notwendig, um schwerwiegende Krisen bei der Implementierung des Modells zu bewältigen. Verursacht wurden solche Krisen zumeist durch eine Fehleinschätzung der Kulturgebundenheit des japanischen Networking, das mit westlichem Netzwerkdenken nur schwer vereinbar ist. Als Beispiel genannt sei die enge Bindung japanischer Unternehmen untereinander, die vor allem aus der früheren Konglomerats-Organisation resultiert. Ein Prinzip wie die „just-in-time"-Lagerhaltung, bei dem man sich darauf verlassen können muss, dass ein Zulieferer ein bestimmtes Produktionsteil zu einem bestimmten Zeitpunkt im Werk abliefert, funktioniert in Europa schon deshalb nicht in der gleichen Weise wie in Japan, weil beispielsweise Streiks, die in Japan weitgehend unbekannt sind, sehr schnell für Lieferverzögerungen sorgen und damit auch Produktionsausfälle zur Folge haben können. Weiterhin bildet – wie erwähnt – die gesamte Arbeitsorganisation ein dynamisches System, in dem alle Konstituenten miteinander verflochten sind und sich gegenseitig beeinflussen. So kann die Ausbildungszeit neuer japanischer Produktionsmitarbeiter nur deshalb so lang sein, weil sich diese Investition angesichts der langfristigen Beschäftigungsverhältnisse und damit der Treue gegenüber dem Unternehmen lohnt. Ähnliches gilt in Bezug auf die Job Rotation, also dem Tatbestand, dass jeder Mitarbeiter möglichst viele Arbeitsplätze eines Unternehmens kennen lernt. Dies wiederum führt zu einer Generalistenprägung und so weiter.

Nicht-Übertragbarkeit von Produktionssystemen

Für das amerikanische Modell lässt sich ein entsprechend anders akzentuierter Systemzusammenhang aufweisen. Bezogen auf die Formulierung einer Merger-Identität bedeutet ein solches am Schreibtisch entwickeltes „best-of-both"-Vorgehen, dass sich keiner der Betroffenen mit dem neuen System zu identifizieren vermag. Entscheidend ist dabei, dass die einzelnen Merkmale des „best of both" ausschließlich als Bestandteile eines Bündels oder Netzwerks von vielen anderen, interdependenten Merkmalen funktionieren. Nimmt man einzelne Bestandteile aus diesem Netzwerk heraus, funktionieren weder sie noch ihre Merkmalsumgebungen – und erst recht nicht das neue, eklektisch geschaffene „best-of-both"-System.

Problematik von „best-of-both"-Lösungen

Vor diesem Hintergrund ist auch die These der kulturvergleichenden Management-Literatur problematisch, ein „fit" zwischen kulturell bedingt unterschiedlichen Strukturen liege vor allem dann vor, wenn diese Distanz kulturell gering sei (u. a. Bamberger, 1994, S. 267 ff.). Dass Unternehmen nicht schon deswegen gut zusammenpassen, wenn sie kulturell möglichst zahlreiche Gemeinsamkeiten aufweisen, hatten wir bereits in Bezug auf die Positionen Huntingtons und Fukuyamas festgestellt.

„fits" zwischen Unternehmen lassen sich nicht exakt bestimmen

Abgesehen davon, dass ein solcher „fit" aus genannten Gründen nur unter größten Vorbehalten überhaupt benannt werden kann, muss man die grundsätzliche Frage stellen, inwieweit kulturelle Gemeinsamkeiten tatsächlich positiv zu bewerten sind.
Aus der Sicht der interkulturellen Kommunikations- und Handlungsforschung ist dies vor allem deswegen nicht per se der Fall, weil Gemeinsamkeiten auf der Perceptas-Ebene konzeptuelle Differenzen im tiefenstrukturellen Bereich verschleiern können: Man glaubt, mit der Verwendung identischer Begriffe auch das Gleiche zu meinen, referiert aber faktisch auf vollkommen unterschiedliche Sachverhalte, ohne dass dies den Beteiligten unmittelbar bewusst wäre. Dies kann dazu führen, dass scheinbar gemeinsame Prozesse der Realitätskonstruktion unbemerkt auf inkompatiblen Argumentationsgrundlagen aufgebaut werden. Zunächst täuschen Selbstbeschwichtigungsstrategien (er wird das schon so meinen, wie ich es verstehe) über die Differenzen hinweg und retten auf diese Weise – tatsächlich bereits äußerst brüchig gewordene – Plausibilitäts- und Normalitätsszenarien. Nach und nach gestaltet sich das Verstehen immer schwieriger, so dass häufig eine Art von Kommunikationsverweigerung resultiert, die die Dynamik des Interaktionsprozesses an dieser Stelle des Netzwerks zum Erliegen bringt.
Dies ist auch der Grund dafür, dass zum Beispiel ein Scheitern von Mergers in der Regel nicht in der ersten Phase der Zusammenführung, sondern erst nach einigen Jahren eintritt – nämlich dann, wenn es zu viele dieser kommunikativen „misfits" gibt um noch routinegemäßes Handeln garantieren zu können.
Inzwischen weiß man, dass die Aufrechterhaltung einer möglichst hohen und von gegenseitigem Verstehen geprägten Kommunikationsfrequenz am besten durch Thematisierungen des Kommunikationsprozesses gewährleistet werden kann.
Diese metakommunikativen Prozesse sind allerdings zwangsläufig viel häufiger anzutreffen, wenn schon Unterschiede auf der Perceptas-Ebene verhindern, dass man Ähnlichkeiten des Denkens und Handelns stillschweigend unterstellen (und sich damit aber auch deutlich irren) kann. Von daher ist die These, kulturelle Nähe sei eine Gelingensbedingung für internationale Kooperationen, keineswegs in jedem Fall zutreffend.

2.3 Interkulturelles internationales Management

Der misslungene Versuch, Lean-Konzepte weltweit einheitlich zu realisieren und mehr noch die hohe Zahl gescheiterter internationaler Kooperationen und Merger-Projekte (Schlamelcher, 2003, S. 8) haben an der Wende zum 21. Jahrhundert zu deutlichen Neuorientierungen der internationalen Organisationslehre geführt, die eine nicht unerhebliche Paradigmenverschiebung zur Folge hatten (Bolten, 2003).

Gerade bei der Implementierung von Lean-Konzepten im Sinne des Modells Z hatte man die Erfahrung gemacht, dass die besten Erfolge dort erzielt werden konnten, wo Freiraum für Selbstorganisationsprozesse bestand und wo dementsprechend lokale Erfordernisse und Besonderheiten in Bezug auf Arbeitsorganisation, Führungsstil oder auch die Formulierung von Lieferantenverträgen berücksichtigt werden konnten. Auf diese Weise sind inzwischen weltweit sehr unterschiedliche Lean-Systeme entstanden, die an bestimmten Orten mit bestimmten Personen in vergleichbarer Weise gerade deshalb gut funktionieren, weil den lokalen Gegebenheiten und Prozessdynamiken Rechnung getragen worden ist.

Interkulturelles internationales Management knüpft an diese Erfahrungen nicht zuletzt mit der prozessualen und ereignisorientierten Definition von Interkulturalität an.

Die Verschiebung vom Strukturdenken (beim kulturvergleichenden internationalen Management) zum Prozessdenken (beim interkulturellen internationalen Management) impliziert für die Praxis der internationalen Unternehmensorganisation Konsequenzen, die analog der Entwicklung vom Denken der „Ersten" zum Denken der „Zweiten Moderne" verlaufen (Tab. 21).

vom Struktur- zum Prozessdenken

Tab. 21: Unterschiede zwischen kulturvergleichendem und interkulturellem Management

Unterschiede zwischen kulturvergleichendem und interkulturellem Management

kulturvergleichendes internationales Management	*interkulturelles internationales Management*
strukturorientiert	prozessorientiert
Synthese/„best of both"	Synergie/„best of process"
Konsens, Homogenität	Diversität, Kohäsion
steuerbar	moderierbar

Versteht man Interkultur als Prozess, ist zum Beispiel bei der Realisation internationaler Fusions- und Übernahmeprozesse (M & A-Prozesse) eine systematisch geplante „best-of-both"-Synthese nicht mehr denkbar, weil nur der Prozess selbst (im Sinne des Ereignens und Aushandelns von Interkultur) zu einer „best practice" führt.

Interkulturelles Management ist dementsprechend auch erheblich weniger steuerungsorientiert, weil gerade dadurch die Eigendynamik des Prozesses behindert werden könnte: Diversität tritt an die Stelle von Homogenität, Synergieförderung an die von Syntheseformulierung und Prozessmoderation ersetzt zu großen Teilen traditionelle Steuerung. Dies spielt nicht zuletzt auch bei Unternehmensbewertungen im Rahmen von M & A-Prozessen eine wesentliche Rolle. Gerade in Hinblick auf die Post-Merger-Phase ist es wichtig, frühzeitig abschätzen zu können, in welchem Maß beispielsweise fusionierende Unternehmen über ausreichende Flexibilität verfügen, um an Prozessdynamiken produktiv partizipieren und sie selbst mit gestalten zu können. Dementsprechend hat sich in jüngster Zeit auch die fast ausschließlich sachorientierte Praxis der „Due Diligence" zu einer „Cultural Due Diligence" erweitern können (Strähle, 2003, 2004). Damit werden im Rahmen des interkulturellen internationalen Managements zum ersten Mal ernsthafte Versuche unternommen, harte und weiche Faktoren betriebswirtschaftlichen Denkens nicht als Antipoden, sondern als interdependente Bestandteile wirtschaftlichen Denkens und Handelns zu verstehen (2.3.4).

Moderation von Diversität, Synergie und Prozessdynamik als Strategien interkulturellen Managements

„Due Diligence": Unternehmensbewertung

Als gemeinsamer Bezugspunkt für die Erläuterung dieser vier zweifellos zentralen Aspekte einer interkulturellen internationalen Organisationslehre mag im Sinne einer Hintergrundinformation eine Fallstudie dienen, die aus der Beratungspraxis für ein in Deutschland ansässiges deutsch-japanisches Joint Venture entstanden ist. Das Consultingziel bestand in der Optimierung der Mitarbeiterbeziehungen, um auf diese Weise eine Optimierung der Sachebene, es handelte sich um den Produktionsbereich, zu erzielen.

deutsch-japanische Fallstudie

Unter anderem wurden die Führungskräfte beider Unternehmen (auf Bereichs- und Abteilungsleiterebene) nach den grundlegenden Zielsetzungen ihrer Managementtätigkeit befragt und gebeten, diese Zielsetzungen in eine Rangfolge zu bringen. Das Ergebnis dokumentiert Wertepräferenzen, die unterschiedlicher kaum sein können (Tab. 22).

Tab. 22: Wertepräferenzen im deutsch-japanischen Joint Venture

Rang	*Deutsche*	*Japaner*
1	Sicherung des Unternehmens	gute Zusammenarbeit im Team („wa")
2	Arbeitsplatzsicherung	zu Fleiß motivieren

Rang	*Deutsche*	*Japaner*
3	Arbeitsdisziplin herstellen	Innovationskraft des Unternehmens stärken
4	Zuverlässigkeit garantieren	Verbesserung der Unternehmensumwelt

Während aus deutscher Sicht ausschließlich bewahrende und kontinuitätsorientierte Werte genannt wurden, dominierten auf japanischer Seite innovative, dynamische und teamorientierte Zielvorstellungen. In viel existentiellerer Form als auf der Makroebene ethnischer „communities" stellt sich im Mikrobereich eines Joint Ventures oder einer Fusion die Frage, wie ein Miteinander und damit eine Interkultur in die Praxis umgesetzt werden kann. Dies fängt, um bei unserem deutsch-japanischen Beispiel zu bleiben, mit der Formulierung gemeinsamer Leitbilder, Führungsgrundsätze und Anreizsysteme an. Es ist offenkundig, dass die Gegensätzlichkeit der Ausgangspositionen jeden Syntheseversuch in einen halbherzigen Kompromiss münden lassen würde. Das wiederum würde aber keinen der Partner zufrieden stellen und mit großer Wahrscheinlichkeit über kurz oder lang zum Scheitern des gemeinsamen Vorhabens führen.

Zum Nachdenken und Diskutieren

Welche Maßnahmen würden Sie als Consultant empfehlen, um im Rahmen der interkulturellen Zusammenarbeit der Fallstudienbeteiligten Synergieeffekte zu erzeugen?

Diversity-Management

Konsens nicht um jeden Preis – Voraussetzungen eines interkulturellen Diversity-Managements: Internationale Fusionen und teilweise auch Kooperationen sind häufig durch das Missverständnis geprägt, möglichst schnell als „melting pot" zu fungieren, indem – wie bei Daimler Chrysler – Unternehmensbezeichnungen zusammengeschweißt oder Corporate-Identity-Modelle formuliert werden, die nicht verhehlen können, dass sich eigentlich nur einer der beiden Partner besser durchsetzen konnte oder wollte. Wirklich identifizieren mit dieser neu gesetzten Identität kann sich zumeist jedoch keiner der Partner.

Wie bereits angedeutet, weiß man in vielen internationalen Unternehmen durchaus um die Gefahren eines solchen zwanghaften, zu schnellen oder unreflektierten Konsensstrebens. So wurde der damalige Daimler-Chrysler-Chef Schrempp letztlich auch Opfer der aus eigenen Reihen vorgetragenen Vorwürfe, er habe die beiden Unternehmen zu schnell zusammengeführt und die Eigendynamik der unternehmerischen Ausgangskulturen zu wenig berücksichtigt. Dennoch: Fast schon leitmotivisch wird immer wieder immer Sinne eines Wahlspruches gehandelt, den man in der Formel „Es soll ein Konsens sein. Trotzdem ...“ zusammenfassen könnte.

Warum? Dass das Bewusstsein der Eigenständigkeit der Partner letztlich zu deren Motivation beiträgt, dass die Einheit angesichts der Vielfalt in einer pluralistischen Wertewelt die demokratischste Lösung darstellt, ist bekannt. Und trotzdem sucht man immer wieder den Konsens, weil es sich hierbei um ein Verhaltensschema handelt, dass – durchaus kulturübergreifend – Sozialisationskontexte prägt. Denn gerade weil Alltagshandeln auf Routinen angewiesen ist und nur unter den Prämissen einer gewissen Fraglosigkeit, Normalität und Plausibilität funktioniert, erlässt es quasi imperativisch die Maxime: Es soll ein Konsens sein – damit ein Maximum an Handlungsautomatisation und damit auch ein Höchstmaß an Handlungseffizienz erreicht wird.

Jeder Dissens, jeder Konflikt wirkt sich zumindest aus der Perspektive des Alltagshandelns hemmend und störend aus, so dass alle Kulturen mehr oder minder subtile Konfliktvermeidungsstrategien beziehungsweise Konfliktlösungsinstanzen entwickelt haben. Dissens ist aus dieser Perspektive das Schlechte, zu Vermeidende, während der gesamte Sozialisationsprozess darauf ausgerichtet ist, Konsens positiv zu werten.

Interkulturelles Handeln unterliegt freilich nicht den Gesetzen intrakulturellen Alltagshandelns, weil eine Fraglosigkeit der Handlungsvoraussetzungen etwa in einem gemeinsamen kulturellen Gedächtnis gerade nicht gegeben ist. Von daher ist das In-Frage-Stellen und Thematisieren sowohl der jeweils eigenen Handlungsvoraussetzungen als auch das derjenigen der fremdkulturellen Partner Bedingung, um den Erfolg interkulturellen Handelns langfristig zu sichern: Die Reflexion des Dissens, die Fähigkeit, die Spannung zwischen Unvereinbarem aushalten, Gegensätzlichkeiten tolerieren zu können, ist damit Bedingung des Konsens.

Insofern sind Syntheseversuche wie die am Beispiel der Theory Z beschriebenen in gewisser Weise auch immer eine kulturelle „Homogenitätsveranstaltung“ (Welsch, 1997, S. 3) von dem Zwang geleitet, Konsens finden und praktizieren zu müssen. Wie leicht einzusehen ist, geht dies jedoch immer zu Lasten des jeweils Eigenen der Beteiligten. Vernachlässigt man dieses Eigene, fehlt beispielsweise in Krisensituationen auch die Möglichkeit, sich in einem solchen Refugium regenerieren zu können.

Anders gesagt: Gemeinsame Handlungsorientierungen und Ziele sind notwendig. Sie sollten in ihrer Formulierung jedoch inhaltlich nicht einengend bis ins Detail festgelegt, sondern im Sinne der Paradigmen der Zweiten Moderne so vage sein, dass sie eine Vielheit angesichts der Einheit, einen Konsens im Bewusstsein der Unterschiedlichkeit ermöglichen.
Bezogen auf unsere Fallstudie würde ein Konsens im Sinne eines synthetischen „best of both" zwangsläufig einen von beiden Seiten kaum akzeptierbaren schlechten Kompromiss hervorbringen. Ratsam wäre es hingegen, Meetings (auch außerhalb der Arbeitszeit) zu initiieren, in denen die Beteiligten angeregt werden, sich ihrer unterschiedlichen Werthaltungen selbst bewusst zu werden und sich gegenseitig über die Hintergründe ihrer Einstellungen zu verständigen. Anhand kleinerer – durchaus freizeitbezogener – Projekte wie der gemeinsamen Entwicklung eines Strategiespiels oder der Teilnahme an einem Börsenspiel ist es dann möglich, mit den unterschiedlichen Positionen zu experimentieren, deren Vor- und Nachteile auszutesten und dabei eventuell vollkommen neue Positionen herauszubilden, die bislang keiner der Beteiligten vertreten hat, die aber für alle plausibel erscheinen. Ein solcher Prozess wäre bereits ein synergetischer.

„Synergie" zuerst als Thema der Lasertechnik

Synergien statt Synthesen: Zuerst entdeckt und beschrieben wurden Synergien in der Lasertechnik. Um zu erklären, wie sich aus einem mikroskopischen Chaos ein hochorganisierter Prozess sich gegenseitig angleichender Lichtwellen entsteht, deren Takt allerdings nicht voraussagbar ist, nimmt man die Existenz von Selbstorganisationsprozessen an. Die Instabilität und Ungeordnetheit der Ausgangssituation wird mit zunehmender Komplexität des Miteinander durch eine unsichtbare Hand in eine neue Ordnung hinübergeführt. Derartige „invisible-hand"-Prozesse werden beispielsweise auch unterstellt, wenn man bei Prozessen des Sprachwandels zu erklären versucht, warum sich bestimmte Begriffe durchsetzen und andere nicht (wie z. B. in Deutschland Handy gegenüber Mobiltelefon).
Eine vollständige Erklärung ist gerade wegen der Unsichtbarkeit des selbstorganisatorischen Ordnungsprinzips nicht zu erreichen. Dies gilt erst recht in Hinblick auf die Prognostizierbarkeit spezifischer Formen von Selbstorganisation in komplexen Systemen: Sie ist nicht möglich, und man kann allenfalls tendenziell Aussagen über mögliche Verläufe solcher Prozesse machen. Wie man weiß, werden hierbei wesentliche Ordnungsfunktionen vor allem von älteren Subsystemen übernommen, weil diese bereits über geebnete

Netzwerkzugänge und Netzwerkeinbindungen verfügen. Ansonsten besteht das Selbstorganisationsprinzip anscheinend nur in der vagen Maxime: „Es soll eine Ordnung sein“ (Haken, 1994).

Der Vorteil einer synergetischen Organisation von Interkulturalität zwischen multikulturellen Gruppen kann als doppelter gesehen werden: Zum einen vermeidet man, dass der interkulturelle Prozess, der sich zwischen A und B abspielt, determiniert wird durch eine gegebenenfalls weitere Kulturkomponente, die ein Synthesenformulierer beziehungsweise eine Steuerungsperson aufgrund der eigenen kulturellen Bindung einbringt. Weiterhin eröffnet man gerade durch das Zulassen von Selbststeuerungsprozessen die Entstehung von Interkulturen im Sinne der beschriebenen Multikulturalität III.

Um auf unser Fallbeispiel zurückzukommen, ist es einerseits offensichtlich, dass eine Initiierung synergetischer Prozesse die Anerkennung der einzelnen Kräfte (und damit Diversität) voraussetzt. „Diversity Management“ ist dabei allerdings nicht mit einem „Segeln im Chaos“ (Kieser et al., 1998, S. 182 f.) gleichzusetzen, bei dem die Beteiligten sich selbst überlassen sind. Genauso wenig wie man von dritter Seite (also z. B. von der eines Consultants aus) eine Leitkultur vorgeben dürfte, wäre eine nur abwartende Position nach der Maxime „Es werden sich schon Synergien ergeben“ sinnvoll. Ohne eine bewusste Initiierung von Lernprozessen wird dies aller Wahrscheinlichkeit nach nicht eintreten. Die Initiierung selbst sollte jedoch nur unter methodischen, nicht aber unter inhaltlichen Vorgaben erfolgen. Und genau hierin besteht die Aufgabe eines Prozessmoderators.

Prozessmoderation

Prozessmoderation statt Prozesssteuerung: Weshalb ein interkulturell ausgerichtetes internationales Management mit Prozessmoderatoren arbeiten sollte, wird deutlich, wenn man sich die Bedingungen vor Augen führt, unter denen sich Unternehmen in Globalisierungszusammenhängen zusammenschließen und Unternehmenskulturen entwickeln: Vor allem für strategische Allianzen, inzwischen aber auch für Merger, gilt, dass sie – anders als in der Ersten Moderne – nicht mehr im Bewusstsein einer unbefristete Dauer eingegangen werden. Selbst wenn die Zusammenarbeit über längere Zeit hinweg währt, können sich aufgrund der Netzwerkeinbindung und der Netzwerkdynamik der Partner (oder des fusionierten Unternehmens) sehr schnell die Konstellationen ändern, innerhalb derer gearbeitet wird. Als Beispiele seien die Akquise und Wiederabstoßung von Mitsubishi aus dem Daimler-Chrysler-Konzern oder wie bei Vodafone/Mannesmann die vollkommene

Neuorientierung in Bezug auf Geschäftsfelder genannt (innerhalb Deutschlands z. B.: Bäckerei Kamps kauft Nordsee, Jenoptik verkauft M+W Zander).

Damit sind die Planungs- und Steuerungskapazitäten eines Unternehmens erheblich reduziert. Während in der Ersten Moderne die Steuerungs- und Gestaltungskapazität eines Unternehmens noch eindeutig Emergenzprozesse dominierte, entwickelt sich das Verhältnis unter den aktuellen Globalisierungsbedingungen in umgekehrt proportionaler Weise (Abb. 58).

Emergenz: Eigendynamik

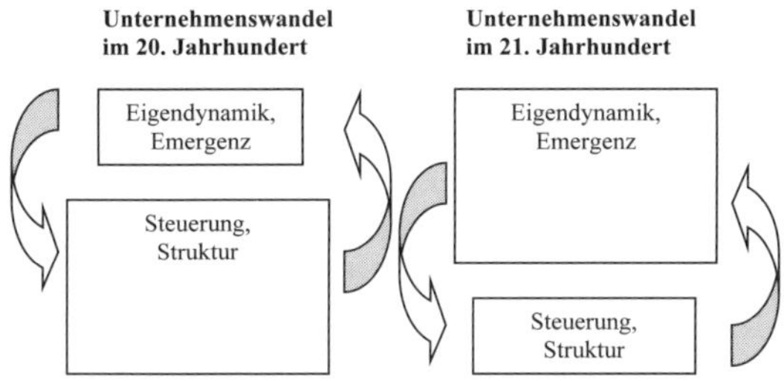

Abb. 58: Wandel des Verhältnisses von Emergenz und Steuerung

Wandel des Verhältnisses von Emergenz und Steuerung

Primär interessant ist nicht mehr die Strukturplanung eines Unternehmens, sondern die Frage, welche Faktoren den Emergenzprozess bestimmen und wie derartige (in optimaler Weise synergetische) Prozesse sich konstituieren. In der noch jungen interkulturellen Unternehmenskulturforschung werden von Rathje zu diesem Zweck vier „Prozessdynamiken" unterschieden: Abwehr, Hybridisierung, Anpassung und Integration. Sie wirken in den verschiedenen Phasen der „Lebenszeit" einer Unternehmung in unterschiedlicher Gewichtung auf dessen Struktur und damit auch auf das Steuerungsverhalten des Managements ein (Rathje, 2004, S. 223).

Prozessdynamiken

Je nach Einflussstärke der einzelnen Dynamiken verändert sich die Unternehmenskultur. Da Strukturen zwangsläufig weiter bestehen, dies nur in erheblich weniger fester Form, wird sich eine erfolgreiche Unternehmensführung nicht in einer Prozessmoderation erschöpfen können. Es geht nach wie vor natürlich auch um Aufgaben der Prozessgestaltung, um das Setzen von Strukturen und klaren Zielvorgaben. Dieses Machen muss allerdings von einem erheblichen Maß an Flexibilität begleitet sein, so dass eine ideale interkulturelle Führungskraft nicht auf Consultants als externe Prozessmoderatoren angewiesen sein sollte, sondern vielmehr in der Lage sein müsste, diese Aufgaben selbst zu übernehmen.

Die zentralen Aspekte einer solchen Prozessmoderation hat Schreier kürzlich in seiner Beschreibung des Aufgabenfeldes eines sogenannten Intercultural Officers (IOC) beschrieben (Schreier, 2001). Es sind:

- die Gewährleistung einer permanenten Selbstverständigung der Beteiligten zum Beispiel eines internationalen Mergers über gemeinsame Handlungsziele einschließlich entsprechender Korrektur- beziehungsweise Interventionsmöglichkeiten;
- die Initiierung von Szenarien, in denen gruppenbezogenes Interaktionsgeschehen thematisiert, (kulturbedingte) Gegensätze oder Verstehensprobleme bewusst offengelegt, verständlich gemacht und Akzeptanzbedingungen beziehungsweise -grenzen ausgehandelt werden können;
- eine Unterstützung bei der Entwicklung von Reziprozitätsbeziehungen innerhalb des umgebenden Netzwerks einschließlich der Bewusstmachung, dass mit dem Grad und dem Modus der Ausgestaltung von Reziprozität auch Grenzen des Netzwerkes definiert, also gesetzt oder geändert werden.

Entscheidend für den Erfolg einer Prozessmoderation ist die (noch an späterer Stelle näher zu erläuternde) interkulturelle Kompetenz des Moderators sowie seine Fähigkeit (meta)kommunikative Prozesse zwischen den Beteiligten der unterschiedlichen Ausgangs(unternehmens)kulturen zu initiieren und aufrechtzuerhalten. Dass dies gelingen kann, zeigt die Realisation der Übernahme von Lotus durch IBM: Man war „bereit, von Lotus zu lernen und verschiedene Sozialregelungen zu übernehmen. Und immer wieder setzte man auf das Gespräch: Ein eigener ‚Gatekeeper' wurde berufen, der nur für eine permanente und gelingende Kommunikation zwischen den Firmen zu sorgen hatte" (Schreier, 2001, S. 24).

prozessinvolvierte Führungskräfte als interkulturelle Prozessmoderatoren

Derartige „Gatekeeper" übernehmen die Funktion von Wissens- und Kommunikationsmanagern, die auf der einen Seite Kommunikationsprozesse in netzwerkbildender beziehungsweise -reproduzierender Absicht initiieren und zu einer entsprechenden Motivationsentwicklung unter den Mitarbeitern beitragen. Darüber hinaus regen sie eine Reflexion der ablaufenden Kommunikations- und Netzwerkprozesse seitens der Beteiligten an. Mit anderen Worten: Es geht nicht nur um eine Supervision des Kommunikationsprozesses, sondern darum, mit den Beteiligten über deren Kommunikationsverhalten zu kommunizieren.

Offenkundig ist an dieser Stelle, dass die optimale Realisationsform eines interkulturellen internationalen Managements darin besteht, Struktur- und Prozessdenken zu integrieren und dementsprechend harte und weiche Faktoren des Unternehmensalltags als zwei Seiten ein und derselben Münze zu begreifen.

Vom Trugschluss der Unterscheidung in harte und weiche Faktoren betriebswirtschaftlichen Handelns: Zu den populärsten betriebswirtschaftlichen Kategorisierungsmustern zählt hingegen sowohl in der Theorie als auch in der Praxis die strikte Trennung zwischen *harten* und *weichen* Faktoren.

harte und weiche Faktoren der Unternehmenspolitik sind interdependent

Dass diese Unterscheidung keineswegs wertneutral ist, sondern eher als das Verhältnis von hartem Zentrum und weicher Peripherie verstanden werden muss, ist aus Verteilungskämpfen, Prioritätensetzungen, Posten- und Budgetrangeleien hinreichend bekannt. Weiche Faktoren wie Kommunikationspolitik, Personalentwicklung oder Werbung werden, gerade weil ihr Erfolg nur schwer oder auch gar nicht messbar ist, vor allem in konjunkturellen Schwächephasen hintangestellt. Obwohl selbst ein hartgesottener Investmentbanker weiß, dass eine Unternehmensbewertung nicht nur an eindeutig quantifizierbaren Größen wie der Bilanz, der Gewinn- und Verlustrechnung oder an der Analyse des Produktportfolios orientiert sein darf, sondern „auch weniger präzise Dinge [...] wie Selbstverständnis, Organisations- und Umgangsformen der Mitarbeiter, Firmentradition, Standortbindung, Umfeldbezüge" einschließen muss (Jordan u. Bickmann, 2000, S. 11), steht außer Frage, dass im Entscheidungsfall immer die harten Faktoren obsiegen. Selbst Verfechter einer „Cultural Due Diligence" beugen sich in der Regel dem argumentativen Axiom, dass harte Faktoren weiche dominieren – zumindest dort, wo „Due Diligence" und „Cultural Due Diligence" nicht in ihrer wechselseitigen Bedingtheit betrachtet werden.

In der Geschichte des betriebswirtschaftlichen Diskurses um das Verhältnis von harten und weichen Faktoren hat diese Denkweise zu unnötigen Kontradiktionen, Frontenverhärtungen und letztlich zu Gegensatzkonstruktionen geführt, die faktisch nicht existieren. Denn beide Aspekte stehen im Sinne von Inhalt und Beziehung faktisch in einem permanenten Wechselverhältnis, das sich analog zu der Bestimmung des interaktionalen Kommunikationsbegriffs bei Watzlawick wie folgt darstellt: „Der Inhaltsaspekt vermittelt die ‚Daten', der Beziehungsaspekt weist an, wie diese Daten aufzufassen sind" (Watzlawick et al., 1990, S. 11). In Abwandlung der viel zitierten Form-Inhalt-Bestimmung bei Kant bedeutet dies, dass kommunikatives Handeln und damit letztlich auch unternehmerisches Handeln ohne (harte) Daten „leer" wäre, ohne eine hinreichende Beachtung der (weichen) Beziehungsebene aber „blind" bliebe. Oder anders gesagt: Das eine bliebe ohne das andere Fragment.

Das asymmetrische Verhältnis von harten Inhalts- und weichen Beziehungsaspekten hat wiederum sehr viel mit dem technizistisch und funktionalistisch geprägten Weltbild der Ersten Moderne zu tun: Wenn man mit abgegrenzten Einheiten oder wie in unserem Beispiel – bildlich gesprochen – mit Kugelvorstellungen arbeitet, liegt die Möglichkeit einer (mathematischen) Berechenbarkeit von Handlungen auf der Hand. Betrachtet wird der Inhalt einer solchen Kugel oder einer anderen geometrisch gedachten organisationalen Realisierungsform. Dies geschieht in weitgehend isolierter Form, weil die Beziehungen zu anderen Einheiten nur als Appendix interpretiert und nicht zum eigentlichen Betrachtungsgegenstand gezählt werden.

In diesem Sinn werden zum Beispiel die mit M & A-Transaktionen erwarteten Unternehmenswertsteigerungen auch in erster Linie in einer eindeutig bezifferbaren Vergrößerung von Marktanteilen gesehen. Gleiches gilt in Hinblick auf die eingesetzten Mittel wie beispielsweise Economics of Scale, globale Präsenz, horizontale Integration im Markt, vertikale Integration entlang der Wertschöpfungskette und Forschungsallianzen.

Die These lautet nun, dass wir im Rahmen der zunehmenden internationalen Verflechtung längst über den Punkt hinausgekommen sind, an dem eine klare inhaltliche Abgrenzung von Märkten, Produkten und Unternehmensfeldern möglich wäre. Unternehmerischer Erfolg entscheidet sich gerade vor dem Hintergrund der kommunikationstechnologischen Innovationen des vergangenen Dezenniums in immer größerer Abhängigkeit von den Netzwerkbeziehungen des jeweiligen Unternehmens. So hängen Geschäftsbeziehungen zum Beispiel zwischen einem Systemzulieferer und einem Komponentenzulieferer „in Netzwerken wesentlich von weiteren Beziehungen zwischen Endproduktherstellern, System- und Komponentenzulieferern und vor allem von den Beziehungsgeflechten ab, in denen die Unternehmungen agieren“ (Windeler, 2001, S. 36).

Im Gegensatz zu abgeschlossenen geometrischen Modellen drängt sich bei Netzwerkkonstruktionen der Gedanke oder Wunsch nach mathematischer Erfassbarkeit gar nicht erst auf. Anders gesagt: Je stärker unternehmerisches Handeln in Netzwerke eingebunden ist, desto größer ist die Abhängigkeit von sozialen Interaktionsbeziehungen und desto illusorischer ist seine mathematische Erfassbarkeit. Der Wert eines Unternehmens bestimmt sich (und das weiß man nicht erst seit dem Worldcom-Desaster) eben nicht allein über

die harten Fakten seiner Bilanz, sondern genauso über seine Beziehungen zu anderen Netzwerkpartnern, die in ihrem unberechenbaren Zusammenwirken in Bezug auf Auftragseinholung, Marketing, Vertrauensbildung und Produktionsabwicklung letztlich direkten Einfluss auf die Ertragslage eines Unternehmens haben – oder wie Barth und Kiefel formulierten: „Der Unternehmenskultur, der Identität, den informellen Netzwerken, die sich täglich reproduzieren und das Verhalten der Unternehmensmitglieder konditionieren, sind wahrscheinlich größere Wirkungen auf ökonomische Größen zuzuschreiben als bisher" (Barth u. Kiefel 2002, S. 22).
In welchem Ausmaß weiche Faktoren die harten ökonomischen Größen beeinflussen, lässt sich freilich genau so wenig exakt bestimmen, wie die Rückwirkung der ökonomischen Situation eines Unternehmens auf seine Netzwerkbeziehungen. Offenkundig ist jedoch, dass gegenwärtig sowohl die Fürsprecher der weichen als auch die der harten Faktoren ihre jeweilige Position erheblich überschätzen, sofern sie sich einseitig darauf konzentrieren – auch dies ist ein Grund für das Plädoyer einen ganzheitlichen internationalen Management-Ansatz zu praktizieren.

Interkulturelles Marketing

In den Wirtschaftswissenschaften begann sich der Begriff *Interkulturelles Marketing* erst in den 1990er Jahren zu etablieren. Usunier und Walliser (1993), Holzmüller (1995), Müller (1997) und Mennicken (2000) waren die ersten, die Publikationen unter diesem Titel vorlegten. In jüngster Zeit sind weitere Arbeiten gefolgt, darunter ein fast eintausend Seiten umfassendes Kompendium von Müller und Gelbrich (2004).
Bei genauerem Hinsehen stellt sich jedoch bei fast allen Publikationen die Frage, ob es sich tatsächlich um ein interkulturelles Marketing im Sinne unseres Prozess- beziehungsweise Interaktionsbegriffs von Interkulturalität handelt, oder ob nicht doch mit statischen Strukturmerkmalen operiert wird, so dass man angemessener von kulturbezogenem oder kulturvergleichendem internationalen Marketing sprechen müsste. Gleichsetzungen zwischen kulturvergleichendem und interkulturellem Marketing oder die Rede von „interkulturellen (statt von kulturellen) Vergleichen“ beziehungsweise „Unterschieden“ sind zumindest Indikatoren dafür, dass eine solche Skepsis angebracht sein könnte (Müller u. Gelbrich, 2004, S. 223).

Zum Nachdenken und Diskutieren

Wie müsste auf der Grundlage unserer Definition von Interkulturalität eine Marketingaktivität charakterisiert sein, die zu Recht als interkulturell und nicht als kulturbezogen oder kulturvergleichend charakterisiert bezeichnet werden kann?

1 Kulturbezogenes, kulturvergleichendes oder interkulturelles internationales Marketing?

Wer sich heute mit internationalem Marketing befasst, wird den Kulturbezug seiner Arbeit schon deshalb nicht ausblenden können, weil er unverbrüchlich mit Kostenaspekten verbunden ist. Bezogen auf jedes der vier klassischen Marketinginstrumente, nämlich

klassische Marketinginstrumente

- Produkt- und Leistungspolitik,
- Preis- und Kontrahierungspolitik,
- Kommunikationspolitik,
- Distributionspolitik (Vertrieb, Logistik),

stellt sich im internationalen Kontext die Frage, in welcher Weise sie realisiert werden müssen, um mit geringem finanziellem Aufwand einen möglichst hohen Nutzen zu erzielen. Dies impliziert automatisch die Frage nach dem Standardisierungsgrad der Marketingaktivität. So weiß man spätestens seit den Negativerfahrungen mit übereilten Standardisierungsmaßnahmen in den 1980er Jahren, dass eine weltweite Standardisierung (identisches Produkt, gleiche Verpackung, gleicher Werbespot etc.) gegenüber lokal oder regional differenzierten Lösungen (kulturbezogene Produkt- und Verpackungsspezifikation, regional differenzierte Werbespots etc.) zwar erhebliches Kostensenkungspotential birgt, dass andererseits aber ungleich höhere Opportunitätskosten (Opportunitätskosten bezeichnen den entgangenen Nutzen, der bei Alternativen durch die Entscheidung für die eine und gegen die andere Möglichkeit entsteht) entstehen können, gerade weil die Distanz zu den Zielgruppen zu groß ist und die Marketingaktvitäten dementsprechend nicht akzeptiert werden.

Opportunitätskosten: Kosten, die dadurch entstehen, dass Möglichkeiten zur maximalen Nutzung von Ressourcen nicht wahrgenommen wurden

Hierzu ein Fallbeispiel: Bis zum Beginn der 1990er Jahre vertrieb die Henkel KGaA das Spülmittel Pril in Österreich in einer orangefarbenen, in Deutschland in einer blauen Flasche. Im Rahmen einer Standardisierungsentscheidung wurde beschlossen, künftig eine einheitliche blaue Verpackung zu wählen. Mit der Einführung der blauen Flasche auf dem österreichischen Markt war allerdings ein so großer Absatzeinbruch verbunden, dass Henkel sich entschied, die blaue Verpackung zunächst wieder zurückzuziehen: Pril wurde danach in Österreich – zumindest für eine Übergangszeit – in einer türkisfarbenen Flasche verkauft.

Damit war für das internationale Marketing insgesamt offenkundig geworden, dass a) kulturübergreifende Standardisierungen problematisch sein können und dass b) Farben aufgrund ihrer Assoziationskontexte wesentlich auf die Kulturspezifik von Wahrnehmungen einwirken. Ein entscheidender Grund für den Markteinbruch war nämlich in der Kulturgebundenheit der Verwendung von Orange bei Reinigungsmitteln zu sehen: Wie in Ungarn wurde die Farbe in Österreich lange Zeit mit Sauberkeit assoziiert, während man in Deutschland eher Zusammenhänge mit Blau, Grün oder Weiß konstruiert hat.

Heute geht der internationale Trend immer stärker in Richtung eines Standardisierungs- oder Differenzierungs-Mix dergestalt, dass man im Sinne der bereits diskutierten „Glokalisierungs"-These von Roland Robertson Dachkampagnen entwirft, die für bestimmte Regionen der Welt einen gemeinsamen Gestaltungsrahmen abstecken. Wie dieser Rahmen (lokal) inhaltlich gefüllt wird, ist Sache

der lokalen Agenturen, die auf diese Weise gerade den kulturell gebundenen Erwartungen der Rezipienten Rechnung tragen sollen.
Der gemeinsame Leitspruch dieser Glokalisierungs-Aktivitäten lautet: „So global wie möglich, so lokal wie nötig". Kostensenkungspotential und Opportunitätskosten stehen dabei in einem Verhältnis, das einen optimalen Ertrag resultieren lässt.

„culture-free"- versus „culture-bound"-Produkte

In Hinblick auf die Kulturgebundenheit von Produkten unterscheidet man „culture-bound"-Produkte, zu denen in besonderem Maße Lebensmittel zählen, von „culture-free"-Produkten wie beispielsweise Maschinen. Je größer die Kulturgebundenheit, desto geringer ist das Standardisierungspotential. Während die Differenzierungsmerkmale beim internationalen Marketing zum Beispiel für MP-3-Player eher gering sind, unterscheiden sich Nahrungs- und Genussmittel bereits in ihren Produkteigenschaften regional zum Teil erheblich: Nescafé schmeckt in Italien bitterer als in Deutschland, Vernel riecht in Frankreich anders als in den Niederlanden, eine Marlboro ist in Polen stärker als in den USA, und ein Volkswagen verfügt in Taiwan über eine andere Grundausstattung als in Polen.
Die Relevanz eines kulturbezogenen internationalen Marketings nimmt folglich mit der Kulturbindung seines Gegenstandsbereiches zu: Erst wenn man um kulturspezifische Konsumentengewohnheiten weiß, kann man Entscheidungen über die Bearbeitung eines bestimmten Marktes treffen. So bieten sich beispielsweise bei der Vermarktung von Nescafé in England deshalb ganz andere Möglichkeiten an als etwa in Schweden, weil in England aufgrund der Bevorzugung von Teegetränken ungefähr 90 Prozent der Haushalte mit Wasserkochern ausgestattet sind, während der Vergleichswert in Schweden deutlich unter 30 Prozent liegt.
Kulturorientiertes Marketing erfährt in dem Moment zwangsläufig eine Erweiterung zu kulturvergleichendem Marketing, in dem Standardisierungs- beziehungsweise Glokalisierungsfragen aktuell werden. So wird die Antwort auf die Frage, ob man in England und Schweden für ein Marketing für Nescafé identische Marketingstrategien einsetzen oder für Schokoladen-Weihnachtsmänner in Australien und Tschechien gleiche Formen der Produktgestaltung verwenden kann, notwendigerweise auf einen Vergleich der Konsumentengewohnheiten in diesen Ländern hinauslaufen.
Mit interkulturellem Marketing in dem erörterten Sinn von Interkulturalität hat das freilich noch nichts zu tun, da Interaktionsbeziehungen hierbei nur sehr indirekt zum Tragen kommen.
Marktforschungen können zwar bei entsprechender Komplexität bis zu einem gewissen Grad verlässliche Hinweise geben, inwieweit

zum Beispiel ein Produkt oder eine Kampagne vermutlich bei einer bestimmten Zielgruppe ankommen wird. Die Kommunikationsrichtung ist aber letztlich dennoch einseitig-transmittorisch, weil die potentielle Zielgruppe selbst in der Regel keine Chance besitzt, in einen interkulturellen Aushandlungsprozess um die optimalen Akzeptanzgrenzen bezüglich lokaler und globaler Strategien zu treten. Sie wird die Strategie entweder akzeptieren und als Kunde gewonnen werden oder aber sie wird sich ohne Angabe von Gründen ablehnend verhalten.

Genau an dieser Stelle müsste ein interaktionstheoretisch orientiertes interkulturelles Marketing einsetzen. Bislang wird es allenfalls in mittelbarer Form durch entsprechende Aushandlungsprozesse in multikulturell besetzten Marketing-Agenturen realisiert. Unmittelbar, also im Sinne einer bidirektionalen Interaktion zwischen Zielgruppe und Unternehmen, ist es schon deshalb erheblich schwieriger durchzuführen, weil Marketingkommunikation vor dem Hintergrund der bisherigen Struktur von Massenkommunikation immer noch primär als Einbahnstraßenkommunikation fungiert. Wie wir sehen werden, bieten jedoch die neuen E-Kommunikationstechnologien des Web 2.0 viel versprechende Möglichkeiten, künftig tatsächlich ein interkulturelles Marketing zu praktizieren. Gegenwärtig kann von einem interkulturellen Marketing jedoch (fast) nicht die Rede sein.

Definitionswandel von Marketing über Distribution zu Delivering

Dass ein solcher Wandel bevorsteht, indiziert eine Korrektur der Definition von Marketing, die kürzlich seitens der auch in Forschungsfragen tonangebenden American Marketing Association (AMA) (http://www.marketingpower.com) vorgenommen wurde. In der bisherigen und immer noch häufig zitierten Definition (Wikipedia; http://de.wikipedia.org/wiki/Marketing) heißt es: „Marketing is the process of planning and executing conception, pricing, promotion and distribution of goods, ideas and services to create exchanges that satisfy individual and organizational goals."

Die aktuelle Version betont hingegen mit dem Wandel von „distribution" zu „delivering", dass nicht mehr verteilt, sondern geliefert wird: „Marketing is an organizational function and a set of processes for creating, communicating, and delivering value to customers and for managing customer relationships in ways that benefit the organization and its stakeholders."

Dem Anbieter wird auf diese Weise eine Bringschuld – und nicht mehr dem Konsumenten eine Holschuld – zugewiesen. Die Doppelseitigkeit des Handelns kommt darin zum Ausdruck, dass der transmittorisch-inhaltsorientierte Akt des „planning and executing conception" um die Beziehungsebene erweitert („managing custo-

mer relationships“) und die Kommunikation zwischen Anbieter und Zielgruppe durch die Ersetzung von „individual“ durch „stakeholders“ zu einer symmetrischen erklärt wird.
Auch wenn es vermutlich noch einige Jahre dauern wird, bis die Marketingpraxis dieser definitorischen Vorgabe gerecht zu werden vermag und in diesem Sinn nicht internationales, sondern interkulturelles Marketing den Normalfall darstellt, bleibt natürlich die Frage bestehen, wie in der gegebenen Situation bestmögliche Entscheidungen und Ergebnisse erzielt werden können.
Soll Wahlspruch „So global wie möglich, so lokal wie nötig“ in irgendeiner Weise Praxisrelevanz besitzen, müsste man in der Lage sein, konkrete Antworten auf die Frage zu finden, wie sich im Einzelfall möglich und nötig definieren. Anders gefragt: Wo verläuft bezogen auf eine bestimmte Zielgruppe der Grenzbereich, an dem Maßnahmen einer globalen Strategie wie zum Beispiel eine Dachkampagne noch akzeptiert werden, und bei welcher Art der Ausdehnung dieses Grenzbereiches besteht diese Akzeptanz nicht mehr, so dass eine kulturelle Differenzierung erforderlich wird?
Eine präzise Antwort kann es erst im Rahmen von interkulturellen Aushandlungsprozessen zum Beispiel zwischen Mitgliedern einer multikulturellen Agentur geben – zweifellos bietet aber kulturorientiertes beziehungsweise kulturvergleichendes Wissen diesbezüglich ein unverzichtbares Fundament. Für die systematische Erarbeitung einer solchen Basis können wir auf unsere Erkenntnisse zur Kulturbedingtheit des Handelns und Wahrnehmens zurückgreifen.

2 Kulturspezifisches Marketing

Unter Verwendung eines kulturorientierten Ansatzes verbindet sich der Einsatz der aufgeführten klassischen Marketinginstrumente mit einer Reihe zentraler Fragestellungen, unter anderem:

- Produktpolitik: Welche spezifischen Eigenschaften des Produkts und der Verpackung erwarten die Konsumenten unter anderem aufgrund ihrer Wertvorstellungen? Welche Bedürfnisse und Konsumkontexte bestehen? Wie ist der aktuelle Markt mit vergleichbaren Produkten besetzt?
- Preispolitik: Welche staatlichen Auflagen (z. B. Preisbindung) und Rahmenbedingungen (z. B. Steuern) existieren? Welche Zahlungsbedingungen sind üblich? Wie gestaltet sich das Ver-

hältnis von Kaufkraft und Sparquote? Welche Zielgruppen können und wollen sich das Produkt leisten?
- Kommunikationspolitik: Wie charakterisiert sich das Mediennutzungsverhalten der Zielgruppe? Welche spezifischen Eigenschaften der Kommunikationspolitik erwarten die Konsumenten (Besonderheiten des Werbesektors)? Welche rechtlichen Regelungen existieren für Werbung und Verkaufsförderung? Wie stellen sich Marken-Images dar? Welche sprachlichen Besonderheiten sind zu beachten (Produktname, kommunikativer Stil etc.)? Welchen Usancen gelten für Sponsoring und Öffentlichkeitsarbeit? Welche gesellschaftlichen Themen und Trends sind en vogue?
- Distributionspolitik: Welche Distributionskanäle bestehen/sind zugänglich? Welche Besonderheiten umfasst die kulturspezifische Sortiments-Listungspolitik? Wie ist der Vertrieb organisiert (einschließlich Ladengestaltung)? Wie hoch sind die Transaktionskosten? Welche klimatischen/geographischen Bedingungen sind zu beachten?

Systematisch gewendet, drängt sich eine Analogie zu dem diskutierten Schichtenmodell Dülfers auf (Abb. 59). Die mit den Instrumenten des Marketing-Mix verknüpften Fragestellungen erschließen sich über die einzelnen Ebenen des Schichtenmodells und ermöglichen damit eine zumindest ansatzweise Beschreibung und Erklärung zielmarkt- beziehungsweise zielgruppenspezifischer Merkmale in Hinblick auf ein bestimmtes zu vermarktendes Produkt oder eine Dienstleistung.

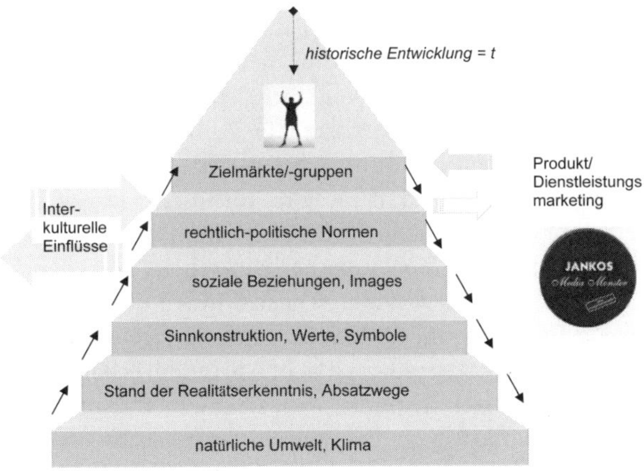

Abb. 59: Instrumente des Marketing-Mix

2.1 Natürliche Umwelt, Klima

Topographische und klimatische Bedingungen wie das Vorkommen bestimmter Landschaftsformen, Temperatur-Luftfeuchtigkeits- und Niederschlagsverhältnisse einerseits und Besonderheiten in Bezug auf das (Nicht-)Vorhandensein bestimmter natürlicher Ressourcen (Bodenschätze, Beschaffenheit des Erdbodens, Wasser) spielen besonders bei produkt- und absatzpolischen Entscheidungen eine wesentliche Rolle: Bekleidungsstoffe erfordern in klimatisch gemäßigten Regionen eine andere Qualität als in tropischen Regionen, der Fleischkonsum wird sich in meernahen Regionen anders darstellen als im Binnenland, und Schokoladenerzeugnisse werden in tropischen Regionen weniger nachgefragt sein als in kühleren Gegenden.

2.2 Stand der Realitätserkenntnis, Technologieerwartung, Absatzwege

Hinsichtlich ihrer physischen Beschaffenheit sind Absatzwege unmittelbar an die durch die natürliche Umwelt gegebenen Voraussetzungen gebunden. Wie lange man benötigt, um Ware an Kunden zu liefern und welche Transporttechniken dafür eingesetzt werden müssen (Verkehrsmittel, Kühltechnik, Sicherheitsmaßnahmen etc.) sind entscheidende Fragen der Logistik, die sich gleichzeitig auch auf die Distributionskosten und den Endverbraucherpreis auswirken. Der Ausbau von Verkehrswegenetzen, Ausprägungen von Urbanität und die Quote der privaten Fahrzeugnutzung stehen teilweise ebenfalls in einem Zusammenhang mit den gegebenen Umweltbedingungen und wirken ihrerseits beispielsweise auf die Strukturierung der Distributionskanäle (Abb. 60).
Bezogen auf die Produktpolitik spielen der Stand der Realitätserkenntnis und die damit verbundene Technologieerwartung einer Zielgruppe eine wesentliche Rolle. So wird das von Renault für den osteuropäischen, den südamerikanischen und den vorderasiatischen Markt entwickelte Dacia-Modell Logan in seiner Westeuropa-Basisversion mit einer umfangreichen Mehrausstattung, aber nicht in der für schlechte Straßenverhältnisse konzipierten höher gelegten Variante vertrieben. In Brasilien und China produziert Volkswagen Fahrzeuge, deren technische Ausstattung in Deutschland bereits vor längerer Zeit grundlegend überholt worden ist.

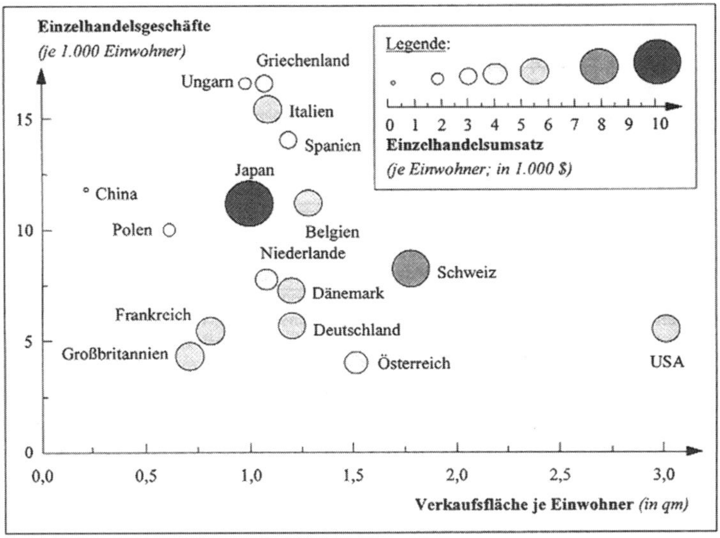

Abb. 60: Struktur des Einzelhandels in verschiedenen Ländern (aus Müller u. Gelbrich, 2004)

Während von der Technologieerwartung her in Deutschland Neufahrzeuge mittlerer und gehobener Preisklassen inzwischen zu großen Teilen mit Navigationsgeräten oder Freisprecheinrichtungen ausgestattet sind, macht dies produktpolitisch keinen Sinn in Ländern, die nicht über die notwendigen Telekommunikationsanlagen verfügen.

Unterschiede in der Realitätserkenntnis können auch wesentlich durch Sozialisations- und Bildungsprozesse und entsprechend konstituierte Normalitätserwartungen hervorgerufen sein. So war für Westdeutsche zur Zeit der Wende die Praxis der Einkommensbesteuerung bereits bekannt, während in der ehemaligen DDR ein komplett neues System erlernt werden musste. Dementsprechend unterschied sich zum Beispiel das erste Januar-Heft 1993 der Westausgabe von „Capital“ bereits in der Titelgestaltung erheblich von der zur gleichen Zeit publizierten Ostausgabe (Abb. 61).

Ähnlich wie „Capital“ verfuhren seinerzeit übrigens fast alle Wirtschaftsmagazine der BRD – interessant wäre es zu untersuchen, auf welcher Grundlage zwischen 1994 und 1995 von den Verlagen nach dieser Übergangsphase letztlich doch wieder nahezu ausnahmslos Standardisierungsentscheidungen getroffen wurden.

Abb. 61: Capital 1, 1993 (West) und Capital 1, 1993 (Ost)

Wesentlich zur Realitätserkenntnis trägt heute zweifellos die über Medien vermittelte Sekundärwahrnehmung bei. Inwieweit medientechnologische Entwicklungen wie Internet oder Mobilfunk raumzeitliche Komprimierungsprozesse initiieren und damit vor allem im internationalen Kontext vollkommen neue Realitäts- und Absatzbereiche erschließen, ist dabei kommunikations- und distributionspolitisch ebenso interessant wie der differenzierte Blick auf die Kulturbedingtheit der Mediennutzung. Die Nutzungshäufigkeit eines Mediums verhält sich (abgesehen von wenigen rechtlich bedingten Ausnahmen) nahezu spiegelbildlich zur Struktur der medienbezogenen Werbeausgaben (Tab. 23):

Tab. 23: Struktur der Werbeausgaben für klassische Medien (aus Müller u. Gelbrich, 2004, S. 501)

Anteil des Mediums (in %) an …						
	Printwerbung		*elektronischer Werbung*			
	Zeitungen	Zeitschriften	TV	Radio	Kinowerbung	Außenwerbung
Belgien	29,8	15,0	38,3	9,6	1,4	5,9
Dänemark	58,8	15,2	19,4	2,4	0,6	3,6
Deutschland	45,1	18,5	26,7	4,1	1,0	4,5

Anteil des Mediums (in %) an ...						
	Printwerbung		*elektronischer Werbung*			
	Zeitungen	Zeitschriften	TV	Radio	Kinowerbung	Außenwerbung
Finnland	56,2	17,5	18,9	3,8	0,2	3,4
Frankreich	26,4	24,5	29,8	6,8	0,8	11,7
Griechenland	21,0	33,0	43,0	3,0	0,0	0,0
Großbritannien	41,9	16,9	30,1	4,2	1,1	5,8
Irland	66,4	1,8	17,8	6,5	0,7	6,8
Italien	24,2	18,1	50,2	4,1	0,9	2,6
Niederlande	45,2	25,0	19,4	6,3	0,3	3,7
Österreich	44,2	18,6	22,4	7,8	1,0	6,1
Polen	12,1	14,2	62,7	5,5	0,5	4,9
Portugal	14,9	16,8	55,2	5,5	0,5	7,0
Schweden	56,4	14,7	21,3	3,1	0,5	4,0
Schweiz	51,8	17,7	11,9	3,1	0,9	14,5
Slowakei	8,7	9,4	69,4	8,3	0,0	4,2
Spanien	33,5	12,2	41,1	7,7	0,9	4,6
Tschechien	22,3	18,8	54,7	4,0	0,1	0,0
Ungarn	15,9	15,1	55,1	5,8	0,5	7,6
Mittelwert	35,5	17,0	36,2	5,4	0,6	5,3

Ebenfalls auf der zweiten Ebene seines Schichtenmodells sieht Dülfer die Sprache verankert. Er beruft sich dabei auf die sogenannte (und keineswegs unumstrittene) Sapir-Whorf-Hypothese, der zufolge (die Struktur einer) Sprache die Wahrnehmung der Umwelt und damit die Realitätserkenntnis beeinflusst. Ein Beispiel hierfür ist die Tatsache, dass mit zunehmender Relevanz von Lebensbereichen auch die lexikalische Differenzierung zunimmt, mit deren Hilfe diese Bereiche benannt und beschrieben werden können. Die sprachliche Steuerung der Realitätserkenntnis dokumentiert sich

linguistisches Relativitätsprinzip von Benjamin Whorf

beispielsweise in euphemistischen Benennungen wie alkoholfrei bei Bier, wobei nach deutschem Recht zum Beispiel ein Anteil von 0,5 Gewichtsprozent Alkohol enthalten sein darf.
Aus der Sicht der Kommunikationspolitik resultieren in diesem Zusammenhang vor allem dort Probleme, wo es um die Notwendigkeit adäquater Übersetzungen geht. Wie stark die Weltsicht des Übersetzenden den ursprünglichen Inhalt verändert, veranschaulicht ein Experiment des Schweizer Schriftstellers Urs Widmer, der seinen Text „Erste Liebe" ins Spanische, Chinesische, Englische, Russische, Französische und zum Schluss wieder zurück ins Deutsche übersetzen ließ (Abb. 62).

Erste Liebe

Erste Liebe I	**Erste Liebe IV**
= Deutsche Urfassung	= Rückübersetzung über die Etappen „Spanisch – Chinesisch – Englisch – Russisch – Französisch"
In einem Weiler in der Schweiz, einer Handvoll Stadel hoch oder zwischen den letzten Arven, gibt es einen Brauch, den die Bewohner seit Menschengedenken und länger kennen, nämlich: Immer im Morgengrauen von *Matthäi* am letzten (irgendwann im Juni) brechen die geschlechtsreif gewordenen Männer und Frauen auf (Kinder beinah noch) und gehen los, die Burschen nach Osten, die Mädchen nach Westen. Die einen gehen zuerst steil bergan, an Gletschermühlen vorbei und über rotglühendes Firneis, die andern müssen als erstes jäh bergab ins noch tiefdunkle Tal. Sie gehen stur geradeaus. Kein Hindernis kann sie hemmen. Sie benötigen keinen Schlaf, keine Nahrung. Sie durchwandern weite Ebenen, hören immer öfter den Klang unbekannter Sprachen. Sandstürme umbrausen sie, Schneewirbel, Stauborkane. Wie sie die Meere überqueren, ist ein Rätsel, das die auf-	Hoch oben in den Schweizer Alpen, mitten in den Nadelwäldern, liegt ein fast weltvergessenes Dorf: eines dieser Dörfer, die das Land noch heute mit Nahrung versorgen. In diesem Dorf hat sich während langer Zeit ein alter Brauch erhalten, der all seinen Bewohnern noch bekannt ist. Einmal im Jahr, in der Dämmerung eines Junimorgens – sagen wir zu *Sankt Matthäus* – machten sich alle Knaben und Mädchen aus dem Dorf, diejenigen, die bereits in der Blüte der Jugend standen genauso wie die kaum der Kindheit entwachsenen Jugendlichen, zu einem langen Bummel auf, wobei die Burschen nach Osten, die Mädchen nach Westen aufbrachen. Die Knaben mussten den Hang in Angriff nehmen, Steilpfade, Gipfel, Gletscher und Wächten überwinden. Die Mädchen dagegen stiegen in die stillen, noch in den nächtlichen Nebeln liegenden Täler hinunter.

Abb. 62: Übersetzung und Rückübersetzung eines Textes von Urs Widmer (aus Müller u. Gelbrich, 2004, S. 257)

Wörtliche oder textnahe Übersetzungen können bei Bedienungsanleitungen und erst recht bei Imagebroschüren und Verkaufsprospekten deshalb erhebliches Unverständnis hervorrufen, weil sie in klassisch transmittorischem Sinn die Zielgruppe außer Acht lassen. In ausgeglichener Form inhalts- und beziehungsorientiert verfahren hingegen freie Übersetzungen, die zwischen den Intentionen des Auftraggebers und den kommunikativen Stilerwartungen der Zielgruppe zu vermitteln in der Lage sind.

2.3 Sinnkonstruktion, Werte, Symbolattribuierung

Sinnkonstruktionen sind in den meisten Regionen der Welt primär durch die jeweils sozialisationsbestimmenden Religionen geprägt. Aufgrund der Resistenz des sozialen Gedächtnisses gilt dies auch dort, wo offenkundig Säkularisierungstendenzen vorherrschen. Den Einfluss von religiösen Lehren auf Wirtschaftsstruktur und Konsumentenverhalten hat unter anderem Dülfer (1999, S. 267) am Beispiel der großen Weltreligionen sowie unter Bezugnahme auf animistische Traditionen ausführlich beschrieben.

Für das Marketingmanagement ist eine fundierte Kenntnis theologischer und religionsgeschichtlicher Zusammenhänge in Bezug auf Zielgruppen und – märkte unverzichtbar. Ungleich stärker als für den Bereich der Perceptas (z. B. das Fastengebot des Ramadan, religiös begründete Tabuisierungen) gilt dies in Bezug auf die Conceptas-Ebene, wo sich die theologische Auslegungspraxis von Jahrhunderten fest (und zumeist schwer erkennbar) in Wertearchitekturen des Alltags eingeschrieben hat.

Ein Beispiel hierfür ist unter anderem das Verhältnis zu Zeit und Geld, das sich selbst innerhalb des Christentums unter dem Einfluss der calvinistischen Prädestinationslehre anders darstellt als in Katholizismus oder Orthodoxie. Niederschlag findet dies unter anderem in der unterschiedlichen Gestaltung von Zahlungszielen innerhalb Europas (Müller u. Gelbrich, 2004, S. 867).

Wertstrukturen sind freilich außer durch tradierte immer auch durch aktuelle Relevanzzuschreibungen bestimmt, wie ein Vergleich der Positionierung von Werbebotschaften für Autos und Dienstleistungen in China und den USA verdeutlicht (Abb. 63).

Wie das Beispiel bereits andeutet, sollte man sich vor monokausalen Ableitungen oder Erklärungen von Wertgefügen hüten. Zumeist liegen Werteüberlagerungen vor, die nicht mehr differenzierbar sind. So spielt der Wert Gesundheit in den USA auf der einen Seite eine zentrale Rolle, während auf der anderen Seite eine Konterkarierung durch die Wertschätzung des Sparsamkeitseffekts beim Kauf von Großpackungen erfolgt. So enthält ein Croissant in Frankreich bei 30 Gramm Nettogewicht durchschnittlich 175 Kalorien. In den USA beträgt das Nettogewicht 60 Gramm und die Kalorienzahl liegt bei 275 (Müller u. Gelbrich, 2004, S. 551). Eine Konsequenz liegt in der unterschiedlichen Übergewichtigen-Population, die wiederum Auswirkungen auf andere Wert- und Produktbereiche hat (z.B. die Nichtstandardisierbarkeit von medizinischen Behandlungsgeräten wie OP-Stühlen).

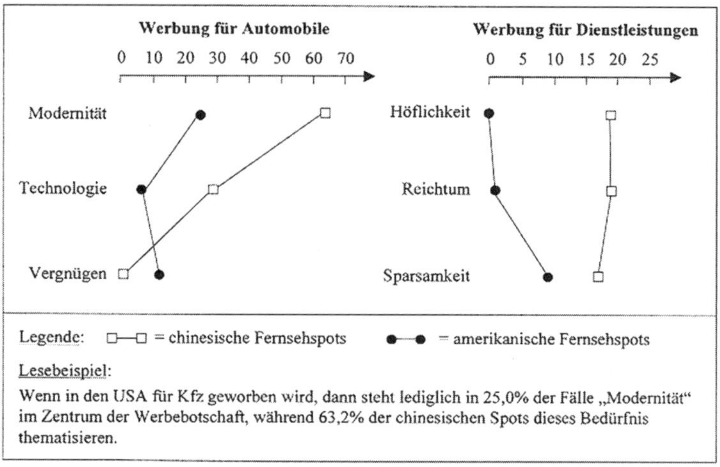

Abb. 63: Positionierung von Werbebotschaften
(aus Müller u. Gelbrich, 2004, S. 485)

2.4 Soziale Beziehungen, Images

Ein nicht zu unterschätzender Einfluss auf die Gestaltung sozialer Beziehungen geht von spezifischen Formen gesellschaftlicher Sinnkonstruktion aus. Auch hier spielen religiöse Lehren eine zentrale Rolle, wie etwa der Zusammenhang zwischen göttlicher und sozialer Distanz nahe legt: Je transzendenter Gott oder ein äquivalentes göttliches Wesen gedacht wird, desto stärker ist das einzelne Individuum als Individuum auf sich selbst gestellt (wie etwa in der calvinistischen Prädestinationslehre). Je weltimmanenter das Verhältnis zwischen Göttlichem und Menschlichem hingegen formuliert ist, desto mehr nutzt auch die gemeinsame soziale Anstrengung, Gott zu gefallen, gemeinsam Buße zu leisten: Soziale Reziprozitätsbeziehungen besitzen dementsprechend größere Relevanz. Die in der Literatur häufig anzutreffende Kategorisierung in „Individualismus" und „Kollektivismus" steht hiermit in einem unmittelbaren Zusammenhang und ist sicherlich auch berechtigt, solange man das sehr breite Spektrum zwischen den Extrempolen nicht außer Acht lässt. Gleiches gilt für die spezifischen Gestaltungsformen von Re-

Reziprozitätspraxis

ziprozität, zu denen Vertrauen genauso zählt wie unterschiedliche Formen der Beziehungspflege beziehungsweise der Kundenbindung. Je stärker Reziprozitätsbeziehungen in einer Gesellschaft gewichtet werden, desto schwieriger (oder zumindest langwieriger) gestaltet sich das Vorhaben, auf dem entsprechenden Markt erfolgreich Fuß zu fassen. Umgekehrt wird bei einem geringen Vertrauen in soziale Netze Beziehungspflege eher misstrauisch bewertet, so dass bereits von Korruption gesprochen wird, wenn es sich aus anderer Perspektive lediglich um einen Akt der Reziprozitätsversicherung handelt (Gewährung von Sonderkonditionen, Werbegeschenke etc.).

Ebenfalls zur Ebene der sozialen Beziehungen zählen demographische Merkmale wie etwa Familienstrukturen. So sind beispielsweise fünf und mehr Personen pro Familie in Deutschland nur in 7,7 Prozent der Haushalte anzutreffen, während dieser Anteil in der Türkei zum Beispiel 43 Prozent beträgt. Nur konsequent ist es daher, wenn unter Aspekten des *Ethnomarketing* zum Beispiel in Automobilanzeigen für türkische Zielgruppen Abbildungen mit Familien deutlich häufiger verwendet werden als es in Hinblick auf deutschsprachige Zielgruppen der Fall ist.

Imagebildung

Werte und Wertschätzungen konstituieren ihrerseits Images, die kulturell sehr unterschiedlich wahrgenommen werden können. Was im Fall der Großfamilie auf der einen Seite als Zeichen für Wohlstand und soziale Akzeptanz gedeutet wird, repräsentiert aus entgegengesetzter Wahrnehmungsperspektive ein soziales Stigma (trotz Mercedes). Umgekehrt verhält es sich in Bezug auf die Bewertung der in Deutschland stark expandierenden Konsumentengruppe der Singlehaushalte: Je nach Sichtweise besteht eine Verknüpfung mit dem Image von Freiheit und Unabhängigkeit oder aber es wird bedauernd auf die mangelnde soziale Einbindung der Betroffenen hingewiesen.

In ähnlicher Weise abhängig von zum Beispiel regional begrenzten zielgruppenspezifischen Wertschätzungen sind Markenimages, die über Werbefiguren oder Prominente vermittelt werden (Abb. 64). Kommunikationspolitisch ist es im internationalen Kontext zum Teil erforderlich, Marken im Sinne multipler Identitäten so zu kommunizieren, dass unterschiedliche Images koexistieren und sich nicht gegenseitig konterkarieren. Dies gilt insbesondere für Images, die zum Teil Tabuisierungen unterliegen, wie etwa das Homosexuellen-Image, das sich beispielsweise Jacobs Kaffee, Red Bull oder West Zigaretten unter anderem aufgrund massiver Werbeaktivitäten im Rahmen der Christopher-Street-Day-Paraden angeeignet haben.

Abb. 64: Prominente als Werbefigur

Inwieweit nationale Selbst- und Fremdbilder Markenimages beeinflussen können, dokumentieren in Bezug auf deutsche Produktwerbung Anspielungen auf auf Pünktlichkeit und Genauigkeit, vor allem aber auf technologische Ausgefeiltheit (wie etwa der in vielen Ländern in deutscher Sprache belassene Audi-Slogan „Vorsprung durch Technik").

2.5 Rechtlich-politische Normen

Rechtsvorschriften auch außerhalb des unmittelbaren Bezugsrahmens von Wettbewerbsgesetzen unterscheiden sich von Land zu Land erheblich und schränken dementsprechend Standardisierungsabsichten oft erheblich ein. Dies gilt letztlich für alle Bereiche des internationalen Marketing-Mix.
Produkt- und preispolitisch können beispielsweise unterschiedliche Mehrwertsteuersätze oder aber die Erhebung gesonderter Steuern für bestimmte Konsumartikel zu einem global sehr heterogenen Preisgefüge für identische Produkte führen. Das wiederum hat Auswirkungen auf die Wertschätzung, Attribuierung und letztlich auch Positionierung eines Produkts (Zigaretten sind in Großbritannien z. B. bis zu 500 Prozent teurer als in Polen). Ähnlich steuernd nicht nur auf das Konsumentenverhalten, sondern auch auf die Imagebildung von Produkten wirken Werbeverbote für bestimmte Branchen in verschiedenen Medien, der Ausschluss von

Produkt-Placement etwa der Tabakbranche in Fernsehserien oder auch die Einschränkung von Distributionskanälen zum Beispiel für Alkohol (vgl. die Liqueur-Shops in den USA).
Unterschiedliche Regelungen für werberechtliche Spielräume bei der Durchführung vergleichender Werbung, unterschiedliche Rabattgesetze, Eintragungen von Warenzeichen oder auch Ausschlüsse bei der Wahl von Produkt- und Firmennamen stellen weitere Hindernisse bei der Umsetzung von Standardisierungsstrategien dar. So durfte Volkswagen lange Zeit das Modell Golf in den USA aufgrund einer Klage des ähnlich lautenden Mineralölkonzerns Gulf nur unter dem Namen Beetle vermarkten, während unter anderem aus eigentumsrechtlichen Gründen Aldi in Österreich unter dem Namen Hofer und Plus als Zielpunkt auftreten oder Langnese-Eis wie in Ungarn unter der Bezeichnung Eskimo vertrieben wird.
Insgesamt geben die Beispiele zu erkennen, dass für kulturspezifische Besonderheiten internationaler Marketing-Szenarien nur selten eindeutige Ursachen identifizierbar sind. Meistens handelt es sich um Vernetzungen und Wechselwirkungen zwischen den beschriebenen Einflussfaktoren auf das Marketinggeschehen, die ebenso schwer isolierbar sind, wie es in der Praxis für die einzelnen Instrumente des Marketing-Mix gilt.
Damit ist gleichzeitig die Notwendigkeit eines prozess- oder netzwerkorientierten Marketing-Ansatzes unter Beweis gestellt, der letztlich auch die Voraussetzung bildet, um statisch-kulturvergleichende Sichtweisen des internationalen Marketings zu interkulturellen Sichtweisen erweitern zu können.

2.6 Auf dem Weg zu einem interkulturellen Marketing

Wie wir bereits gesehen haben, setzt interkulturelles Marketing interaktionsorientierte Perspektiven voraus, die mittels kulturorientierter und kulturvergleichender Ansätze zwar eine wichtige Grundlegung erfahren, die selbst aber darüber hinausgehen müssen. Wie jedoch ist ein solcher Weg denkbar?
Um auf die Frage zurückzukommen, wie sich die Akzeptanzgrenzen zwischen möglicher Standardisierung und nötiger Lokalisierung im Rahmen einer konkreten Marketingaufgabe bestimmen lassen, kann man feststellen, dass kulturvergleichende Ansätze zwar fundierte Lösungshinweise geben können, diese letztlich aber hypothetisch bleiben.

Ein Beispiel hierfür ist die gegenwärtig geläufige Praxis der Clusterbildung, bei der man versucht, Zielmärkte zusammenfassen, die sich im Rahmen kulturvergleichender Analysen als ähnlich erwiesen haben. Solchermaßen gebildete Cluster können länderbezogen oder aber auch auf transnationale Zielgruppen hin ausgerichtet sein. Im ersten Fall entscheiden zum Beispiel häufig sprachliche Aspekte über die Festlegung von konkreten Clustergrenzen, während transnationale Clusterbildungen oft lebensstilorientiert getroffen werden.
In beiden Fällen besteht das Problem darin, dass affine Länder- oder Zielgruppen einerseits additiv und andererseits immer nur unter einer bestimmten Perspektive gebildet werden (z. B. wohlhabende Senioren). Multiperspektivische und entsprechend differenziertere Clusterbildungen sind nur schwer realisierbar, weil sich die zu einem Cluster zusammengefassten Länder beziehungsweise Zielgruppen außerhalb dieses solchermaßen festgelegten gemeinsamen Nenners in sehr vielen anderen Aspekten deutlich unterscheiden oder sogar widersprechen können. Versteht man ein Cluster als eine – wenn auch synthetisch konstruierte – Kultur, ist deren notwenig stereotyper Charakter offensichtlich.
Ein anderes Verfahren zum Austesten von Standardisierungsmöglichkeiten beziehungsweise lokalen Differenzierungsnotwendigkeiten haben wir bereits im Rahmen der Pril-Fallstudie kennen gelernt. Es ist kommunikationspolitisch orientiert und besteht darin, über einen längeren Zeitraum hinweg Wahrnehmungsgewohnheiten einer Zielgruppe zu verändern. Was bei Pril nicht funktioniert hat, weil die Farbumstellung der Verpackung zu plötzlich erfolgte, so dass Erfahrung (blau) und Erwartung (orange) bei der österreichischen Zielgruppe nicht mehr dialektisch ineinander greifen konnten, gelang zum Beispiel bei dem *Umbranding* von Pal zu Pedigree (Abb. 67) gerade deshalb, weil über mehrere Gestaltungsstufen hinweg eine sukzessive Veränderung der Erwartungshaltung herbeigeführt wurde. Das Ergebnis war eine standardisierte Lösung für den europäischen Markt.
Auch in diesem Beispiel ist freilich die Interaktion und damit das Interkulturelle der Marketingaktivität allenfalls mittelbar: Der Konsument bleibt in der Rolle des (durch sein Kaufverhalten) reagierenden Empfängers; er nimmt jedoch nicht die Doppelrolle eines Empfänger-Senders im Sinne des interaktionstheoretischen Kommunikationsbegriffs ein, der – abgesehen von Marktforschungspanels – die Möglichkeit hätte, in einen Aushandlungsprozess in Bezug auf eine synergetische Lösung zu treten. Er toleriert das Ergebnis, wird aber nicht im Sinne einer tragfähigen

Kundenbindung dafür gewonnen, weil er nichts dazu beigetragen hat.

Abb. 65: Umbranding von Pal zu Pedigree (Schalk u. Thomas, 1992, S. 29)

Dieses Problem wird man letztlich nicht vollständig lösen können, weil Marketingkommunikation zu einem großen Teil Massenkommunikation (und damit Einbahnstraßenkommunikation) ist und bleiben wird. Insofern wird man auch künftig eher von internationalem als von interkulturellem Marketing sprechen müssen – selbst dann, wenn multikulturell besetzte Marketingteams in Stellvertreterfunktion synergetische Lösungen für die jeweiligen Zielgruppen aushandeln.
Chancen für eine stärkere Interaktionsorientierung von Marketingaktivitäten bietet vor allem das *glokale* Medium Internet. Aufgrund seines einerseits globalen Distributionspotentials und andererseits der Möglichkeit, sehr regional und zielgruppenspezifisch „special interests“ zu bedienen, vermag es bei geschickter Kombination mit Meinungsforschungsaktivitäten durchaus, individuenspezifische interkulturelle Verständigungsprozesse über Marketingstrategien zu initiieren. Dies setzt allerdings voraus, dass die Anbieter auch tatsächlich bereit und fähig sind, in einen solchen Interaktionsprozess einzutreten und nicht selbst Opfer der Kommunikationsfülle werden, der sie sich in einem solchen Prozess gegenüber sehen. Immerhin sprechen die kostengünstigen Bedingungen für ein Internet-Marketing und nicht zuletzt auch die positive Entwicklung des E-Commerce-Marktes und des Web 2.0 (z. B. bei http://secondlife.com) dafür, dass sich ein in interaktivem Sinne interkulturelles Marketing künftig etablieren könnte.

Interkulturelle Personalorganisation und -entwicklung

Ähnlich wie in der internationalen Organisationslehre und im internationalen Marketing lassen sich auch in der internationalen Personalorganisation und – entwicklung neoliberal-funktionalistische, kulturvergleichende und interkulturelle Ansätze unterscheiden. Sie markieren ebenfalls wissenschaftshistorisch begründete Perspektiven, und auch hier gilt, dass erst eine komplexe, alle drei Ansätze integrierende Perspektive als tragfähig bezeichnet werden kann.

Bis in die späten 1970er Jahre spielten bei Fragen der Auslandsentsendung nahezu ausschließlich funktionalistische Gesichtspunkte eine Rolle. Aufgrund der primär ethnozentrischen Besetzungspolitik ging es bei Auslandsengagements hauptsächlich um die Sicherung von Know-how-Transfer. Unter der Prämisse der Überlegenheit der eigenen Managementmethoden wurde dementsprechend der Erfolg einer Entsendung daran gemessen, inwieweit es dem Entsandten gelang, Interessen und Stile des Stammhauses im Ausland durchzusetzen.

ethnozentristische Besetzungspolitik

Die aus personalwirtschaftlicher Sicht erste umfangreichere Kritik einer solchen nahezu ausschließlich an harten betriebswirtschaftlichen Fakten orientierten Managementpraxis bei Pausenberger und Noelle (1977, S. 360 f.) fiel zeitlich zusammen mit einem deutlichen Anstieg des ausländischen Direktinvestitionsbestandes in den achtziger Jahren (Kumar u. Hausmann, 1992, S. 40).

Wandel der Besetzungspolitik durch Anstieg der Direktinvestitionen

Die Exportorientierung des internationalen Managements wurde dementsprechend durch die Herausforderung ergänzt, eigenständige Produktionsstätten im Ausland zu errichten. Dies wiederum implizierte eine viel stärkere Abhängigkeit zum Beispiel von bürokratischen Regelungen des jeweiligen Ziellandes. Kulturelle Besonderheiten wurden – in teilweise bestandskritische Weise – vor allem dort augenfällig, wo Institutionen der Zielländer sich vor industrieller Kolonialisierung zu schützen begannen. Die Einbeziehung einheimischer Mitarbeiter erwies sich in dieser Situation als einzig gangbare Alternative: Durch ihre Vertrautheit mit lokalen Wirtschaftskontexten und administrativen Fallstricken, aber auch aufgrund ihrer Beherrschung der Landessprache konnten sie Erfolge verzeichnen, die deutschen Entsandten versagt blieben. Nicht zuletzt angesichts einer erheblichen Senkung der Entsendungskosten tendierten in den 1980er Jahren international engagierte Unternehmen neben ethnozentrischen zunehmend auch zu polyzentrischen Besetzungen der Auslandspositionen mit einheimischen Kräften.

polyzentrische Besetzungsstrategien

Genauso wenig wie ethnozentrische Besetzungsstrategien idealtypisch im Sinne des Modells von Heenan und Perlmutter (1979) gedacht werden können, so gilt auch für polyzentrische Strategien keine Ausschließlichkeit: Insbesondere Führungspositionen können vor allem in Übergangszeiten durchaus mit Doppelspitzen, bestehend aus Angehörigen beider Länder, besetzt werden.

Erweiterung auf regionale Cluster

In den 1990er Jahren wurde der polyzentrische um den regiozentrischen Ansatz erweitert. Ähnlich wie etwa zur gleichen Zeit im Marketing wurde der entstandene Gegensatz zwischen Standardisierung nach ethnozentrischem Muster einerseits und kultureller Differenzierung/Lokalisierung nach polyzentrischem Muster andererseits durch regionenbezogene Entsendungen im Sinne einer Dachkampagnenstrategie entschärft. Ursache hierfür waren (wirtschafts)politische Strukturveränderungen wie etwa die Entstehung des EU-Binnenmarktes oder das Aufbrechen politischen Blockdenkens. Direktinvestitionen wurden weniger punktuell als vielmehr unter regionalen Vernetzungsgesichtspunkten vorgenommen, wobei es den regionalen Kommunikationsfluss durch Besetzungen mit entsprechenden länderübergreifenden Aufgabenfeldern sicherzustellen galt (z. B. Vertrieb Baltikum). Die deutliche Zunahme der Innovationsgeschwindigkeit in der Transport- und Kommunikationstechnologie ab Mitte der 1990er Jahre führte zu einer weiteren Hybridisierungsstufe innerhalb der Besetzungspolitik: Es etablierten sich geozentrische Strategien, bei denen Niederlassungen oder auch Bereiche des Stammhauses nicht mehr unter Maßgabe der Länderherkunft der Bewerber, sondern primär unter Qualifikationsaspekten besetzt wurden (Tab. 24).

geozentrische Strategien

Merkmale der wichtigsten Besetzungsstrategien

Tab. 24: Merkmale von Besetzungsstrategien (nach Kühlmann, 2004)

Merkmale	*ethnozentrische Strategie*	*polyzentrische Strategie*	*regiozentrische Strategie*	*geozentrische Strategie*
Komplexität der Organisation	komplexe Struktur des Stammhauses; einfache Struktur der Auslandsgesellschaft	unabhängig agierende Auslandsgesellschaft mit unterschiedlich komplexer Struktur	hohe Abhängigkeit zwischen den Auslandgesellschaften einer Region; sonst geringe Komplexität	hohe Komplexität des Gesamtunternehmens; starke Interdependenzen zwischen den Auslandsgesellschaften

Merkmale	*ethnozentrische Strategie*	*polyzentrische Strategie*	*regiozentrische Strategie*	*geozentrische Strategie*
Entscheidungskompetenz	beim Stammhaus	bei den Auslandsgesellschaften	bei den Regionalzentralen oder arbeitsteilig bei den Auslandsgesellschaften	arbeitsteilig bei dem Stammhaus und bei den Auslandsgesellschaften
Koordination der Unternehmenstätigkeit	Übertragung stammlandsspezifischer Verfahren auf Auslandsgesellschaft	Übernahme gastlandspezifischer Verfahren	Annahme regionalspezifischer Verfahren	Einsatz weltweit einheitlicher Verfahren
Kommunikationsstruktur	einseitiger und intensiver Informationsfluss vom Stammhaus zur Auslandsgesellschaft	geringer Informationsaustausch zwischen Stammhaus und Auslandsgesellschaft sowie zwischen Auslandsgesellschaften	geringer Informationsaustausch zwischen Stammhaus und Auslandsgesellschaft; starker Informationsaustausch in der Region	weltweiter und intensiver Informationsaustausch
Selbstverständnis der Auslandsgesellschaft	Teil des Stammhauses	Teil des Gastlandes	Teil der Region	Teil eines globalen Unternehmens mit lokalen Interessen
Nationalität der Fach- und Führungskräfte	Stammland der Muttergesellschaft	Gastland	Länder der Region	Besetzung ohne Ansehen der Nationalität
Entsendungsquote	durchschnittlich	Null	auf regionales Ebene hoch; sonst sehr gering	sehr hoch
Entsendungsrichtung	Entsendungen vom Stammhaus in die Auslandsgesellschaften	entfällt	vielfältige Entsendungsrichtungen innerhalb der Region	vielfältige Entsendungsrichtung ohne regionale Einschränkungen

Man kann davon ausgehen, dass in größeren Unternehmen den Zielsetzungen des jeweiligen internationalen Engagements entsprechend heute alle vier Strategien praktiziert werden, wobei geozentrische Besetzungen vor allem in virtuellen Teams vorzufinden sind.

Strategiemix als Praxismodell

In Abhängigkeit von der Strategiewahl resultieren für den Bereich der Personalorganisation und -entwicklung sehr unterschiedliche Aufgaben und Anforderungsprofile. Sie orientieren sich in funktionaler Hinsicht an der Sicherstellung der einzelnen Phasen von Entsendungsvorgängen. Hierbei werden in der Regel unterschieden:

Aufgaben des Personalmanagements

- Anforderungsanalyse und Personalmarketing,
- Personalauswahl,
- Personalentwicklung: Vorbereitung auf internationale Einsätze,
- Betreuung während der Einsätze,
- Wiedereingliederung und Sicherstellung des Wissensmanagements.

1 Anforderungsanalyse und Personalmarketing

Wie wir gesehen haben, definieren sich die Anforderungen an eine internationale Stellenbesetzung wesentlich durch die Zielsetzungen, die ein Unternehmen oder eine Unternehmensabteilung mit der betreffenden Stelle verbinden. Nicht jede auslandsbezogene Tätigkeit erfordert eine Entsendung im Sinne einer längerfristigen Versetzung. Ob und in welchem zeitlichen Umfang dies notwendig ist, ergeben Anforderungsanalysen, die in Zusammenarbeit zwischen Personalmanagement und dem jeweiligen Unternehmensbereich erstellt werden. Sie bilden gleichzeitig Eckwerte, mit denen das Personalmarketing arbeitet, um gezielte Akquisen innerhalb oder außerhalb des Unternehmens durchzuführen.

Erarbeitung von Stellenprofilen

So erfordert die Errichtung einer Auslandsgesellschaft zwangsläufig andere Tätigkeitsprofile als etwa die Durchführung eines Projekts an einem ausländischen Standort. Im ersten Fall ist ein Umzug ins Ausland unabdingbar, während im zweiten Fall – je nach Projektort – eine Beibehaltung des Hauptwohnsitzes möglich ist.

Dementsprechend unterscheidet man in der Regel sechs Varianten des Auslandseinsatzes (Tab. 25):

Varianten des Auslandseinsatzes

Tab. 25: Auslandseinsatz von Mitarbeitern (nach Kühlmann, 2004)

Bezeichnung	*Dauer*	*Wohnsitz*	*Arbeitsvertrag*	*Zweck (beispielhaft)*
Geschäftsreise	mehrere Tage	Heimatland	unverändert	Abschluss eines Vertrages
Montage	mehrere Wochen	Heimatland	unverändert	Errichtung einer Anlage
Commuter-Entsendung (Rückkehr am Wochenende	mehrere Wochen bis Monate	Heimatland	unverändert	Mitarbeit an einer internationalen Marketingstudie
Abordnung	3 bis 12 Monate	Heimatland	Vertragsergänzung mit Heimatunternehmen	Personalentwicklung
(befristete) Versetzung	1 bis 5 Jahre	Ausland	neuer Vertrag mit Auslandsgesellschaft; ruhender Vertrag mit Heimatunternehmen	Errichtung einer Auslandsgesellschaft
Übertritt	unbegrenzt	Ausland	neuer Vertrag mit Auslandgesellschaft	Übernahme der Geschäftsführung einer Auslandsgesellschaft

Der Anteil längerfristig entsandter Mitarbeiter (mit Auslandswohnsitz) wird oft überschätzt: Er beträgt bei der Top 50 der deutschen Großunternehmen lediglich 0,5 Prozent bis maximal 1 Prozent (DIW-Wochenberichte; http://wuzz.diw-berlin.de) und dürfte in Zukunft eher ab- als zunehmen. Wesentliche Ursachen sind auch hier im steigenden Anteil von Direktinvestitionen, in der rasanten Entwicklung von Transport- und Kommunikationstechnologien sowie in der zunehmenden Bedeutung virtueller Kooperationen zu sehen. Dies bestätigt das Ergebnis einer 2005 durchgeführten Umfrage der „WirtschaftsWoche" unter 193 börsennotierten deutschen Unternehmen (www.wiwo.de/pswiwo/fn/ww2/sfr/buildww/id/126/id/96500/fm/0/artpage/1/artprint/0/SH/0/depot/0/index.html). Demzufolge gilt zum Beispiel für DAX-Unternehmen, dass sie durchschnittlich nur noch 26 Prozent ihres Umsatzes in Deutschland erwirtschaften, und dass lediglich noch 47 Prozent der Mitarbeiter in Deutschland arbeiten. Die Auslandsbeschäftigten stammen poly- und geozentrischen Besetzungsstrategien entsprechend überwiegend aus dem Ziel- oder einem Drittland. Weltweit lassen sich vergleichbare Tendenzen feststellen (GMAC, 2004), wobei eine deutliche Tendenzwende gegen Ende der 1990er Jahre eingetreten ist: Wie Untersuchungen von Scullion (2001) ergeben haben, lässt sich im Zusammenhang mit dieser Entwicklung eine wachsende Abneigung von Nachwuchsführungskräften gegenüber langfristigen Auslandseinsätzen feststellen. Harris et al. (2005, S. 272) verweisen auf den bildungsbedingt zunehmenden Anteil von „dual-career"-Partnerschaften, die eine Rolle als „mitausreisende Begleitperson" inzwischen vielfach als inadäquat erscheinen lassen. Nur folgerichtig ist daher die stark zunehmende Zahl der Pendler und Vielflieger (Harris et al., 2005), was unter anderem zu bislang nur wenig diskutierten Veränderungen bei der Konzeptionalisierung interkultureller Personalentwicklungsmaßnahmen führen wird. Nicht ganz unberechtigt scheint die Befürchtung zu sein, dass der fehlende Wohnortwechsel über die Notwendigkeit einer sehr speziellen, vor allem auf die Arbeit in multikulturellen Teams zielenden Vorbereitung hinwegtäuschen könnte. Gerade dort, wo bislang ohnehin nur interkulturelle „off-the-job"-Trainings als Vorbereitung auf längerfristige Auslandsaufenthalte angeboten werden, liegt es nahe, diese Entwicklung als Argument gegen jedwede Form der interkulturellen Personalentwicklung einzusetzen (Tab. 26).

Tendenz: langfristige Auslandsaufenthalte nehmen ab

Tab. 26: Hauptgründe für verschiedene Entsendungsformen (nach Harris et al., 2005)

langfristige Entsendung	*kurzfristige Entsendung*	*internationales Pendeln*	*Vielflieger*
• Know-how Transfer (74 %) • Steuerung und Kontrolle von Auslandsniederlassungen (62 %) • Führungskräfteentwicklung (60 %)	• Know-how-Transfer (69 %) • Führungskräfteentwicklung (39 %)	• Know-how-Transfer (32 %) • Steuerung und Kontrolle von Auslandsniederlassungen (25 %) • familiäre Gründe (32 %)	• Know-how-Transfer (26 %) • Steuerung und Kontrolle von Auslandsniederlassungen (40 %) • Aufbau eines Pools internationaler Spitzenleute (20 %)

Bislang nicht systematisch erforscht ist die Frage, inwiefern Auslandszulagen noch ein Anreizmoment für die Durchführung längerfristiger Entsendungen darstellen – auch wenn sie zu einer Gehaltsverdopplung führen können (Tab. 27).

Tab. 27: Nettogehalts-Vergleichsrechnung (nach Kühlmann, 2004)

Gehaltsbestandteile	*USA*
Bruttoinlandsgehalt in Deutschland	60.000 €
– Einkommenssteuer/Solidaritätszuschlag/Kirchensteuer – Sozialabgaben – Wohnkosten (15 % von 1) + Kindergeld	13.900 € 12.750 € 9.000 € 1.850 €
= Verfügbares Nettoeinkommen in Deutschland	26.200 €
–/+ Kaufkraftausgleich (50 % von 6) + Auslandszulage (10 % der Differenz von 1 und 2) + Erschwerniszulage + Mietkosten – Kindergeld	13.100 € 4.610 € 0.000 € 20.000 € 1.850 €
= Nettoanspruch in USA = in Landeswährung	65.760 € 65.760 $
+ Sozialabgaben + Einkommenssteuer in den USA (30 % auf Summe 12b–13)	15.000 $ 32.183 $
= Bruttovergütung in USA = in Euro	112.943 $ 112.943 €

Aus Unternehmenssicht gilt Ähnliches: Entsendungen stellen nicht nur aus der Perspektive erhöhter Gehaltszahlungen, sondern auch in Hinblick auf Sonderkosten wie Umzugsfinanzierung oder Zuschüsse zu Kindergarten- und Schulgebühren einen erheblichen Aufwand dar. Unklar ist, in welchem Verhältnis hierzu die Kosten für Vielflieger gegengerechnet werden können. Opportunitätskosten entstehen in beiden Fällen: Auf der einen Seite sind es der (meist aus familiären Gründen) abgebrochene Auslandsaufenthalt einschließlich aller Konsequenzen wie Störung von Geschäftsbeziehungen oder Demotivation der Mitarbeiter im Zielland; auf der anderen Seite steht die Gefahr des Burn-outs mit Folgen, die vom längerfristigen Arbeitskräfteausfall bis hin zur (inneren) Kündigung führen können.

Insgesamt dürfte die Phase der Anforderungsanalyse und des Personalmarketings diejenige sein, in welcher in der Praxis am stärksten nach funktionalen und am wenigsten unter kulturbezogenen beziehungsweise interkulturellen Gesichtspunkten entschieden wird. Ein Indiz hierfür ist nicht zuletzt die häufig kritisierte Tatsache, dass Aktivitäten des Personalmarketings vielfach durch scheinbare „Sachzwänge" wie die Versorgung von – aus welchen Gründen auch immer – „frei gewordenen" Mitarbeitern geleitet sind (u. a. Scullion, 1994; Harris et al., 2005).

Entscheidungen im Bereich von Anforderungsanalysen und Personalmarketing werden kaum unter interkulturellen Gesichtspunkten getroffen

Sofern Personalmarketing länderübergreifend durchgeführt wird, ist eine Berücksichtigung kulturspezifischer Verfahren der Personalrekrutierung unerlässlich. Exemplarisch sei in diesem Zusammenhang auf Ergebnisse einer schriftlichen Befragung verwiesen, die 1999 in kleinen und mittelständischen Unternehmen in England, Frankreich, Deutschland und Spanien durchgeführt wurde (Bolten, 1999).

Personalakquisition und Bewerbungspraxis in Westeuropa

Vor allem bezogen auf den Erstkontakt zwischen Unternehmen und potentiellen Bewerbern werden hierbei kulturbedingte Differenzen offenkundig (Tab. 28): Französische und britische Unternehmen vertrauen in erster Linie auf Stellenanzeigen, während in Deutschland und Spanien eher auf persönliche Kontakte und Empfehlungen gesetzt wird. Dies ist allerdings auch in England sehr verbreitet und wird als zweitwichtigster Weg der Personalbeschaffung genannt:

Tab. 28: Wege, um neues Personal zu finden (Rangfolge; Bolten, 1999, S. 52)

	England	*Frankreich*	*Deutschland*	*Spanien*
Stellenanzeigen	1	1	2	2
Arbeitsvermittlungsagenturen	3	4	4	3
Jobbörsen	5	5	3	5
persönliche Kontakte	2	3	1	1
Trainee-Programme	4	2	5	4

Französische Unternehmen ziehen demgegenüber eine Entscheidung aufgrund eigener Erfahrungen vor. Im Gegensatz zu den anderen untersuchten Ländern genießen hier Trainee-Programme einen überdurchschnittlich hohen Stellenwert, wenn es darum geht, geeignete Bewerber zu finden. Private beziehungsweise öffentliche Arbeitsvermittler wie Unternehmensberatungen und Arbeitsämter spielen hingegen in Frankreich kaum eine Rolle.

Das Spektrum der einzureichenden Bewerbungsunterlagen ist in den untersuchten Ländern sehr ähnlich, wobei der Darstellung des Lebenslaufs in jedem Fall die größte Bedeutung zugeschrieben wird. Bei der Darstellung selbst gibt es freilich wieder eine Reihe von Unterschieden hinsichtlich des Umfangs oder auch der Tatsache, dass – wie in Frankreich – teilweise handschriftliche Bewerbungen üblich sind.
Größere Abweichungen gegenüber den anderen Ländern betreffen lediglich Großbritannien. Relativ häufig werden hier förmliche Empfehlungsschreiben verwendet, während Zeugnissen – anders als etwa in Spanien – nur eine vergleichsweise untergeordnete Bedeutung beigemessen wird.

Tab. 29: Bedeutung der Bewerbungsunterlagen für die Auswahl (Rangfolge; Bolten, 1999, S. 53)

	England	*Frankreich*	*Deutschland*	*Spanien*
Anschreiben	2	2	2	4
Lebenslauf	1	1	1	1
formales Empfehlungsschreiben	3	5	6	5
Foto	6	6	5	6
informelle persönliche Empfehlung	4	4	4	3
Zertifikate	5	3	3	2

Bezogen auf die Gewichtung der Bewerbereigenschaften und -merkmale besteht nur hinsichtlich der Bestimmung des wichtigsten und des unwichtigsten Auswahlkriteriums eine über Ländergrenzen hinweg ungeteilte Einigkeit. Übereinstimmend am wichtigsten eingestuft wird die fachliche Kompetenz, während der Einfluss von Sternzeichen in allen untersuchten Ländern als eher obskur und unbedeutend angesehen wird (Tab. 30).

Tab. 30: Bedeutung der Bewerbereigenschaften und -merkmale (Rangfolge; Bolten, 1999, S. 55)

	England	*Frankreich*	*Deutschland*	*Spanien*
Flexibilität	–	3	2	4
Erscheinungsbild/ Auftreten	4	8	5	6
soziale Kompetenz	2	2	4	2
fachliche Kompetenz	1	1	1	1
akademischer Hintergrund	3	4	3	2
kulturelle Kompetenz	5	5	6	4
Sternzeichen	11	12	12	12
Alter	8	10	7	7
Geschlecht	10	11	11	9
Handschrift	7	6	9	10
Nationalität	9	9	8	11
außerberufliche Aktivitäten	6	7	10	8

Obwohl insgesamt bei der Einschätzung der Bewerbereigenschaften keine extremen Unterschiede zwischen den einzelnen Ländern bestehen, fällt doch auf, dass persönliche Merkmale im engeren Sinn von deutschen Unternehmen am wenigsten stark gewichtet werden. So wird die Bedeutung sozialer Kompetenz geringer eingestuft als in den anderen drei Ländern, und die Freizeitaktivitäten der Bewerber bleiben hier nahezu unberücksichtigt. Eine komplexere Perspektive scheinen insbesondere französische Personalchefs einzunehmen: Erfahrungen und eine ausgereifte Persönlichkeitsstruktur spielen hier eine größere Rolle, was dazu führt, dass das Alter des Bewerbers als relativ unwesentlich eingestuft wird und auch der Ausbildungsweg nicht in dem Maße im Vordergrund steht, wie es in den anderen Ländern der Fall ist.

2 Personalauswahl

Sobald die Vorauswahl der Bewerber abgeschlossen ist, werden in allen Ländern die geeignetsten Kandidaten für eine Stelle zu einem Interview eingeladen. Zusätzlich zu den Interviews vertraut man in Großbritannien und Spanien auf das Ergebnis von Assessment-Center, während in deutschen Unternehmen Sprachtests zumindest bei internationalen Aufgaben eine nicht unwesentliche Bedeutung zugeschrieben wird (Tab. 31).

Tab. 31: Maßnahmen, die nach einer Vorauswahl der Bewerber durchgeführt werden (Bolten, 1999, S. 56)

	England	*Frankreich*	*Deutschland*	*Spanien*
a) persönliches Gespräch	+++	+++	+++	+++
b) weitere Tests				
psychologische Tests	+			
Intelligenztests				
Fachkompetenztests	++			++
Fremdsprachentest			++	
Details zum persönlichen Gespräch				
Anzahl der beteiligten Personen	2–3	5–6	2–3	2
Dauer des Gesprächs (in Minuten)	65	45	55	30
Anzahl der Gespräche mit einem Kandidaten	2	3	2–3	2

Was den Interviewverlauf betrifft, fallen weniger die unterschiedlichen zeitlichen Rahmenbedingungen ins Auge, als vielmehr der doch recht große Stab an Beurteilern, die in Frankreich die Auswahlkommissionen bilden. Dies mag wiederum mit der bereits erwähnten längerfristigen personalpolitischen Orientierung französischer Unternehmen zusammenhängen. Bestätigt wird dies vor allem angesichts der unterschiedlichen Erwartungen hinsichtlich der Dauer der Unternehmenszugehörigkeit der Bewerber: Mit durchschnittlich 17 Jahren liegt Frankreich vor Spanien mit durchschnittlich zehn Jahren, während Deutschland und insbesondere

England eher durch kurzfristige Orientierungen geprägt zu sein scheinen.

2.1 Interkulturelle Kompetenz als Auswahlkriterium

Eine allgemein gültige Definition dessen, was mit *interkultureller Kompetenz* bezeichnet wird, existiert bis heute nicht. Unterscheiden lassen sich vielmehr zwei – wissenschaftshistorisch aufeinander aufbauende – Forschungsrichtungen, von denen die ältere strukturellen Denkmustern verpflichtet ist, während jüngere Arbeiten eher zu einem ganzheitlich-prozessualen Verständnis von interkultureller Kompetenz tendieren.

interkulturelle Kompetenz: vom Struktur- zum Prozessverständnis

Konzeptualisierungen interkultureller Kompetenz haben sich seit dem Beginn entsprechender Forschungen in den 1950er Jahren überwiegend an Beschreibungen von Persönlichkeitsmerkmalen erfolgreicher Expatriates orientiert. Daraus wurden dann interkulturell relevante Merkmale abgeleitet.

Lysgaards (1955) Untersuchungen zu norwegischen Fulbright-Stipendiaten, die sich in den USA aufhielten, bildeten den Auftakt für zahlreiche explorative und fraglos aufschlussreiche Analysen, die insbesondere in den USA und jüngerer Zeit auch in Deutschland durchgeführt wurden, wie etwa Stahls (1998) Befragungen deutscher Entsandter in Japan und den USA.

Listenmodelle interkultureller Kompetenz

Auf diese Weise sind zunehmend umfassendere Merkmalslisten beziehungsweise Typologien entstanden (z.B. Brislin, 1981), die vor allem in operationaler Hinsicht dazu verleitet haben, interkulturelle Kompetenz als additives Konzept zu verstehen. Angesichts der Fülle an Befunden sind derartige Listen notwendigerweise nicht nur unabgeschlossen, sondern unterliegen auch einer gewissen Beliebigkeit, obwohl sich aufgrund der Quantität ihrer Nennungen und vermutlich auch aufgrund der vergleichsweise leichten Operationalisierbarkeit im Rahmen interkultureller Trainings mit der Zeit ein relativ stabiler Merkmalskern herauskristallisiert hat.

Hierzu zählen unter anderem „empathy", „tolerance for ambiguity", „self-oriented role behaviour" (Ruben, 1976), „cultural awareness" (Triandis, 1977), „open-mindness", „respect for cultural differences" oder auch „Anpassungsfähigkeit" (Fritz, Möllenberg u. Chen, 2004).

Strukturmodelle interkultureller Kompetenz

In kritischer Abgrenzung zu entsprechend abgeleiteten Listenmodellen interkultureller Kompetenz haben sich seit den 1990er Jahren im Anschluss an Gertsen (1990) Strukturmodelle interkultureller Kompetenz etablieren können (Zülch, 2004, S. 22 ff.).

Sie gliedern interkulturelle Kompetenz in affektive, kognitive und konative (verhaltensbezogene) Teilkonstrukte und können auf diese Weise eine Systematisierung der genannten Merkmale vornehmen (Stüdlein, 1997, S. 154 ff.).

Um Aussagen über den Zusammenhang von interkultureller Kompetenz und Auslandserfolg treffen zu können, haben Müller und Gelbrich (2004) dieses Strukturmodell zudem um „Effektivität" und „Angemessenheit" als „Außenkriterien" interkultureller Kompetenz ergänzt (Abb. 66).

Interkulturelle Kompetenz bezeichnet dementsprechend „die Fähigkeit, mit Angehörigen anderer Kulturen effektiv und angemessen zu interagieren" (Müller u. Gelbrich, 2004, S. 793; ähnlich Bergemann u. Bergemann, 2005, S. 62).

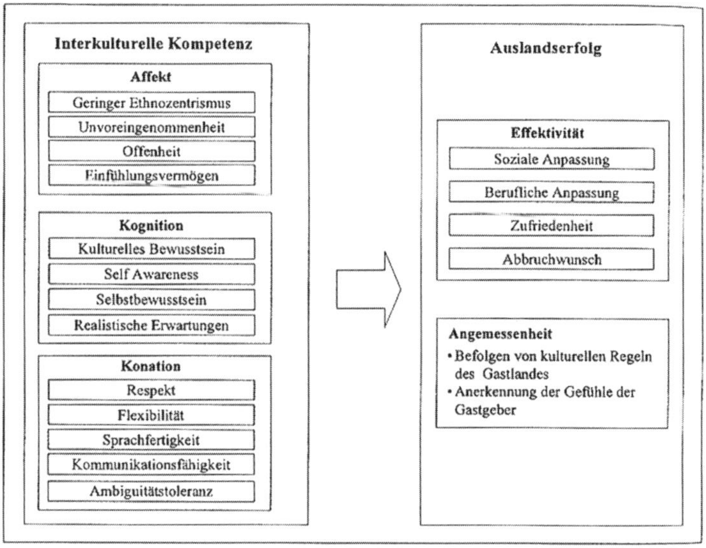

Abb. 66: Strukturmodell interkultureller Kompetenz (Müller u. Gelbrich, 2004, S. 794)

Vor dem Hintergrund der Entwicklung von Listen- zu Strukturmodellen wirken interkulturelle Trainings heute systematischer und ausgewogener, da in der Regel mit einem Methodenmix gearbeitet wird, der die drei genannten Teilkonstrukte interkultureller Kompetenz gleichermaßen berücksichtigt. Die im Sinne eines „holistic picture" (Ruben, 1976; Chen u. Starosta, 1998, S. 370) beanspruchte Ganzheitlichkeit derartiger Konzeptionalisierungen ist allerdings eine synthetische.

In Wirklichkeit besteht zwischen den affektiven, kognitiven und konativen Komponenten jedoch kein additives, sondern ein Interdependenzverhältnis, so dass sich interkulturelle Kompetenz vermutlich besser als Produkt des permanenten Wechselspiels dieser Komponenten beschreiben lässt. Dann handelt es sich freilich nicht mehr um einen synthetisch-strukturellen, sondern um einen synergetisch-prozessualen Begriff (Bolten, 1998).

synergetisch-prozessuale Modelle interkultureller Kompetenz

Unterstützung erfährt diese Hypothese von neueren lerntheoretischen Diskussionen zum Begriff der Handlungskompetenz: „Kompetenz" (von lat. „competere": zusammenbringen) wird hier seit den 1990er Jahren zunehmend als „multiples Konstrukt" (Rauner, 2004, S. 8) verstanden, das sich als das Zusammenwirken von Personalkompetenz, Sozialkompetenz, Fachkompetenz und Methodenkompetenz darstellt (Erpenbeck, 2001). „Handlungskompetenz" ist dementsprechend keine fünfte Kompetenz neben Personalkompetenz, Sozialkompetenz, Fachkompetenz und Methodenkompetenz, sondern das synergetische Resultat des Interdependenzverhältnisses dieser vier Teilkompetenzen.

Integriert man die Befunde bisherigen Untersuchungen zu interkulturellen Kompetenzmerkmalen in ein solches synergetisches Handlungsmodell, ergeben sich zwei für die Konzeptionalisierung von interkultureller Kompetenz durchaus entscheidende Konsequenzen. Erstens: Die in Strukturmodellen unter affektiven, kognitiven und konativen Dimensionen aufgeführten interkulturellen Teilkompetenzen lassen sich ohne weiteres den vier Kompetenzbereichen des Prozessmodells zuordnen. Unter Bezugnahme auf die Grafik von Müller und Gelbrich (s. o.) wären zum Beispiel „Offenheit", „Flexibilität" oder „kulturelles Bewusstsein" Merkmale der Personalkompetenz, während „Einfühlungsvermögen" und „Kommunikationsfähigkeit" der sozialen Kompetenz beziehungsweise „realistische Erwartungen" eher der Methodenkompetenz subsumiert werden müssten. Interkulturelle Kompetenz ist damit zwar auch „eine Form von sozialer Kompetenz" (z. B. Kumbruck u. Derboven, 2005, S. 6), aber sie darf nicht darauf reduziert werden, weil ihre Merkmale auch in den anderen drei Kompetenzbereichen zu finden sind.

Zweitens stellt sich die Frage, inwiefern es sich bei dem Konstrukt interkulturelle Kompetenz überhaupt um einen eigenständigen Kompetenzbereich handelt. Zunächst fällt auf, dass immer wieder als signifikant beschriebene Merkmale interkultureller Kompetenz wie Empathie, Rollendistanz, Ambiguitätstoleranz, (Meta-)Kommunikationsfähigkeit und so weiter nahezu ausnahmslos auch den Handlungserfolg in Kontexten bestimmen, die nicht durch kulturelle Überschneidungssituationen gekennzeichnet sind. Eine Führungskraft wäre auch in solchen intrakulturellen Handlungszusammenhängen vermutlich schlecht beraten, wenn sie ohne Einfühlungsvermögen, mit mangelnder Rollendistanz oder fehlender Ambiguitätstoleranz agieren würde. Wenn in dieser Hinsicht keine grundsätzlichen Unterschiede zwischen allgemeinen und interkulturellen Kompetenzmerkmalen bestehen, liegt es nahe, interkulturelle Handlungskompetenz als eine auf interkulturelle Kontexte bezogene Variante einer allgemeinen Handlungskompetenz und nicht als eigenständige fünfte Teilkompetenz zu verstehen. Bestätigt wird diese These unter anderem durch deutliche Übereinstimmungen, die in Vergleichsuntersuchungen von Persönlichkeitsmerkmalen interkulturell kompetenter und allgemein handlungskompetenter Probanden festgestellt wurden (Kealey u. Ruben, 1983, S. 165).

interkulturelle Kompetenz: ganzheitliches Zusammenspiel von individuellem, sozialem, fachlichem und strategischem Handeln in interkulturellen Kontexten

Zusammenfassend können wir dementsprechend interkulturelle Kompetenz als das erfolgreiche ganzheitliche Zusammenspiel von individuellem, sozialem, fachlichem und strategischem Handeln in interkulturellen Kontexten definieren. Interkulturelle Kompetenz erweist sich damit als ein synergetischer Prozessbegriff, der folglich auch nicht auf den Bereich der „soft skills" reduziert werden kann. Da er methodische und fachliche Teilkompetenzen ebenso einschließt wie soziale und personale Teilkompetenzen (beziehungsweise sich als Resultat des Interdependenzprozesses dieser Teilkompetenzen darstellt), schließt er gleichermaßen auch harte und weiche Faktoren der Personalentwicklung ein (Abb. 67).

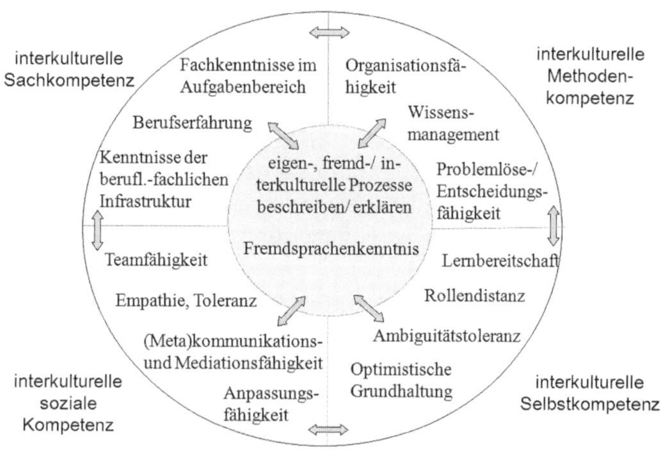

Abb. 67: Integratives Prozessmodell interkultureller Kompetenz

Jemand ist dann interkulturell kompetent, wenn er in der Lage ist, das erwähnte synergetische Zusammenspiel von individuellem, sozialem, fachlichem und strategischem Handeln ausgewogen zu gestalten. Anders gesagt: Eine fachlich exzellente Kraft, der es aber deutlich an sozialer Integrationsfähigkeit mangelt, wird bezogen auf ihren gesamten Handlungserfolg eventuell schlechter abschneiden als eine fachlich weniger profilierte Kraft, die dafür aber größere Stärken im Bereich der sozialen Kompetenz aufweist. Das Gleiche gilt in organisationaler Hinsicht: Eine perfekte Finanz- oder Produktionsplanung nützt wenig, wenn sie nicht auf der Ebene weicher Faktoren entsprechend kommuniziert und umgesetzt werden kann. Umgekehrt kann eine gelungene Öffentlichkeitsarbeit Defizite in der Produktqualität oder im Zeitmanagement nicht wettmachen.

Im Sinne von Müller und Gelbrich (2004, S. 794) stellt die Ausgewogenheit zwischen den vier Prozessvariablen ein „Außenkriterium interkultureller Kompetenz" dar, das – gerade weil es sich um einen synergetischen Prozess handelt – sehr stark situationsabhängig ist (Fischer, Springer u. Zacharaki, 2005, S. 7).

Ausgewogenheit als Kriterium im Rahmen der kulturspezifischen Varianten interkultureller Kompetenz

Stahl (1998) verwendet in diesem Zusammenhang den Begriff „Umweltbedingungen": Je nachdem, in welchen internationalen Kontexten und unter welchen Auftrags- und Teambedingungen jemand arbeitet, kann sich das Kriterium der Ausgewogenheit bei sehr unterschiedlichen Gewichtungen der interkulturellen Teilkompetenzen einstellen: Während Handlungserfolg in einem Fall sehr stark von der Persönlichkeit des Handelnden abhängig sein kann, können in anderen kulturellen Kontexten beispielsweise eher ausgeprägte strategische Fähigkeiten erfolgversprechend sein. Interkulturelle Kompetenz schließt demzufolge kulturspezifisches Wissen ein.

So werden für deutsche Manager zum Beispiel Strategien zu einer möglichst raschen Auftragsabwicklung in Thailand gänzlich anders aussehen als es in den USA der Fall ist. Während fremdkulturelle Kompetenz das Verstehen der Besonderheiten des jeweiligen anderen strategischen Vorgehens ermöglicht, besteht interkulturelle Kompetenz darin, handlungsfähige Synergien zwischen eigen- und fremdkulturellen Ansprüchen beziehungsweise Gewohnheiten aushandeln und realisieren zu können. Ausgewogenheit impliziert dabei nicht zwangsläufig eine Gleichgewichtung der vier Teilkompetenzen. Das bedeutet aber auch, dass es sich bei interkultureller Kompetenz nicht um ein universales Konzept handeln kann, das situations- und kulturunabhängig Gültigkeit besitzen würde.

Die in jüngster Zeit verschiedentlich geäußerte Kritik, es handele sich bei dem Konstrukt interkulturelle Kompetenz um ein dezidiert westliches Denkmodell (Benseler et al., 2003), ist vor diesem Hintergrund sicherlich nicht unberechtigt. In welcher Hinsicht und in welchem Ausmaß interkulturelle Kompetenz situations- beziehungsweise interkulturspezifisch im Sinne des Interagierens von Personen bestimmter kultureller Herkunft ist, wurde bislang kaum diskutiert und sollte als lohnenswerter Gegenstand künftiger Forschungen betrachtet werden (Tab. 32).

Tab. 32: Interkulturelle Kompetenz als anwendungsbezogener Spezialfall allgemeiner Handlungskompetenz

Kompetenzbereich	*allgemeine Handlungskompetenz als Interdependenzverhältnis von:*		*interkulturelle Handlungskompetenz als Interdependenzverhältnis von:*
individuell	Belastbarkeit, Lernbereitschaft, Selbstwahrnehmung, Selbststeuerungsfähigkeit, Rollendistanz, Flexibilität, Ambiguitätstoleranz usw.	⇨	dto. plus Transferfähigkeit auf bestimmte interkulturelle Kontexte; z. B.: Selbststeuerungsfähigkeit in sprachlich fremder Umgebung
sozial	Teamfähigkeit, Konfliktfähigkeit, (Meta-)-Kommunikationsfähigkeit, Toleranz, Kritikfähigkeit, Empathie usw.	⇨	dto. plus Transferfähigkeit auf bestimmte interkulturelle Kontexte; z. B.: Konfliktfähigkeit in Kontexten unter Beweis stellen können, in denen andere Konfliktbewältigungsstrategien üblich sind als im eigenkulturellen Kontext
fachlich	Fachkenntnisse im Aufgabenbereich, Kenntnisse der fachlichen/beruflichen Infrastruktur, Fachwissen vermitteln können, Berufserfahrung usw.	⇨	dto. plus Transferfähigkeit auf bestimmte interkulturelle Kontexte; z. B.: Fachkenntnisse unter Berücksichtigung anderskultureller Traditionen der Bildungssozialisation vermitteln können
strategisch	Organisations- und Problemlösefähigkeit, Entscheidungsfähigkeit, Wissensmanagement usw.	⇨	dto. plus Transferfähigkeit auf bestimmte interkulturelle Kontexte; z. B.: Synergiepotentiale bei kulturell bedingt unterschiedlichen Formen der Zeitplanung erkennen und realisieren können

Ebenfalls zu diskutieren bleibt, inwieweit interkulturelle Kompetenz in jedem Fall daran gemessen werden kann, ob es gelingt, „die Rahmenbedingungen einer für beide Seiten befriedigenden Verständigung auszuhandeln“ (Schönhuth, 2005, S. 102). Beiderseitige Zufriedenheit ist zwar wünschenswert, aber gerade in beruflichen Handlungskontexten (z. B. Aussprechen einer Kündigung) häufig problematisch oder nicht möglich. Das Zufriedenheitskriterium müsste hier durch den Aspekt der Plausibilität ersetzt werden um zu vermeiden, dass interkulturelles Handeln als Homogenitätsveranstaltung missverstanden wird.

Als Fazit in Bezug auf die Formulierung der Rahmenbedingungen eines Qualifikationsziels interkulturelle Kompetenz bleibt festzuhalten, dass gerade vor dem Hintergrund der Globalisierungsdynamik mehr denn je von einer ganzheitlich-interaktionalen und zugleich synergetischen Konzeptualisierung ausgegangen werden sollte, bei der harte und weiche Faktoren des Handelns nicht gegensätzlich, sondern integrativ verstanden werden. Von allgemeiner (eigenkultureller) Handlungskompetenz unterscheidet sich interkulturelle Handlungskompetenz vor allem durch die andere – eben interkulturelle – Beschaffenheit des Handlungsfeldes, auf das sie bezogen ist; nicht jedoch in Hinblick auf die Notwendigkeit eines situationsbedingt ausgewogenen Zusammenspiels der vier Teilkompetenzen. Als ein unverzichtbares Mehr gegenüber der allgemeinen (als eigenkultureller) Handlungskompetenz erweisen sich jene Fähigkeiten und Fertigkeiten, die den Transfer auf das fremd- oder interkulturelle Bezugsfeld sichern. Dazu zählen sowohl Fremdsprachenkenntnisse als auch Erklärungsfähigkeit in Bezug auf eigen-, ziel- und interkulturelle Interaktionszusammenhänge.

So wie die wesentlichen Aufgaben der interkulturellen Personalentwicklung heute darin bestehen, die dargestellten Kompetenzfelder zu integrieren, gilt Gleiches auch für Verfahren der Personalauswahl: Besonders geeignet sind nicht Bewerber, die in einem der Kompetenzbereiche überragende Fähigkeiten und Fertigkeiten nachweisen, sondern solche, die als Generalisten über eine hohe Integrationsfähigkeit in Bezug auf die genannten Kompetenzfelder verfügen. Interkulturelle Kompetenz bezeichnet in diesem Zusammenhang lediglich die Fähigkeit, das eigene Handlungssystem (also das Wechselspiel der vier genannten Felder) an Handlungskontexte außerhalb der eigenen Kultur anzupassen.

Deutlich feststellbar ist derzeit ein Wandel in der Rangliste der Kriterien, die für die Auswahl von Expatriates als wesentlich erachtet werden: Dominierten in den siebziger Jahren noch nahezu ausschließlich fachbezogene beziehungsweise harte persönlichkeitsbezogene Kriterien wie Gesundheit, physische und psychische Belastbarkeit oder „Loyalität“ und „Disziplin“ als Merkmale eines ausgeprägten Pflicht- und Akzeptanzethos (Pausenberger u. Noelle, 1977, S. 352), so wird heute Fachwissen ebenfalls als unverzichtbare Prämisse angesehen – allerdings seit den 1990er Jahren ergänzt durch weiche Entsendungskriterien wie Fremdsprachenkenntnisse, Anpassungsfähigkeit oder das, was unter dem Begriff interkulturelle Kompetenz verstanden wird (u. a. Bayerisches Bildungswerk, 1992; Wirth, 1992; Scherm, 1995; Töpfer, 1995; Andersen, 1997; Bolten, 1998).

2.2 Interkulturelle Assessment-Center

Um Bewerber unter ganzheitlichen Aspekten beurteilen zu können und einen ungefähren Eindruck von ihren tatsächlichen Handlungsfähigkeiten zu erhalten, werden von deutschen Unternehmen heute häufig ein- bis mehrtägige Assessment-Center durchgeführt, in denen die Kandidaten bei Planspielen und Simulationen des beruflichen Alltags beobachtet und beurteilt werden.

Der Vorteil derartiger Verfahren besteht darin, dass man einen Eindruck nicht nur von spezifischen Kenntnissen der Bewerber erhält, sondern dass sie sich auch in komplexen Handlungssituationen bewähren müssen.

Konzeption interkultureller Assessment-Center nach den Kriterien des Konstrukts interkulturelle Kompetenz

Während sich allgemeine Assessment-Center seit den sechziger Jahren von den USA aus kommend in zahlreichen Ländern als zentrales Personalauswahlinstrument etablieren konnte, steht die Entwicklung interkultureller Assessment-Center noch eher am Anfang. Erste Konzeptionalisierungen fanden in der zweiten Hälfte der 1990er Jahre an der Universität Bayreuth statt (Kühlmann u. Stahl, 1998). Sie wurden vor allem im Wirtschaftsbereich (Bolten, 2002; Herzog u. Peña, 2002) und in der internationalen Jugendarbeit in verschiedenen Praxismodellen realisiert (Stumpf, Thomas, Zeutschel u. Ruhs, 2003; Müller-Neumann, 2005). Eine zuverlässige Messbarkeit interkultureller Kompetenz im Sinne einer quantitativen Erfassung ist auch hier freilich aufgrund der beschriebenen Dynamik und Vernetztheit des Beobachtungsbereiches nicht möglich.

interkulturelle Kompetenz ist nicht zuverlässig messbar

Wie wichtig aussagefähige interkulturelle Assessment-Center sind, belegen die immensen Kosten, die eine personelle Fehlentscheidung gerade im internationalen Bereich verursacht (für das gehobene Management werden einschließlich doppelter Umzugskosten je Fehlentsendung mindestens 0,1 bis 0,25 Millionen Dollar

Zusatzkosten veranschlagt). Zwar liegen verlässliche Zahlen hinsichtlich der durch interkulturelle Kompetenzdefizite verursachten Fälle des Scheiterns internationaler Projekte nicht vor und werden auch nur schwerlich zu ermitteln sein. Sicher ist jedoch, dass man diesbezüglich von einer Quote ausgehen muss, die zwischen 40 Prozent und 70 Prozent (Meckl, 2001) liegt. Sofern Angebote bestehen, existieren derzeit zwei unterschiedliche Varianten interkultureller Assessment-Center.

Die erste Variante orientiert sich an einer Einschätzung der genannten – vorwiegend individuellen und sozialen – Teilkompetenzen, die in interkulturellen Handlungskontexten in besonderer Weise ausgeprägt sein sollten. Da die Teilkompetenzen in diesem Fall einzeln überprüft werden, sprechen wir auch von einem punktuellen interkulturellen Assessment-Center.

punktuelle interkulturelle Assessment-Center

Im zweiten Fall werden nicht die einzelnen Teilkompetenzen für sich überprüft, sondern die Fähigkeit, diese Teilkompetenzen in ein ausgewogenes, prozesshaftes Zusammenspiel zu bringen und in konkreten interkulturellen Handlungskontexten zu realisieren. Aufgrund der Komplexität und des holistischen Charakters sprechen wir hier von einem systemischen ganzheitlichen interkulturellen Assessment-Center.

systemisch-ganzheitliche Assessment-Center

Im Gegensatz zu kulturunspezifischen Assessment-Center ist es bei den beiden Varianten des interkulturellen Assessment-Centers unabdingbar, dass die Supervision der Kandidaten durch Mitglieder sowohl der entsendenden als auch der Zielkultur(en) erfolgt, da nur so eine angemessene Beurteilung der Übungen gewährleistet werden kann.

Punktuelle interkulturelle Assessment-Center: Punktuelle interkulturelle Assessment-Center stellen zurzeit die bevorzugte Form dar, um zu einer fundierten Einschätzung der internationalen Einsatzfähigkeit von Bewerbern und Mitarbeitern zu gelangen. Ein wesentlicher Grund hierfür besteht in dem relativ geringen Aufwand ihrer Erstellung, sofern man bereits über ein Know-how bei der Konzeption kulturunspezifischer Assessment-Center verfügt. Da im Wesentlichen diejenigen individuellen und sozialen Teilkompetenzen überprüft werden sollen, die für einen internationalen Einsatz als besonders wichtig erachtet werden, wie etwa Rollendistanz, Empathie, (Meta-)Kommunikationsfähigkeit und Toleranz, kann man in der Regel auf den aus konventionellen Assessment-Center bekannten Übungstypen problemlos aufbauen. Es handelt sich insbesondere um Präsentationen, Postkorb-Aufgaben, gesteuerte/ungesteuerte Diskussionen oder Problemlösehandeln in Teams, wobei

jeweils eine Anpassung an spezifisch interkulturelle Erfordernisse erfolgt.
Auch wenn die Vorteile punktueller Assessment-Center aufgrund ihrer relativ geringen Komplexität und leichten Erstellbarkeit offenkundig sind, darf dies nicht darüber hinwegtäuschen, dass sie allenfalls tendenziell Aussagen bezüglich der internationalen Einsatzfähigkeit der Kandidaten erlauben. Ob beispielsweise jemand, der über ein ausgeprägtes Maß an Rollendistanz verfügt, auch in der Lage ist, in einer bestimmten Situation und in einer bestimmten kulturellen Umgebung strategisch optimale und motivierende Entscheidungen zu treffen, wird man über ein solches punktuelles interkulturelles Assessment-Center nicht herausfinden können.

Systemisch-ganzheitliche interkulturelle Assessment-Center: Auf die Einschätzung des Verhaltens in solchen komplexen interkulturellen Handlungszusammenhängen zielen systemische interkulturelle Assessment-Center ab. Sie sind so konzipiert, dass sie das beschriebene Zusammenspiel der Teilkompetenzen beruflichen Handelns in interkulturellen Kontexten initiieren und auf diese Weise eine Beurteilung der komplexen internationalen Handlungskompetenz ermöglichen.
Dies gelingt mit Hilfe komplexer Planspiele wie zum Beispiel „InterAct" (Bolten, 1999), die gemeinsam mit Gastlandangehörigen durchgeführt werden und die vor diesem Hintergrund zeigen können, inwieweit jemand in der Lage ist, vielschichtiges Handeln in interkulturellen Kontexten erfolgreich zu realisieren.
Da den konkreten Besonderheiten des Entsendungskontextes hierbei Rechnung zu tragen ist, werden derartige Assessment-Center immer zielgruppengerecht erarbeitet und/oder angepasst werden müssen. Ein Manko besteht derzeit weiterhin darin, dass adaptionsfähige interkulturelle Planspiele bislang nur in sehr geringer Anzahl entwickelt worden sind.

E-Assessment-Center

Neu ist der Versuch einer Umsetzung interkultureller Kompetenztests im elektronischen Bereich. In ganzheitlich orientierte E-Szenarien simulieren die Teilnehmer dabei am PC komplexe Handlungssituationen, die bei einer Geschäftsreise zum Beispiel nach Chile auftreten können (Herzog u. Peña, 2002). Sie werden dabei in interkulturellen Handlungskontexten mit diversen persönlichen, sozialen, strategischen und fachlichen Kompetenzanforderungen konfrontiert, die es in einem vorgegebenen Zeitrahmen zu bewältigen gilt. Mit Hilfe von Multiple-Choice-Verfahren können die Teilnehmer sich für jeweils konkrete Lösungsmöglichkeiten entscheiden. Je nachdem, wie sie sich in den einzelnen Situationen entscheiden, entstehen sehr unterschiedliche interkulturelle Kompetenzprofile. Dies erlaubt einerseits einen Vergleich mit dem Durchschnittsergebnis aller anderen vorangegangenen Probanden, andererseits ermöglicht es Aussagen über die besagte Ausgewogenheit in Bezug auf die Interdependenzdynamik der vier interkulturellen Teilkompetenzen bei einzelnen Probanden (Abb. 68).

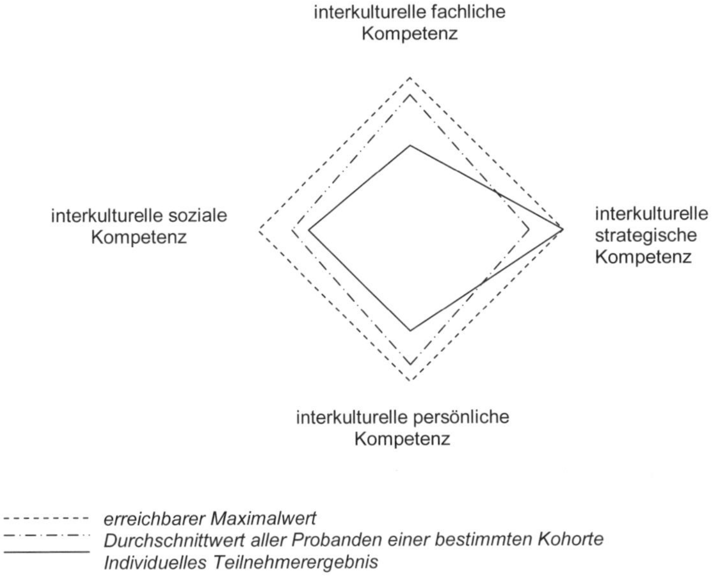

Abb. 68: Ermittlung interkultureller Kompetenzprofile (nach Herzog u. Peña, 2002)

Zukunftsweisend ist der Einsatz webbasierter interkultureller ACs zweifellos dann, wenn es darum geht, Kompetenzeinschätzungen in Hinblick auf die Mitarbeit in interkulturellen virtuellen Teams vorzunehmen (Schröder, 2005). In diesem Fall repräsentiert die virtuelle Handlungsumgebung des E-Assessment-Center den realen beruflichen Kontext. Obwohl virtuelle internationale Teams in den letzten Jahren deutlich an Bedeutung gewonnen haben und aus dem Wirtschaftsalltag nicht mehr wegzudenken sind (Hofmann u. Gölz, 2000; Konradt u. Hertel, 2002; Köppel, 2007), steckt die Entwicklung entsprechend geeigneter und ganzheitlich-systemischer E-Assessment-Center noch in den Anfängen. Ein wesentlicher Grund hierfür dürfte in der Problematik der Integration von Beobachtern liegen, die über „virtual-classroom“-Systeme zwar möglich, aber dennoch aufwändig wäre.

3 Personalentwicklung: Vorbereitung auf internationale Einsätze

Idealerweise baut eine gezielte Auslandsvorbereitung auf den Ergebnissen eines interkulturellen Assessment-Centers auf: Für die Entsendung als problematisch eingestufte Fertigkeiten, Fähigkeiten und Kenntnisse der Kandidaten können auf diese Weise sehr effizient thematisiert und verbessert werden.

Sehr wichtig und vielfach unterschätzt ist das familiäre Umfeld. So werden heute Familienangehörige grundsätzlich in Vorbereitungsmaßnahmen einbezogen. Dies gilt insbesondere für die von sehr vielen Unternehmen durchgeführten „Look-and-see-Trips“, bei denen die Gelegenheit besteht, das künftige Arbeits-, Schul- und Wohnumfeld in Augenschein zu nehmen.

Informationsreisen

Vorbereitungstrainings „off-the-job“

Die Konzeptualisierung von Vorbereitungstrainings für internationale Einsätze wird gegenwärtig durch zwei Entwicklungstendenzen bestimmt: Zum einen durch die zunehmende Kurzfristigkeit, mit der Einsätze anberaumt werden, beziehungsweise durch die kürzere Verweildauer im Ausland; zum anderen durch die wesentlich höhere fremdsprachliche und teilweise auch interkulturelle Kompetenz, mit der Führungsnachwuchskräfte bereits heute gegenüber ihrer Vorgängergeneration aufwarten können.

Beides scheint dazu zu führen, dass klassische interkulturelle Vorbereitungstrainings – anders als noch zur Jahrhundertwende allgemein erwartet – auch künftig ein Schattendasein in Bezug auf fremdsprachlich und landeskundlich orientierte Vorbereitungsmaßnahmen fristen werden: Während in den 1990er Jahren einer Befragung von Horsch zufolge über die Hälfte der Personalverantwortlichen angaben, dass eine umfangreichere interkulturelle Vorbereitung aus Zeitgründen nicht möglich sei (Horsch, 1996, S. 22) und zusätzlich auch eine inhaltliche begründete Skepsis gegenüber interkulturellen Trainings vorherrschte, weil vielfach eine angemessene „theoretische Fundierung“ fehlte beziehungsweise nicht „entsprechend qualifizierte und erfahrene Trainer“ zur Verfügung standen (Kammel u. Teichelmann 1994, S. 134; vgl. Warthun, 1996, S. 75 f.; Niedermeyer, 2001), dürften heute derartige Vorbehalte deutlich reduziert sein. Geändert hat sich aber die interkulturelle

Eingangsqualifikation des Führungsnachwuchses: Durch die verbreitet praktizierte Einbeziehung interkultureller Schlüsselqualifikationen in die wirtschaftswissenschaftliche Hochschulausbildung (Bergmann u. Bermann, 2005) und nicht zuletzt auch aufgrund der inzwischen nahezu obligatorischen Auslandsaufenthalte während des Studiums kann im Rahmen der Personalentwicklung heute ein deutlich höheres interkulturelles Kompetenzniveau vorausgesetzt werden. Aus diesem Grund sollte man den Zukunftsmarkt für interkulturelle Trainings „off-the-job" nicht überschätzen. Aufbauend auf – teilweise inzwischen bereits in der Schule vermittelten Grundkenntnissen – scheint eher eine Tendenz zur verstärkten Durchführung interkultureller Personalentwicklungsmaßnahmen „on-the-job" zu bestehen.

vom interkulturellen Vorbereitungstraining zum interkulturellen Coaching „on-the-job"

Wir werden dies unter dem Aspekt des interkulturellen Coachings noch eingehender diskutieren. Da interkulturelle Trainings trotzdem nach wie vor einen sehr häufig praktizierten Bestandteil interkultureller Vorbereitung darstellen, sollen die wesentlichen Trainingstypen zumindest stichwortartig charakterisiert werden (Abb. 69).

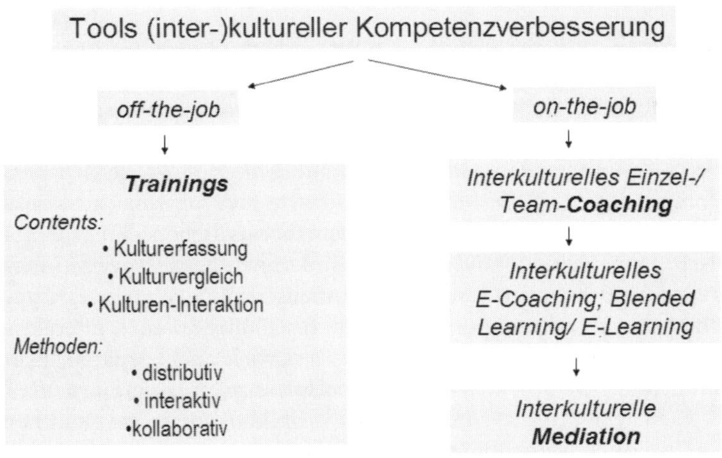

Abb. 69: Tools zur Verbesserung (inter)kultureller Kompetenz

Eine erste Orientierung bietet die Methoden-Landkarte: Vertikal sind die Typen (inter-)kultureller Trainingscontents verzeichnet (monokulturell bzw. kulturunspezifisch, kulturvergleichend, interkulturell); horizontal erfolgt die Einteilung entsprechend grundlegender Lehr-/Lernmethoden (distributiv, kommunikativ, kollaborativ). Die Positionierung der einzelnen Trainingstypen innerhalb des Diagramms zeigt an, auf welche Weise entsprechende Inhalte und Methoden im Regelfall realisiert werden (Abb. 70).

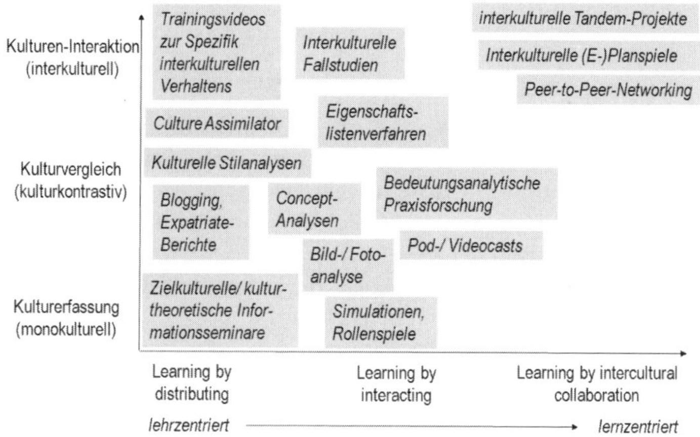

Abb. 70: Methodenlandkarte

Typologie interkultureller Trainings

Anders als zum Beispiel bei der Vier-Felder-Typologie von Gudykunst, Guzley und Hammer (1996), in der kulturübergreifend-informatorische, kulturspezifisch-informatorische, kulturspezifisch-interaktionsorientierte und kulturübergreifend-interaktionsorientierte Trainings relativ strikt voneinander abgegrenzt werden (vgl. Bolten, 2000), ist die Methodenlandkarte eher prozess- als strukturorientiert zu verstehen. Die Übergänge zwischen den (theoretisch neun) Feldern sind fließend: So können beispielsweise interkulturelle Fallstudien je nach Zusammensetzung der Traineegruppe und je nach Trainingskontext sowohl distributiv als auch interaktiv realisiert werden. Gleichzeitig ist es natürlich auch denkbar, Fallstudien als inhaltlichen Kern in Planspiele zu integrieren, so dass sie genauso gut in einem methodisch kollaborativem Rahmen durchgeführt werden könnten.
Dennoch: In der Trainingspraxis haben sich für die einzelnen Trainingstypen durchaus charakteristische Positionierungen innerhalb der Methodenlandkarte etabliert, von denen auch ausgegangen werden soll. Wir orientieren uns dabei an den im Folgenden dargestellten drei Contentebenen.

Kulturerfassungsansätze: Trainingstypen, die Fragen der Kulturerfassung gewidmet sind, orientieren sich entweder an konkreten

monokulturellen (eigen- oder zielkulturellen) Inhalten oder an kulturallgemeinen Fragestellungen.
Methodisch distributiv („trainerzentriert“) verfahren in diesem Zusammenhang vor allem kulturspezifische Informationsseminare oder Veranstaltungen, die über kulturtheoretische, wahrnehmungspsychologische oder kulturanthropologische Sachverhalte berichten. Methodisch zumeist interaktiv konzipiert sind allgemein-kultursensibilisierende Simulationen und Rollenspiele nach dem Vorbild von „Barnga“ oder „Bafa-Bafa“. Als Mitglieder fiktiver und zumeist sehr gegensätzlich konstruierter Kulturen lernen die Teilnehmer mit – abstrakten – Fremdheitssituationen umzugehen. Inwiefern man allerdings Rollenspiele tatsächlich „kulturübergreifend“ realisieren kann, sei dahingestellt. Nicht unproblematisch sind derartige Übungen immer dann, wenn einer monokulturellen Gruppe suggeriert wird, sie könne durch eine zum Beispiel nationalkulturelle Gruppenaufteilung („Ihr seid die Chinesen, ihr die Inder“) Interkulturalität generieren. Dies ist sicherlich nicht denkbar.
Trainingstypen, die sich inhaltlich mit Kulturerfassungsansätzen auseinandersetzen und methodisch auf interkultureller Zusammenarbeit aufbauen, stellen bislang ein Desiderat dar und sind vermutlich auch weniger als Trainingsbestandteile im engeren Sinne denkbar: Konzeptionell ginge es dabei zum Beispiel um die Frage, inwieweit Kulturerfassungsansätze kulturell unterschiedlich konzipiert sind und wie man im Kontext interkultureller Zusammenarbeit gemeinsame, und dementsprechend interkulturell akzeptierte Beschreibungsverfahren generieren könnte.

Kulturvergleichende Inhalte: Während sich Blogs und Expatriate-Tagebücher zumindest explizit überwiegend mit mono- und vor allem zielkulturellen Fragestellungen auseinandersetzen und eher „by the way“ kulturvergleichend argumentieren, steht der Kulturvergleich bei Culture-Assimilator-Übungen im Vordergrund: Ausgehend von der Darstellung eines „critical incident“, einer kritischen Interaktionssituation zwischen Angehörigen unterschiedlicher Kulturen, besteht die Aufgabe darin, via Multiple-Choice-System aus vier Erklärungsalternativen für den dargestellten Konflikt die wahrscheinlichste herauszufinden. Die Übungen dienen der kognitiven Auseinandersetzung mit möglichen Ursachen für interkulturelle Konflikte und werden zudem gerne verwendet, um konkrete „Kulturstandards“ zu exemplifizieren. Sie zählen in Deutschland zu den bevorzugt eingesetzten Trainingstypen (vgl. Konradt u. Behr, 2002, S. 19). Einer der größten

Nachteile, die mit der Culture-Assimilator-Praxis verbunden ist, besteht in der Gefahr der Übergeneralisierung. Sie tritt dann ein, wenn von den individuenspezifischen „critical incidents“ auf allgemeine „nationalkulturelle“ Konfliktdispositionen geschlossen wird. Ebenfalls negativ zu Buche schlägt die mit dem Übungstyp verbundene Unterstützung einer Sichtweise, die mit interkulturellem Handeln generell eher problem- als chancenorientierte Aspekte verbindet.
Ebenfalls zumeist in kulturvergleichender Absicht eingesetzt werden kulturelle Stilanalysen. Ein Beispiel hierfür sind Textsortenvergleiche zum Beispiel von Websites, Werbeanzeigen oder Führungsleitlinien aus unterschiedlichen Ländern. Das Ziel besteht darin, unterschiedliche Stilausprägungen zu beschreiben und unter kulturhistorischen Gesichtspunkten zu erklären. Ähnliches gilt für Concept-Analysen: Verglichen werden hier Assoziationen, die Mitglieder unterschiedlicher kultureller Gruppen nennen, wenn sie mit bestimmten Begriffen (wie zum Beispiel „water“) konfrontiert werden (vgl. Bolten, Herzog u. Kriegel, 2007). Auf diese Weise ist es möglich, kulturspezifische Merkmale von Schema-Netzwerken transparent zu machen und für unterschiedliche Semantiken etwa beim Gebrauch vermeintlich identischer Begriffe in einer Lingua franca zu sensibilisieren.
Eine Variante stellen Eigenschaftslistenverfahren dar, bei denen kulturspezifisch Selbst-, Fremd- und Metabilder erfragt und verglichen werden.
Eher interaktiv orientiert und mit affektiven und verhaltensorientierten Lernzielen verknüpft sind Übungen, die der „Bedeutungsanalytischen Praxisforschung“ zuzurechnen sind. Hier geht es – meistens verbunden mit Feldforschungsprojekten – darum, die Bedeutung bestimmter Handlungskonzepte in spezifischen kulturellen Kontexten zu erschließen und zu beschreiben („Begrüßen“, „Marktgeschehen“, „Kinderspiele“ etc.). Dies kann in kulturvergleichender Absicht geschehen; es kann aber auch durchaus auf interkulturelle Szenarien bezogen sein.

Interkulturalität als Content: Zu Trainingstypen, die sich an interkulturellen Inhalten orientieren, zählen Culture-Assimilator-Übungen, sofern sie einen „critical incident“ aus seinem interkulturellen Ereigniszusammenhang heraus und nicht nur aus der kulturellen Perspektive eines der Beteiligten zu erklären versuchen. Besonders geeignet für die Thematisierung und Reflexion interkultureller Handlungssituationen sind interkulturelle Trainingsvideos (vgl. Müller-Jacquier, 2000).

Während die Vermittlung interkultureller Contents unter Einsatz distributiver Methoden eher auf eine kognitive Auseinandersetzung mit Interkulturalität zielt, gehen interaktive und kollaborative Methoden darüber hinaus: Unter der Voraussetzung bi- oder multikulturell besetzter Trainingsgruppen ist es zum Beispiel bei der gemeinsamen Bearbeitung von Fallstudien, Projekten oder Planspielen möglich, Interkulturalität nicht nur zu thematisieren, sondern auch zu initiieren. Gleiches gilt für Formen des „Peer-to-Peer-Networking" (z.B. „knowledge sharing"), für interkulturelle Tandem-Projekte oder internetgestützte Planspiele.

Die Problematik, die alle der genannten Trainingstypen verbindet, besteht darin, dass für sich genommen keiner in der Lage ist, der Komplexität des Lernziels interkulturelle Kompetenz gerecht zu werden: Distributive Methoden vermitteln kulturelle Kenntnisse beziehungsweise ein Wissen über interkulturelles Handeln; sie sind jedoch nicht in der Lage, Interkulturalität erfahrbar zu machen. Bezogen auf den Alltag der zu Entsendenden bleiben sie abstrakt. Interaktive oder kollaborative Trainingstypen sind unter der Voraussetzung multikulturell besetzter Trainingsgruppen zwar geeignet, um Interkulturalität auch tatsächlich zu erzeugen; allerdings nimmt die praktische Zusammenarbeit häufig einen so breiten Raum ein, dass für Wissensvermittlung kein Platz mehr bleibt.

Der verschiedentlich vorgeschlagene Mix von distributiv-informatorischen und interaktions- oder kollaborationsorientierten Methoden bietet demgegenüber zwar den Vorteil, dass innerhalb eines einzelnen Trainings kognitive und verhaltensbezogene Aspekte kombiniert werden (Abb. 72) (u.a. Stüdlein, 1997, S. 323). In der Praxis erfolgt diese Kombination jedoch meist im Sinne eines „best-of-both"-Schemas: Sie ist additiv und nicht integrativ, was nicht zuletzt auch zu Lasten der Intensität des Vermittelten geht.

Methodenmix als „best of both"?

Integrierte interkulturelle Trainings hingegen verknüpfen – zum Beispiel im Rahmen von mehrsprachigen Planspielen (Bolten, 1999) – interaktionsorientierte und informatorische Aspekte. Sie sind hinsichtlich ihres Entwicklungs- und Durchführungsaufwandes zwar sehr komplex, bieten aber den Vorteil, dass sie bei geschickter Auswahl und Kombination verschiedener Übungstypen zu einer Verflechtung interkultureller personaler, sozialer, strategischer und fachlicher Teilkompetenzen beitragen können. Wie wir gesehen haben, ist genau durch dieses interdependente Zusammenspiel der Sachverhalt „interkulturelle Kompetenz" charakter-

bevorzugte Inhalte interkultureller Personalentwicklungsmaßnahmen

synergetischer Charakter von integrierten interkulturellen Trainings

isiert. Darüber hinaus bieten integrierte Trainings die Möglichkeit, unterschiedliche methodische Ansätze zu variieren und entsprechend den Lernstilen der Teilnehmer entweder stärker steuernd oder eher lernerzentriert zu agieren.
So können zwischengeschaltete Plenarphasen dazu dienen, den Verlauf eines (sinnvoller Weise videounterstützt durchgeführten) Planspiels gemeinsam mit den Teilnehmern in Hinblick auf Spezifika interkulturellen Handelns in zielgruppenspezifisch angemessener Weise zu reflektieren. Je nach Kenntnisniveau und Lernstil können zusätzlich Lernmaterialien angeboten werden, die zu einer stärkeren Strukturierung des zunächst per se offenen Planspielprozesses diesen. Grundsätzlich gilt dabei die Maxime, „so offen wie möglich, so geschlossen wie nötig". Was gerade bei bi- und multikulturell besetzen Trainingsteams im Einzelfall (kollaborativ) möglich und was (distributiv) nötig ist, wird je nach Gruppe sehr unterschiedlich ausfallen und sollte zumindest zusammen mit den Teilnehmern thematisiert oder besser noch „ausgehandelt" werden. Erst unter dieser Voraussetzung lässt sich von *interkulturellen* Methoden interkultureller Trainings sprechen.
Paradoxerweise sind die Methoden interkultureller Trainings derzeit überwiegend gerade nicht interkulturell „ausgehandelt". Durchgesetzt und behauptet haben sich vielmehr US-amerikanische und westeuropäische Ansätze, die überdies seit den 1980er Jahren kaum Veränderungen erfahren haben. Gegenüber einer entsprechend „westlichen" Methodendominanz sind in jüngster Zeit vor allem in der asiatischen Trainingsforschung Bedenken geltend gemacht worden (vgl. Sinha et al., 2002), und es ist zu hoffen, dass diese Kritik genutzt wird, um Dialoge zur Entwicklung interkultureller Methoden interkultureller Kompetenz zu initiieren (vgl. auch Kainzbauer, 2002).

E-Learning als geeignetes Instrument interkultureller Personalentwicklung

Abzuwarten bleibt, inwieweit E-Learning in diesem Zusammenhang als geeignetes Instrument interkultureller Kompetenzverbesserung eingesetzt werden kann (Bolten, 2006, 2007). Gegenüber Präsenztrainings bieten Trainings, die mit Unterstützung des World Wide Web durchgeführt werden, deutlich mehr Möglichkeiten, um Interkulturalität authentisch zu erzeugen. Gut geeignet für die Konstruktion solcher authentischer interkultureller Handlungsszenarien sind E-Planspiele, die mit Unterstützung synchroner Werkzeuge wie „virtual classroom", „voice over IP", Telefon, Online-Meetings oder Whiteboards von kulturell unterschiedlichen Teams zur gleichen Zeit an verschiedenen Orten der Welt gespielt werden können. Die Kollaboration via Internet setzt bei scheinbar banalen Erfahrungen wie Zeitverschiebung, Sprachen-

interkulturelles E-Planspiel

wahl und der Formulierung von Regeln für die Zusammenarbeit an. Der Lernprozess ist damit von Anbeginn interkulturell und dementsprechend auch authentisch und glaubwürdig.
Ein weiterer Vorteil interkulturellen E-Learnings oder Blended Learnings besteht in den Nutzungsmöglichkeiten, die Tools der Web 2.0-Kommunikation oder elektronische Plattformen bieten. Auch wenn entsprechende Medienwerkzeuge für sich genommen natürlich nicht „interkulturell" sind, sind sie bestens geeignet, um die erwähnte Herausbildung interkultureller Methoden interkultureller Kompetenzentwicklung zu unterstützen. So können Plattformen in ihrer Funktion als Materialpool nutzbar gemacht werden, um beispielsweise zusätzlich zu einem Planspiel beliebig viele unterstützende Lernmaterialien anzubieten. Den Trainern obliegt es, aus diesen Materialien – je nach Bedarf und Lernstilen der Teilnehmer – individuelle Lernwege zu konstruieren und anzubieten. Das Gestaltungsspektrum kann (und sollte) dabei von stark distributiven bis hin zu informellen Lernformen reichen. Auf diese Weise lassen sich Lernszenarien methodisch sowohl so offen wie möglich als auch so geschlossen wie nötig konzipieren: Teilnehmer in bi- und multikulturell besetzten Trainingsgruppen werden unter methodischen Gesichtspunkten jeweils von vertrauten Lernumgebungen „abgeholt". Sofern diese Kontexte innerhalb einer Trainingsgruppe unterschiedlich sind, bietet sich so die Möglichkeit, sehr bewusst gemeinsame methodische Akzeptanzspielräume auszuloten. Dies kann seitens der Trainer erfolgen, es kann aber ebenso gut – als interkultureller Aushandlungsprozess – gemeinsam mit den Teilnehmern durchgeführt werden.
Entsprechende E-Trainings können sowohl „off-the-job" als auch „on-the-job" durchgeführt werden. Aufgrund ihrer Komplexität stellen sie allerdings sehr hohe Anforderungen an die Trainer und setzen zudem eine sehr gute Medienausstattung von Anbietern und Abnehmern voraus.
Mit geringerem Aufwand, dafür aber auch nur in eingeschränkter Form als ganzheitlich zu bezeichnen, arbeiten vorwiegend asynchron konzipierte Lernangebote. Interkulturalität kann auch hier über E-Mails, Foren, Newsgroups, Weblogs oder E-Tandems (www.slf.ruhr-uni-bochum.de/etandem/etindex-en.html) erzeugt werden – allerdings zeitlich versetzt, womit natürlich auch besondere Anforderungen virtuellen interkulturellen Handelns wegfallen, wie etwa die Einbeziehung von Aspekten der Zeitverschiebung. Nahezu unverzichtbar ist auch hier der Einsatz von Lernplattformen: Sie bieten nicht nur die Grundlage, um interkulturelle Gruppenbeziehungen konstituieren zu können, sondern ermöglichen

gleichzeitig auch die Steuerung von Lernprozessen zum Beispiel durch Teletutoren. Häufig werden solche Angebote im Rahmen von Blended-Learning-Konzepten durch Planspiele oder Blockseminare ergänzt. Ein Beispiel hierfür sind die meisten des vom Hochschulverbund „Interkulturelles Lernen im Netz" (www.interkulturelles-portal.de) angebotenen Kurse (vgl. romanistik.phil.uni-sb.de/ IK/downloads/dathe_kick-off.pps). Andererseits ist im Rahmen der Web 2.0-Entwicklung auch ein deutlicher Trend hin zum informellen E-Lernen zu beobachten. Podcasts, Videocasts oder auch im Netz hinterlegte Bilddokumentationen bieten beste Möglichkeiten zur Initiierung interkulturellen Austauschs und lassen sich problemlos in E-Learning-Umgebungen integrieren (Bolten, 2007a). Zu beachten ist allerdings auch hier, dass die Verwendung derartiger Tools durchaus kulturspezifischen Besonderheiten unterliegt. So weist eine McKinsey-Studie (2007) zur Nutzung des Web 2.0 nach, dass beispielsweise in den USA eher Web 2.0-Werkzeuge verwendet werden, die der schnellen Informationseinbindung (RSS) und Selbstdarstellung des Einzelnen dienen (Blogs, Podcasts) dienen, während in Asien eher Networking-Tools Anklang finden (Collective Intelligence, Social Networking, Peer-to-Peer-Networking). Mittelfristig wird es auch in diesem Zusammenhang darum gehen, einerseits Web 2.0-Werkzeuge in interkulturelle Übungstypen zu integrieren und andererseits Wege einer interkulturellen Akzeptanzbildung zur Herausbildung entsprechender Methoden zu finden.

4 Personalbetreuung während des internationalen Einsatzes

Während ihres Auslandsaufenthaltes sind Entsandte einer erheblichen Menge von ungewohnten Erfahrungen und sicherlich auch Problemen ausgesetzt, die ihren Arbeitsalltag zum Teil erheblich aus dem „Normalitätsgleichgewicht" bringen. Um welche Besonderheiten es sich dabei genau handelt und wie sie sich auf das berufliche, soziale und private Umfeld der Entsandten auswirken, ist nur in Ansätzen bekannt, da empirische Untersuchungen hierzu bislang noch ein Forschungsdesiderat darstellen.

Unternehmensinterne Berichte, denen entsprechende Informationen entnommen werden könnten, sind in der Regel nicht standardisiert, und selbst wenn sie es wären, würden sie verständlicherweise nicht an die Öffentlichkeit gegeben werden. Andererseits ist das Wissen um derartige Probleme unabdingbar, um eine gezielte und effiziente Auslandsvorbereitung vornehmen zu können.

4.1 Probleme und Bewältigungsstrategien deutscher Entsandter in Japan und den USA

Probleme und Bewältigungsstrategien deutscher Entsandter

In diesem Zusammenhang kommt einer Studie von Günter Stahl zum internationalen Einsatz von Führungskräften (Stahl, 1998) das Verdienst zu, erstmals mit Hilfe der an die „critical-incident"-Technik angelehnten Interviewform der „Verlaufserkundung" (Franke u. Kühlmann, 1985; Stahl, 1998, S. 125) umfangreichere Daten zu Problemkontexten deutscher Entsandter ermittelt zu haben. Bei den Befragten handelt es sich um Führungskräfte der oberen und mittleren Ebene, die a) bis zu zwei Jahren, b) zwischen zwei und sechs Jahren und c) über sechs Jahre in den USA oder in Japan tätig waren.

Grundsätzlich konnte festgestellt werden, dass Entsendungsprobleme stärker vom Einsatzland als von der Hierarchieebene oder der Aufenthaltsdauer abhängen (Stahl, 1998, S. 173). Von daher ist auch Vorsicht geboten, wenn nachfolgend von den Problemen entsandter Führungskräfte die Rede ist. So werden beispielsweise Problemklassen wie Sprache/Kommunikation, Geschäftspraktiken und Gastlandkontakte in Japan erheblich schwerwiegender erfahren als in den USA, während hier rechtliche und bürokratische Probleme weit häufiger auftreten als in Japan (Stahl, 1998, S. 171 f.).

Wenngleich es daher methodisch nicht korrekt ist, Problembefunde ohne entsprechende Länderdifferenzierungen darzustellen, eignen sich derartige Generalisierungen dennoch, um zumindest Orientierungen hinsichtlich der tatsächlichen Problemkontexte zu gewinnen. Offenkundig ist freilich, dass Maßnahmen zur Auslandsvorbereitung schon aus diesem Grund länder- oder regionenspezifisch und – soweit Daten vorliegen – unter Berücksichtigung der jeweiligen konkreten Problemsituation konzipiert werden müssen.

Fasst man die von Stahl gewonnenen Ergebnisse zur Häufigkeit von Problemklassen bei den Entsandten in den USA und in Japan zusammen und differenziert sie nach der Aufenthaltsdauer, so ergibt sich das in Tabelle 33 dargestellte Bild:

Tab. 33: Häufigkeit von Problemklassen (nach Stahl, 1998, S. 157 u. S. 171)

Problemklasse/Beispiele	*Häufigkeit insg. (N = 116)*	*< 2 Jahre (N = 24)*	*2–6 Jahre (N = 54)*	*> 6 Jahre (N = 38)*
Reintegration (berufliche/private Rückkehrprobleme, Zukunftsängste)	65 %	46 %	76 % ↗	61 % ↘
Stammhausbeziehungen (Autonomiekonflikt, fehlende Unterstützung)	60 %	50 %	61 % ↗	63 % →
Personal/Führung (Personalbeschaffung, -führung, -entwicklung)	48 %	50 %	48 % →	47 % →
Sprache/Kommunikation (Verständigungs-/Orientierungsprobleme)	47 %	58 %	54 % →	32 % ↘
Gastlandkontakte (fehlende/unbefriedigende Kontakte)	44 %	46 %	50 % →	34 % ↘
Arbeitszeit/-menge (lange Arbeitszeiten, Termindruck, Geschäftsreisen)	43 %	25 %	56 % ↗	37 % ↘
Entsandtenrolle (Interessen-/Loyalitätskonflikte, Vermittlerrolle)	39 %	29 %	35 % ↗	50 % ↗
(Ehe-)Partner (fehlende Arbeitsmöglichkeiten, Isolation)	38 %	58 %	44 % ↘	16 % ↘
Lebensqualität (Freizeit, Wohnverhältnisse, Klima)	35 %	33 %	37 % →	34 % →
Arbeitsinhalte/-abläufe (Aufgabenneuheit, Überforderung, interne Abläufe)	29 %	33 %	30 % →	26 % ↘
Geschäftspraktiken (Kontaktaufbau, abweichende Geschäftsgepflogenheiten)	23 %	22 %	22 % →	26 % ↗

In Bezug auf die Intensität, mit der die einzelnen Problemklassen erfahren werden, resultiert bis auf zwei deutliche Ausnahmen eine ähnliche Rangfolge: Partnerprobleme werden überproportional häufig als besonders intensiv erfahren, während Gastlandkontakte hinsichtlich ihrer Intensität zumeist als tolerierbar eingestuft werden (Stahl, 1998, S. 158). Offenkundig sowohl in Hinblick auf die

Intensität als auch die Häufigkeit der Problemklassen ist jedoch die Tatsache, dass die Einzelprobleme nie losgelöst aus ihrem Interdependenzverhältnis mit anderen Problemklassen gesehen werden können: Wenn die Problemklasse Sprache/Kommunikation stark ausgeprägt ist, wird dies Einflüsse auf Gastlandkontakte, die Entsandtenrolle und so weiter nach sich ziehen.
Eine Interpretation der Daten aus Sicht der interkulturellen Personalentwicklung und -betreuung legt in einem ersten Schritt folgende Befunde nahe:

- Sämtliche Problemklassen enthalten Aspekte, die mehr oder minder direkt auf die Spezifik der interkulturellen Handlungskontexte im Ausland bezogen sind. Daher ist die üblicherweise vorgenommene Differenzierung zwischen harten und weichen Faktoren der Entsendung weder plausibel noch hilfreich. Interkulturelle Personalentwicklungsmaßnahmen sollten vielmehr das Zusammenspiel (und die faktische Undifferenzierbarkeit) beider Bereiche bewusst thematisieren und in dieser Weise integrativ verfahren.
- Nur für den geringeren Teil der angeführten Problemklassen gilt, dass die Häufigkeit und Intensität ihres Auftretens nach zwei beziehungsweise sechs Jahren abnimmt. In der überwiegenden Zahl der Fälle ist eine gleichbleibende oder auch zunehmende Virulenz der Probleme festzustellen. Daraus folgt, dass interkulturelle Trainings, die als „off-the-job"-Maßnahmen der Entsendung vorgeschaltet sind, nicht ausreichen. Ein viel stärkeres Augenmerk sollte stattdessen auf Betreuungsmaßnahmen während der Entsendungszeit gelegt werden. Entsprechende Möglichkeiten bieten insbesondere Coachings.
- Die am häufigsten und intensivsten auftretenden Problemklassen, nämlich Reintegration und Stammhausbeziehungen, sind gleichzeitig diejenigen, die am wenigsten unmittelbar durch interkulturelle Handlungskontexte verursacht sind, die aber durchaus interkulturelle Probleme (z. B. durch die Einengung von Handlungsspielräumen) hervorrufen können. Von daher ist es plausibel, dass interkulturelle Personalentwicklung nur dann erfolgreich zu sein vermag, wenn sie als Bestandteil einer übergreifenden interkulturellen Organisationsentwicklung realisiert wird (Bolten, 1999b; Brajer, 1998; Breuer u. Barmeyer, 1998).

Bezogen auf die genannten Problemklassen hat Stahl im Rahmen seiner Interviews den Einsatz eine Reihe derartiger Bewältigungsformen ermittelt, die deutsche Entsandte (wiederum in Japan und den USA; N = 966) vorzugsweise einsetzen. Aufschlussreich ist hierbei der Vergleich zwischen der Häufigkeit des Einsatzes spezifischer Formen der Problembewältigung und dem jeweils kontextbezogen ermittelten Erfolgsrating.

am häufigsten eingesetzte Problembewältigungsmaßnahmen sind nicht immer auch die erfolgreichsten

Die in der internationalen Praxis am häufigsten eingesetzten Problembewältigungsmaßnahmen sind offenkundig keineswegs auch die erfolgreichsten. Im Gegenteil: Mit Identitätsbewahrung, Duldung/Akzeptanz und Negativvergleich rangieren die drei erfolglosesten Strategien unter den sechs am häufigsten praktizierten Maßnahmen, während die drei erfolgreichsten Strategien, nämlich (Kultur-)Lernen, Organisationsmaßnahmen ergreifen, Beziehungsaufbau und -pflege eher selten realisiert werden. Bezogen auf die genannten Problemklassen stellt Stahl fest, dass nur ungewohnte Arbeitsinhalte und -abläufe auch tatsächlich wirksam gelöst werden (Tab. 34).

Tab. 34: Strategien zur Problembewältigung

Bewältigungsform	*Beispiel*	*Häufigkeit %*	*Häufigkeit (Rang)*	*Bewältigungserfolg**	*Bewältigungserfolg (Rang)*
Problemumbewertung	Bagatellisieren	36 %	1	2,20	5 ↑
Situationskontrolle	Verantwortungsübernahme	27 %	2	1,92	10 →
Identitätsbewahrung	Ethnozentrismus	25 %	3	0,59	16 ↓
Positiver Vergleich	Situationsaufwertung	24 %	4	2,22	4 ↑
Duldung/ Akzeptanz	resignatives Abfinden	22 %	5	0,39	17 ↓
Negativer Vergleich	Ethnozentrismus	21 %	6	0,10	18 ↓
Instrumentelle Hilfen	Feedbacksuche, Delegieren	20 %	7	2,19	6 ↑
Erwartungsanpassung	Erwartungsänderung	19 %	8	1,45	12 →

Bewältigungsform	*Beispiel*	*Häufigkeit %*	*Häufigkeit (Rang)*	*Bewältigungserfolg**	*Bewältigungserfolg (Rang)*
Beziehungsaufbau	Kontakte knüpfen	18 %	9	2,38	3 ↑
Perspektivenwechsel	Einfühlung	18 %	10	1,16	13 →
Konfliktentschärfung	Kompromissbildung	17 %	11	2,10	8 ↑
Assimilation	Normübernahme	17 %	12	2,19	7 ↑
(Kultur-)Lernen	Beobachtungslernen	16 %	13	2,76	1 ↑
Zukunftsorientierung	Optimismus	15 %	14	1,77	11 →
Problemlösehandeln	Problemanalyse	15 %	15	1,95	9 →

* Mittelwert M = 0–4: erfolgreich: M > 2,0 (↑); uneinheitlich: M 1,0–1,99 (→); erfolglos: M < 1 (↓)

Je mehr Befunde dieser Art für unterschiedliche Länder, aber auch für bestimmte Konfigurationen (virtueller) multikultureller Teams vorliegen, desto gezielter lassen sich sowohl interkulturelle Vorbereitungstrainings „off-the-job“ als auch interkulturelle Coachings „on-the-job“ konzipieren.

4.2 Interkulturelles Coaching

Coaching (von engl. „coach“: Kutsche) wurde 1848 in England erstmals als Bezeichnung eines privaten Tutors für Studenten gebraucht. 1885 erfolgte im Sinne der individuellen Betreuung eine Übertragung auf den Bereich des Spitzensports. Heute wird Coaching im Englischen im Sinne des Unterweisens, Anleitens und Beratens verwendet. Im Deutschen bezeichnet man mit Coaching entweder einen entwicklungsorientierten Führungsstil oder aber eher allgemein die „individuelle Beratung von Führungskräften und Projektverantwortlichen“ (Fischer-Epe, 2004, S. 16).

interkulturelles Coaching

Interkulturelles Coaching bezieht sich dementsprechend sowohl auf die individuelle Beratung und Entwicklung von Personen, die in interkulturelle Prozesse involviert sind, als auch auf die interkulturelle Beratung, Begleitung und Entwicklung multikultureller Teams. Im Gegensatz zu interkulturellem Training ist es primär auf „on-the-job"-Prozesse konzentriert. Die Dynamik derartiger Prozesse macht es natürlich auch viel schwieriger, ein Coaching vorzubereiten, als es bei einem Training der Fall ist. Typologien existieren ebenso wenig wie der Schutz einer Laborsituation. Der Coach ist vielmehr darauf angewiesen, Handlungen zum Beispiel eines internationalen Teams in ihrer spontanen und realen Dynamik zu beobachten und zu analysieren, um auf dieser Grundlage mit den Teammitgliedern Zielvereinbarungen für ein künftig gegebenenfalls effizienteres Verhalten zu entwickeln.

Viel stärker noch als es bei einem interkulturellen Trainer der Fall ist, gilt für einen Coach daher, dass er – von der eigenen interkulturellen Kompetenz abgesehen – neutral und sachorientiert arbeiten muss und dass er mögliche Wege einer Optimierung des interkulturellen Handlungskontextes nur öffnen, nicht aber selbst vorgeben darf (Barmeyer, 2000a). Er sollte im besten Sinne des Wortes als Moderator fungieren, nicht aber eigene Meinungen äußern oder Wertungen vornehmen. Kurz: Seine Aufgabe besteht darin, Perspektiven zu öffnen, die dann von den Teammitgliedern beziehungsweise den Coachees individuell und außerhalb des Teams formuliert werden müssen.

Coach als Moderator

Zu den größten Schwierigkeiten, mit denen ein Coach konfrontiert wird, zählt vermutlich die Akzeptanzfrage seitens der Coachees. Gerade weil es sich um Prozesse „on-the-job" handelt, die er als Supervisor begleiten muss, wird der Coach auch bei bestmöglicher Integration in den Handlungskontext des Teams immer ein Außenstehender und in diesem Sinne ein Fremdkörper bleiben. Sofern die Handlungsnormalität des Teams dadurch nicht längerfristig gestört wird, muss man diese Außenseiterrolle hinnehmen. Wichtig ist allerdings, dass das Coaching selbst von dem Team gewollt ist – ansonsten würden sich zumindest bei einzelnen Coachees Handlungshemmungen einstellen, die das Team nicht mehr in der Normalität seines beruflichen Alltagshandelns zeigen.

Methoden interkulturellen Coachings sind in der Forschung bislang nicht systematisch erarbeitet worden. Der nachstehende Vorschlag für die Ablaufplanung eines Teamcoachings ist daher auch eher als Diskussionsgrundlage zu verstehen. Die vorgestellte Konzeption ist zwar verschiedentlich mit internationalen Teams erprobt worden. Es stellt sich aber dennoch die Frage, inwieweit eine

Generalisierbarkeit innerhalb des relativ breiten Spektrums möglicher Varianten von interkulturellem Coaching überhaupt denkbar ist.

Innerhalb des Gesamtrahmens einer Coaching-Maßnahme unterscheiden wir fünf Phasen:

Phasen eines interkulturellen Coaching-Prozesses

1. **Abstimmungsphase:** Die Abstimmungsphase findet im Sinne eines Briefings vor dem eigentlichen Team-Coaching statt und dient in erster Linie der Orientierung des Coaches in Bezug auf Motive und Erwartungen des Auftraggebers. Auftraggeber sind in der Regel Mitglieder des Personalmanagements. Sie haben zumeist die Beobachtung gemacht oder sind von Abteilungsleitern darauf hingewiesen worden, dass bestimmte internationale Teams innerhalb des Unternehmens nicht frei von Reibungsverlusten arbeiten. Als Ursachen werden interkulturelle Missverständnisse beziehungsweise kulturbedingte Handlungsunterschiede vermutet; eine klare Ursachenanalyse ist jedoch nicht möglich. Der in solchen Fällen zumeist extern arbeitende Coach wird dementsprechend beauftragt, die Ursachen der gestörten Gruppendynamik herauszufinden, sie mit den Teammitgliedern zu thematisieren und gemeinsam mit ihnen eine Optimierung der Teamarbeit in die Wege zu leiten.
Entscheidend für den Erfolg des Coachings ist in dieser Phase, dass sich der Coach ein detailliertes Bild vom Arbeits- und Aufgabenumfeld des Teams verschaffen kann, dass er dem Team vorgestellt wird und über erste Gespräche einen Einblick in Strukturen der alltäglichen und normalen Beziehungsdynamik des Teams erhält.
Hierfür sind mindestens zwei Arbeitstage zu veranschlagen, in denen der Coach das Team als Lernender begleitet und in denen er von den Teammitgliedern mit deren jeweiligen Aufgabenstellungen vertraut gemacht wird. Dass der Coach mit den Spezifika der Herkunftskulturen der Teammitglieder vertraut ist – und zwar sowohl in fundiertem kulturhistorischem Sinne als auch aus Erfahrung –, ist eine unabdingbare Voraussetzung der Befähigung zur Coaching-Tätigkeit. Je nach Teamzusammensetzung empfiehlt sich dringend der Einsatz mehrerer Co-Coaches aus der Zielkultur.

2. **Aufzeichnungsphase:** Sobald der Coach in seiner Funktion akzeptiert und zumindest partiell in das berufsbezogene Alltagshandeln des Teams integriert ist und sich ein erstes Bild über die Beziehungsdynamik des Teams verschafft hat, sollte er mit dem Team einen oder besser mehrere Zeiträume vereinbaren, in denen er Videoaufzeichnungen von Team-Interaktionen durchführen kann. Dies stößt aus Sicht der Unternehmensleitung zwar häufig auf Wi-

derstände, erleichtert aber die eigene Vorbereitung auf das Coaching und bietet in gewisser Weise auch einen neutralen Beweis für problematische Interaktionssequenzen, die möglicherweise erst nach genauerer Analyse identifiziert werden können.
Wichtig für die Planungsarbeit des Coachs sind Angaben zu den vorgesehenen inhaltlichen Abläufen des jeweiligen Beobachtungszeitraums (Was werden die Teammitglieder voraussichtlich in dem festgelegten Zeitraum wo tun; wie lauten die inhaltlichen Zielvorgaben für die einzelnen Teammitglieder und für das gesamte Team?).

3. Pre-Analyse: Eine erste Analyse der Videoaufzeichnungen aus der Aufzeichnungsphase sollte ebenso wie die Auswertung der weiteren Team-Beobachtungen ohne Beteiligung der Teammitglieder stattfinden – vor allem dann, wenn die Coaches noch nicht über umfangreiche Analyseerfahrungen verfügen. Am Anfang werden dabei Hypothesenformulierungen hinsichtlich der Besonderheiten der Team-Interaktionen bilden. Dass die Coachs bei allen Neutralitätsbemühungen ihre eigene kulturelle Bindung nicht leugnen können, versteht sich von selbst und unterstreicht die Notwendigkeit einer von Coach und Co-Coach gemeinsam durchgeführten Vorab-Analyse des aufgezeichneten Materials. Wichtig ist es hierbei, methodische Instrumente zu verwenden, die intuitives Urteilen weitgehend ausschließen und stattdessen eine systematische Analyse ermöglichen. Hierzu zählen zum Beispiel:

- Erstellung von Interaktionsnetzen (Wer wendet sich wie oft mit welcher Intention an wen?);
- Beschreibung kulturspezifischer Handlungs- und Kommunikationsformen der Probanden (Wie äußert sich dies auf verbaler, paraverbaler, nonverbaler Ebene etc.?);
- Beschreibung der Konstituierung interkultureller Normalisierungsprozesse (Wer setzt auf welche Weise und mit welchem kulturellen Akzent Regeln der Interaktion, die für die Normalität des Teamhandelns entscheidend sind?);
- Analyse der Stärken und Schwächen der einzelnen Teammitglieder in Bezug auf die vier Kompetenzfelder interkulturellen Handelns.
- Sofern Vermutungen bestehen, dass eine Normalität der Interkultur in bestimmten Phasen des Interaktionsverlaufs nicht hergestellt oder verletzt wurde, bietet sich für die genaue Problembestimmung eine Diskursanalyse dieser Phasen an. Gleiches gilt in Bezug auf etwaige „critical incidents“.

Der umfangreichere Teil der Videoaufzeichnungen wird für die Dokumentation interkulturell aufschlussreicher Teamprozesse unbedeutend sein. Bei der nachfolgenden gemeinsamen Analyse mit den Teammitgliedern sollte man sich auf aussagekräftige Phasen konzentrieren. Wenn möglich, bietet sich diesbezüglich vorab ein Zusammenschnitt der Aufzeichnungen an.

4. Gemeinsame Analysephase: In der gemeinsamen Analysephase mit den Mitgliedern des Teams sollte der Coach auf die Einhaltung seiner so weit wie möglich neutralen Moderatorfunktion achten. Lösungen müssen vom Team selbst erarbeitet werden. Jedwede Lösungsvorgabe durch den Coach gefährdet den Erfolg der Maßnahme. Daher lässt der Coach am besten schon vor der Präsentation der Videoaufzeichnungen Besonderheiten des Interaktionsverlaufs sowie atmosphärische Merkmale durch die Teammitglieder beschreiben. Nicht der Coach, sondern die Teammitglieder formulieren, wie sie die Beziehungsebene und deren Dynamik beschreiben und erklären würden.
In gleicher Weise erfolgt die Videoanalyse durch das Team selbst; der Coach sollte zum Beispiel mit Hilfe des Einsatzes von Fragestrategien dem Diskussionsverlauf lediglich Orientierungsmarken geben. Ein Ziel kann zum Beispiel darin bestehen, dass die Teammitglieder ihr eigenes Verhalten hinsichtlich der jeweiligen Kulturspezifik erklären oder zumindest metakommunikativ thematisieren, was in bestimmten Phasen der Interaktion ihrer Meinung nach passiert ist. Dabei kann es durchaus sein, dass im Vergleich zur Sicht des Coachs in der Pre-Phase andere Aspekte zur Sprache kommen. Sofern diese plausibel sind, müssen sie vom Coach aufgegriffen und als Bausteine des gesamten Erklärungszusammenhangs erneut zur Diskussion gestellt werden.
Die gemeinsame Analysephase ist idealerweise dann abgeschlossen, wenn die in der Pre-Analysephase genannten Punkte von den Teammitgliedern selbständig thematisiert und diskutiert worden sind. Dass dies in der Realität nie in dem Umfang geschehen wird, wie es in der dieser der Fall ist, liegt nicht zuletzt an der Bereitschaft der einzelnen Teammitglieder, sich zu öffnen und zum Beispiel über die eigenen Stärken und Schwächen zu sprechen. Letzteres hat individuelle Ursachen, es kann aber mit der kulturbezogenen Zusammensetzung des Teams oder der Dauer der Zusammenarbeit seiner Mitglieder zusammenhängen. In diesem Zusammenhang versteht sich von selbst, dass das Steuerungspotential des Coachs dort zum Tragen kommen muss, wo die Gruppendiskus-

sion zum Beispiel zum Gesichtsverlust einzelner Team-Mitglieder führen würde.

5. Phase der gemeinsamen Zielvereinbarung: Aufbauend auf den gemeinsam erarbeiteten Befunden zur Interaktionsspezifik des Teams geht es in der Abschlussphase des Coachings darum, mit den Teammitgliedern die Formulierung gemeinsamer Zielvereinbarungen zu moderieren, die künftig handlungsleitend sein sollen. Dies kann – je nach Analyseergebnis – eher die Formulierung von Regeln zur Konfliktprävention betreffen, es kann aber auch zum Beispiel stärker auf eine Bennennung von Synergiezielen und deren Realisierungsschritte hinauslaufen. Denkbar ist auch, dass der Coach Empfehlungen für spezielle und weiterführende Personalentwicklungsmaßnahmen (z.B. interkulturelle Trainings) ausspricht.
Sinnvoll ist es in jedem Fall, die von den Teammitgliedern erarbeiteten Ergebnisse auf Moderationskarten zu notieren. Die Karten werden gut sichtbar an der Wand eines Raumes angeordnet, in dem das Team überwiegend arbeitet oder sich zu Besprechungen trifft. Dem Team wird abschließend die Aufgabe gestellt, die Zielvereinbarungen und deren Realisierungsgrad in regelmäßigen Abständen zu Beginn von Arbeitssitzungen oder ähnlichem zu thematisieren.

interkulturelles E-Coaching

Andere Möglichkeiten einer kontinuierlichen Weiterführung von Präsenz-Coachings werden sich mit der Entwicklung von *E-Coachings* eröffnen: Ergänzend zu interkulturellen E-Learning-Programmen arbeiten E-Coachings auf der Grundlage konventioneller Lernplattformen und Virtual Classrooms. Sie ermöglichen den Meinungs- und Erfahrungsaustausch mit dem Coach auch vor Ort in brenzligen Situationen der Entsendung oder der interkulturellen Teamarbeit. Darüber hinaus gestatten die Lernplattformen mittels Lernmodulen und E-Bibliotheken einen vom Coach unabhängigen Zugriff auf Informationen über das Zielland oder auf Wissenswertes zu Fragen der internationalen Personalführung.

4.3 Interkulturelle Mediation

interkulturelle Mediation ursprünglich in juristischen Kontexten entwickelt

Mediationsverfahren sind vor allem bekannt aus dem Bereich der Rechtspflege, wo es darum geht, in Konflikten und Streitsituationen zu vermitteln und außergerichtliche Lösungen herbeizuführen. Interkulturelle Mediation ist hingegen als eigenständiger Aufgabenbereich noch relativ neu (Busch, 2005), obwohl damit nur ei-

nen Spezialfall der Konfliktvermittlung bezeichnet ist, nämlich derjenige, der sich auf Beteiligten unterschiedlicher kultureller Herkunft bezieht. Derartige Konflikte hat es freilich immer schon gegeben, nur dass man sich beispielsweise in der Rechtspflege stets in erster Linie von Fakten und weniger von kulturbedingten Handlungsmotivationen hat leiten lassen.
Dies ist in den letzten Jahren verstärkt im Rahmen der Ausländerpädagogik geschehen, wo auch teilweise sehr innovative und praxistaugliche Konzepte entwickelt worden sind (z. B. Haumersen u. Liebe, 1999).
Für den Unternehmensbereich liegen bislang eher allgemeiner gehaltene Mediationshandbücher vor, die interkulturelle Fragestellungen noch weitgehend unberücksichtigt lassen (z. B. Altmann et al., 1999).

Unterschiede zwischen interkulturellem Coaching und interkultureller Mediation

Der wesentliche Unterschied zwischen interkulturellem Coaching und interkultureller Mediation besteht vor allem in dem konkreten Interaktionsgefüge des zu betreuenden Teams: Während ein Coaching sich in der Regel nicht mit offenen Konflikten beschäftigt, bilden diese für Mediationstätigkeiten den Ausgangspunkt. Es geht darum, Konflikte in ihren gegebenenfalls kulturbedingten Ursachen zu erkennen und zwischen den Konfliktparteien zu vermitteln (Abb. 71).

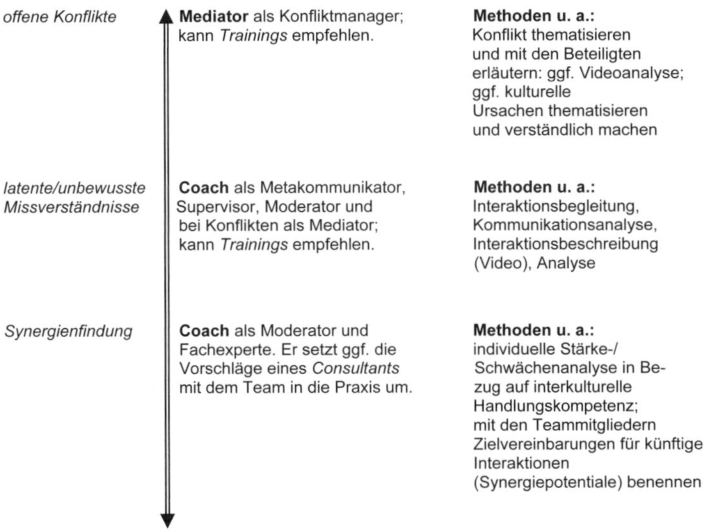

Abb. 71: Positionierung des interkulturellen Mediators/Coachs

Als Prämisse gilt auch und gerade für die Mediation, dass Lösungen vom Mediator nicht vorgegeben werden dürfen. Dies muss im Team selbst entwickelt werden – der Mediator kann hierzu nur Anregungen und Initiativen geben; vor allem besteht seine Aufgabe aber darin, dafür Sorge zu tragen, dass der Konflikt von den Beteiligten thematisiert und gegebenenfalls hinsichtlich seiner kulturellen Ursachen erklärt wird: „Die Frage bei einer interkulturellen Mediation ist also nicht, wie verhindert werden kann, dass sich die Konfliktparteien über unterschiedliche Werte auseinandersetzen, sondern die Frage lautet hier, wie diese Auseinandersetzung in den Prozess integriert werden kann" (Haumersen u. Liebe, 1999, S. 27).
Ähnlich wie beim interkulturellen Coaching stehen auch bei der interkulturellen Mediation Zielvereinbarungen am Abschluss des Betreuungsprozesses. Unterschiede, die etwa unter Bezugnahme auf die Feststellung kulturbedingter Handlungsvoraussetzungen mit den Konfliktparteien erarbeitet worden sind, dürfen in den Zielvereinbarungen nicht verschwiegen werden. Im Sinne der beschriebenen neueren Tendenzen der interkulturellen Theoriebildung würde man in diesem Zusammenhang nicht einen Konsens um jeden Preis anstreben, sondern zum Beispiel dafür plädieren, dass die Differenzen bewusstgehalten und als spezifische Eigenarten den jeweils anderen akzeptiert werden.
Zeichnet sich ab, dass diese Differenzen sich gegenseitig ausschließen und auch längerfristig nicht in synergetisches Handeln umgewandelt werden können, kann eine Trennung der Konfliktparteien empfohlen werden.

5 Reintegration und interkulturelles Wissensmanagement

Die Reintegrationsproblematik ist im Bereich der internationalen Personalorganisation nach wie vor zu wenig erforscht und behandelt. In der Regel werden Rückkehrer immer noch so behandelt, als ob sie während ihres in der Regel mehrjährigen Auslandsaufenthaltes keine persönlichen Veränderungen vollzogen hätten.

Frustration der Repatriates

Im günstigen Fall kann der Rückkehrer an seinen alten Arbeitsplatz zurückkehren, wobei die Zahl der Unzufriedenen und derjenigen, die faktisch oder zumindest innerlich kündigen, so hoch ist, dass sich hier die antike Weisheit sehr eindringlich bewahrheitet, wonach niemand zweimal in denselben Fluss steigt.

Ursachen für die Unzufriedenheit am alten Arbeitsplatz sind weniger in Verbindung mit den materiellen Statuseinbußen der Rückkehr zu sehen (geringeres Gehalt, weniger Nebenleistungen wie Dienstwagen oder Mietzuschuss) als vielmehr in einem Erfahrungspotential, das der Entsandte im Ausland erworben hat, das nun niemanden mehr interessiert. Dass dieser durch den Auslandsaufenthalt bedingte fremde Blick auf das Stammhaus durchaus konstruktive Kritik enthalten kann, wird kaum gesehen.

Ebenso werden die Kenntnisse des Ziellandes, die der Entsandte erworben hat, kaum systematisch eingesetzt, um beispielsweise Auslandsvorbereitungsmaßnahmen nachfolgender Entsendungskandidaten zu verbessern, die Kommunikation mit der Auslandsgesellschaft zu optimieren oder dem Management neue Orientierungen und Impulse zu vermitteln.

Dementsprechend liegt es im Interesse sowohl des Unternehmens als auch des Entsandten, wenn heute in zunehmendem Maße eine systematische Reintegrationsplanung in die Aufgaben der internationalen Personalorganisation einfließt. Auch um die beschriebenen Reintegrationsängste im letzten Drittel der Auslandstätigkeit zu mindern, beginnen viele Unternehmen bereits während der Entsendungszeit mit Wiedereingliederungsmaßnahmen (Tab. 35).

Wiedereingliederung nach Beendigung internationaler Einsätze

Tab. 35: Beispiel für Wiedereingliederungsmaßnahmen (nach Kühlmann, 2004)

Wiedereingliederungsmaßnahmen	*im beruflichen Umfeld*	*im privaten Umfeld*
vor der Rückkehr	Betreuung durch einen Mentor	Gewährung von Heimflügen
bei der Rückkehr	fachliche Weiterbildung zur Beseitigung von Qualifikationsdefiziten	Vermittlung von Kontakten zu anderen Auslandsrückkehrern
nach der Rückkehr	Durchführung eines Workshops zum Transfer der Auslandserfahrungen	Unterstützung bei der Stellensuche des Partners

Eine inzwischen bewährte Möglichkeit einer systematischen Reintegrationspolitik beschreibt Kühlmann (2005, S. 94): Medien wie das Intranet können darüber hinaus in geeigneter Weise zum Aufbau komplexer (inter)kultureller Wissensmanagementsysteme eingesetzt werden. Am Anfang der Entwicklung stehen in diesem

interkulturelles Wissensmanagement

Zusammenhang sogenannte „knowledge cities“ – in Plattformen integrierte interaktive Datenbanken, die zu spezifischen Ländern oder Konfigurationen multikultureller Teams Erfahrungsberichte oder infrastrukturelles Wissen genauso speichern wie Blogs, Foto-Impressionen und auf den jeweiligen Kontext bezogene firmenspezifische Daten und Fakten.

Zum Nachdenken und Diskutieren

Wie gezeigt, hat Stahl in einer Untersuchung zum internationalen Einsatz von Führungskräften analysiert, welche Problemklassen in verschiedenen Phasen der Entsendung dominieren. Überlegen Sie anhand von Konkretisierungen, weshalb die genannten Problemklassen eine so bedeutende Rolle spielen und weshalb sich im Einzelnen ihre Gewichtung während der Phasen eines Auslandsaufenthaltes in der dargestellten Weise ändert.

Anhang

Interkulturelle Wirtschaftskommunikation – Wissenschaftshistorische Entwicklungen

Interkulturelle Wirtschaftskommunikation hat sich in den beiden vergangenen Jahrzehnten sukzessiv von einem sehr speziellen Gegenstandsbereich der Kommunikationswissenschaften zu einem interdisziplinären Querschnittfach entwickeln können, das inzwischen Fragestellungen sowohl der Kultur- und Wirtschaftswissenschaften als auch der Sozial- und Verhaltenswissenschaften einschließt. Eine Betrachtung der einzelnen Stufen dieser Entwicklung ist nicht nur hilfreich, wenn es um fachliche Positionsbestimmungen geht, sondern auch dann, wenn es um Fragen der Implementierung Interkultureller Wirtschaftskommunikation in die Personalentwicklung oder in das Szenario gestufter Studiengänge nach dem Bologna-Prozess geht.

1 Die abgebrochene Tradition: Die wirtschaftssprachlich-nationenwissenschaftliche Forschung der 1920er und 1930er Jahre

Auch wenn der Ausdruck interkulturelle Wirtschaftskommunikation als Bezeichnung eines eigenständigen Forschungsgebietes zum ersten Mal 1989/1990 im Rahmen philologischer Fachsymposien an den Universitäten Bayreuth, Vaasa und Düsseldorf verwendet wurde, gab es bereits sechzig Jahre zuvor inhaltlich durchaus vergleichbare Entwicklungen – und zwar im Rahmen der „wirtschaftssprachlich-nationenwissenschaftlichen Forschung“ (Messing, 1928, S. 17). Vor dem Hintergrund der rasch zunehmenden Internationalisierung von Handelsbeziehungen in den 1920er und frühen 1930er Jahren wurde seinerzeit deutlich, dass erfolgreiches außenwirtschaftliches Handeln nicht auf Fremdsprachenkenntnissen allein aufbauen konnte, sondern dass hierzu wirtschaftssprachliche, ökonomische und kulturbezogene Kenntnisse sowie „ein Verständ-

erste Verwendung der Bezeichnung Interkulturelle Wirtschaftskommunikation 1989/1990 nis für die Psyche des Fremden" erforderlich seien (Henke, 1989, S. 16).

Wirtschaftsgermanistik der 1930er Jahre

Ausgehend von der „Wirtschaftsgermanistik" (Siebenschein, 1936) versuchte man sprachwissenschaftliche Sichtweisen um anthropologische und nationenwissenschaftliche Fragestellungen zu erweitern und wirtschaftssprachliche Entwicklungen als Spiegel wirtschaftshistorischen Wandels zu interpretieren (Schirmer, 1932). Von Ausnahmefällen wie dem Volkswirtschaftler Levy (Levy, 1931) abgesehen, war seitens der Wirtschaftswissenschaften die Bereitschaft zu fächerübergreifendem Denken allerdings eher gering, was Messing darauf zurückführte, dass „den Führern auf dem Gebiete der jungen Wirtschaftswissenschaften die Erkenntnis von der Einheit der Geisteswissenschaften ermangelt" (Messing, 1928, S. 5).
Es gelang zwar, an einigen Universitäten Lehrstühle für eine „wirtschaftssprachlich-nationenwissenschaftliche Ausbildung" einzurichten und an der Berliner Handelshochschule in der Prüfungsordnung die Forderung zu verankern, „dass in den Fremdsprachen ‚nationenwissenschaftlich' geprüft werden müsse" (Messing, 1928, S. 17). Eine umfassende Institutionalisierung eines entsprechend interdisziplinären Forschungsgebietes scheiterte jedoch letztlich an Akzeptanzvorbehalten etablierter wirtschaftswissenschaftlicher Fakultäten.

2 Sprach- und kommunikationswissenschaftliche Entwicklungen

Vereinzelt waren zwar auch noch in den 1930er Jahren Arbeiten damit befasst, „spezielle Erscheinungen des Sprachwandels und des Sprachvergleichs mit den Entitäten der Geschichtsentwicklung der materiellen Welt, mit der Produktions-, Waren- und Handelssphäre zu belegen, und in umgekehrter Weise die historischen Gegebenheiten der Wirtschaft durch die sprachlichen Faktoren zu klären oder zu begründen" (Drozd u. Seibicke, 1973, S. 68 f).

Abbruch der Wissenschaftstradition mit Beginn des Nationalsozialismus

Der Beginn des Nationalsozialismus markierte aber bereits den frühzeitigen Abbruch der Entwicklung eines seinerzeit durchaus denkbaren Forschungsgebietes Interkulturelle Wirtschaftskommunikation.
Es erfolgte eine Rückorientierung auf „genuin" philologische Sichtweisen. Forschungsrichtungen wie die „Wirtschaftsgermanistik" Siebenscheins und die strukturelle funktionale Prager Wirtschafts-

linguistik unter Vancura und Krejci beschäftigten sich zwar noch mit stilhistorischen Untersuchungen zum Geschäftsbrief seit dem 14. Jahrhundert (Krejci, 1941) beziehungsweise mit etymologisch-historischen Studien zu Begriffen wie „Handel/Geschäft“, „Schuld“, „Zins“, „Steuer“ und „Gewinn“ (Siebenschein, 1936), waren aber ebenfalls durch zunehmend sprachimmanente Methodenorientierungen charakterisiert.

2.1 Terminologielehre und Sprachimmanenz der 1950er und 1960er Jahre

Nach dem Zweiten Weltkrieg wurde eine der Wirtschaftslinguistik vergleichbare Forschungstradition für einen längeren Zeitraum nicht aufgegriffen. Das Interesse am Gegenstandbereich Wirtschaftskommunikation war bis in die 1970er Jahre hinein ausschließlich linguistisch-sprachimmanent geprägt. Im Vordergrund standen wortgeschichtliche Studien zu einzelnen Wirtschaftssektoren beziehungsweise Branchen, Untersuchungen zu lexikalischen Lehnbeziehungen oder terminologische und syntaktische Analysen wie etwa solche zur fachsprachlichen Normung, zur Sprache der Wirtschaftspolitik, zur Werbesprache, Börsensprache, zur Zeitungssprache und zur Wissenschaftssprache der Wirtschaft. Diese Ansätze konvergierten mit der primär terminologischen und syntaktischen Ausrichtung sowohl der zeitgenössischen Fachsprachenforschung insgesamt als auch mit der seinerzeit dominierenden Grammatik-Übersetzungs-Methode eines eher literatur- als wirtschaftsbezogenen Fremdsprachenunterrichts.

erneute Beschäftigung unter linguistischen Aspekten ab den 1960er Jahren

Sucht man nach Gründen für diese dezidiert hermetisch-sprachimmanente Beschäftigung mit dem Gegenstandsbereich Wirtschaftssprache, so ist außer entsprechenden grundlegenden Orientierungen der Philologien in den 1950er und 1960er Jahren sicherlich auch der fehlende Impetus seitens der Wirtschaft zu nennen: Vor dem Hintergrund der nach dem zweiten Weltkrieg relativ schnell erlangten Position Deutschlands als Exportweltmeister wurden für den Erfolg internationaler Geschäftsbeziehungen vor allem harte betriebswirtschaftliche Faktoren als entscheidend angesehen. Hierzu zählten bis in die 1970er Jahre hinein eindeutig Fach- und Rechtskenntnisse, persönlichkeitsbezogene Kriterien wie Gesundheit, physische und psychische Belastbarkeit und gegebenenfalls noch Kenntnisse in der internationalen Handelskorrespondenz (Pausenberger u. Noelle, 1977).

2.2 Fachsprachenforschung als Mutterdisziplin? Linguistische und fremdsprachendidaktische Annäherungen in den 1970er und 1980er Jahren

Grundlegend für Entwicklung einer Interkulturellen Wirtschaftskommunikation war sicherlich der Internationalisierungsschub im letzten Drittel des zwanzigsten Jahrhunderts. Eine impulsgebende Rolle spielten die rasch zunehmenden internationalen Vernetzungsprozesse auf ökonomischem Gebiet sowie eine Vielzahl von technologischen Innovationen in den Bereichen Transport, Verkehr und Medien. Erwähnt seien unter anderem der Einsatz von Düsenverkehrsflugzeugen im Passagierverkehr, die Optimierung des Telefonverkehrs durch die Einrichtung geostationärer Satelliten (ab 1965) oder auch der Aufbau elektronischer Kommunikationsnetze (seit den 1970er Jahren). Diese und zahlreiche andere Innovationen führten zu einer einschneidenden Verminderung internationaler Raum-Zeit-Distanzen. Schriftliche Handelskorrespondenz bot dementsprechend immer weniger eine geeignete Plattform, um in angemessener Weise Wirtschaftskommunikation praktizieren zu können, während internationale Telefon- und „face-to-face"-Kontakte rasch an Bedeutung gewannen.

Vor diesem Hintergrund wandelte sich der Fremdsprachenbedarf sowohl in quantitativer als auch in qualitativer Hinsicht (Bildungswerk der bayerischen Wirtschaft, 1992) und mit ihm auch das Methodeninventar des Fremdsprachenunterrichts: Aufgrund der zunehmenden Relevanz mündlicher gegenüber schriftlicher Sprachkompetenz stand jetzt weniger die Rezeptions- als die Äußerungsfähigkeit im Mittelpunkt von Lernzielformulierungen. Sprachlaborunterricht mittels audiolingualer Methoden bot eine gute Möglichkeit, selbstständig alltagsrelevante Redewendungen zu lernen und sie korrekt auszusprechen, um beispielsweise fremdsprachige Telefonkontakte realisieren zu können. Für die Konzeption entsprechender Sprachlaborprogramme wurde allerdings ein lexikalisches Inventar benötigt, das über die Wirtschaftsterminologie hinaus vor allem alltags- und berufssprachliche Elemente umfassen musste (Scholtes-Schmidt, 1986; Wagner, 1988). Insofern ist es zum Teil der veränderten Bedarfssituation der internationalen Wirtschaftspraxis geschuldet, wenn sich die Wirtschaftssprachenforschung in den 1960er und 1970er Jahren neben der Erarbeitung wissenschaftssprachlicher Corpora mehr und mehr auch der Erforschung berufssprachlicher Lexik zuwandte. Eingebettet in (zum Teil sehr extensive) Diskussionen zum Verhältnis von Fach- und Gemeinsprache sowie unter dem Einfluss pragmalinguistischer

Theorien entfernte sich die Fachsprachenforschung in den 1970er Jahren sukzessiv von ihrer primär terminologischen Orientierung. Zunächst als Fachtextlinguistik und dann als „Fachkommunikationsforschung“ (Hoffmann, 1976, 1988) widmete sie sich neben lexikalisch-syntaktischen Fragestellungen stärker auch der Analyse nicht-linguistischer Aspekte kommunikativer Handlungsprozesse.
Einen Anstoß zu dieser Entwicklung hatte wiederum die Fachsprachenpraxis geboten. So war in den 1970er Jahren die Euphorie in Bezug auf Sprachlaborunterricht relativ schnell in Ernüchterung umgeschlagen, als man vor allem im geschäftlichen Bereich feststellen musste, dass die im Sprachlabor durchgeführten „pattern drills“ allenfalls die Äußerungs- nicht aber die (wechselseitig gedachte) Kommunikationsfähigkeit von Lernern verbessern konnten: Man war in der Lage etwas mitzuteilen, hatte aber von der Fremdsprachenausbildung her nicht unbedingt gelernt, Verhandlungen oder Diskurse zu führen. Gerade in einem Umfeld größer werdender Konkurrenz und engerer Märkte war es offenkundig, dass Kommunikationsinhalte allein keinen Erfolgsgaranten mehr darstellten konnten, sondern dass es mindestens ebenso wichtig war, Kommunikationsbeziehungen aufzubauen und zu pflegen (Watzlawick et al., 1990; Merten, 1977).
Vor dem Hintergrund dieser Praxiserfahrungen und im Verbund mit der gleichzeitig wachsenden Popularität soziolinguistischer Fragestellungen begann man auch in der Fachsprachenforschung, Kommunikation nicht mehr als Transmissions-, sondern als Interaktionsbegriff im Sinne der Interdependenz von Inhalts- und Beziehungsaspekt zu verwenden.
So war es auch nur konsequent, wenn sich Hartmut Schröder gegen Ende der 1980er Jahre im Rahmen eines Forschungsprojekts zu deutsch-finnischen Wirtschaftskommunikation dafür aussprach, zum einen „neben den sprachlichen auch die nicht-sprachlichen Vertextungsmittel und das Wechselverhältnis zwischen beiden“ zu thematisieren und darüber hinaus gezielt „Prozesse interkultureller Fachkommunikation“ zu erforschen (Schröder, 1993, S. 524).
In ähnlicher Weise hatte Els Oksaar bereits 1983 in programmatischer Absicht formuliert: „Es ist [...] nicht ausreichend, jemandem mit einem fremdkulturellen Hintergrund nur das fachspezifische Handeln allein zu vermitteln. Man muss ihn gleichzeitig mit den Fragen interkulturellen Verstehens und anderen Komponenten der interaktionalen Kompetenz vertraut machen, ihm soziales Handeln in neuen soziokulturellen Rahmen vermitteln. Kulturemrealisierungen, unter anderem indirekte Ausdrucksweise, soziale Motiva-

tion und Implikatur gehören zu diesen Komponenten“ (Oksaar, 1983, S. 42).

Die Vermittlungsaufgabe selbst oblag vor allem dem Wirtschaftssprachenunterricht, der ab Mitte der 1980er Jahre insbesondere im Bereich des Wirtschaftsdeutschen, -englischen und -französischen auf eine deutlich steigende Nachfrage stieß. In Erweiterung des kommunikativen Fremdsprachenunterrichts um interaktiv-interkulturelle Aspekte etwa mittels wirtschaftsbezogener Planspiele und Fallstudien (Bolten, 1993a) versuchte man hier fachkommunikatives als interkulturelles Handeln zu initiieren: In diesem Sinne stand jetzt nicht mehr die Vermittlung verbalsprachlicher Kenntnisse und Fertigkeiten im Vordergrund, sondern die Vermittlung kommunikativer Handlungskompetenzen, die für ein erfolgreiches Interagieren auf internationalen Märkten unverzichtbar erschienen. Vor allem unter dem Eindruck der seinerzeit im europäischen Binnenmarkt eingeführten Niederlassungsfreiheit, aber auch angesichts der Transformationsprozesse in Osteuropa war für die Wirtschaftssprachendidaktik relativ unvorbereitet ein Praxisdruck entstanden, in dessen Kontext sie mit bis dato weitgehend unberücksichtigten Anforderungen interkulturellen Handelns konfrontiert wurde. Die Auseinandersetzung mit dieser neuen Situation trug ihrerseits letztlich wiederum zu einer Forcierung der Forschungsbemühungen im Bereich der „interkulturellen Fachtextpragmatik“ bei (Schröder, 1993; Clyne, 1993).

1980er Jahre: Erweiterung der Wirtschaftslinguistik auf handlungsbezogene Fragestellungen einer Fachkommunikationsforschung

Bezogen auf Inhalte und Themen des Fremdsprachenunterrichts wurde „Wirtschaft“ in diesem Zusammenhang nicht mehr als „Fach“, sondern als „Praxisfeld“ diskutiert (Picht, 1987, 1989), und der kurze Zeit vorher noch eher wissenschaftssprachlich orientierte Fachsprachenbegriff hatte jetzt eine Erweiterung um berufssprachliche Aspekte erfahren (Bolten, 1991, 1992; Höhne, 1992; Hundt, 1995). Kulturvergleichende Untersuchungen zum Gegenstandsbereich „Wirtschaftsdeutsch“ (u. a. Beneke u. Nothnagel, 1991; Reuter et al., 1991; Müller, 1991; Bolten, 1993a; Keim, 1994) lenkten darüber hinaus den Blick zum Beispiel über die Frage nach den historischen Kontexten der Kulturspezifik von Textsortenmerkmalen oder von Interaktionsweisen letztlich auf ein kommunikatives Gesamtsystem, das in einem linguistischen Corpus nicht mehr erfassbar war. Oder wie Schröder seinerzeit programmatisch formulierte: „Diese Problematik in ihrer vielschichtigen Komplexität zu erforschen, wird eine der zukünftigen Hauptaufgaben der sich entwickelnden interkulturellen Fachkommunikationsforschung sein“ (Schröder, 1993, S. 545).

Erweiterung um berufssprachliche Aspekte

Die Bezeichnung für das neue wirtschaftsbezogene Forschungsgebiet wurde etwa zur gleichen Zeit aus der Taufe gehoben: 1991 erschien von Bernd-Dietrich Müller ein Sammelband mit Aufsätzen zu „kulturbezogenen Perspektiven des Lernziels Wirtschaftskommunikation" und zu „interkulturellen Aspekten von Texten". Sein Titel lautete „Interkulturelle Wirtschaftskommunikation" (Müller, 1991) und war von da an Programm für zahlreiche, zunächst multi-, dann interdisziplinäre Forschungs- und Lehrinitiativen, deren erste Institutionalisierung an einer Hochschule bereits 1992 mit der Gründung des Faches „Interkulturelle Wirtschaftskommunikation" an der Wirtschaftswissenschaftlichen Fakultät der Universität Jena gelang (Bolten, 1997).

Anfang 1990er Jahre: Beginn der interkulturellen Wirtschaftskommunikationsforschung

Anhand einer freilich eher groben graphischen Strukturierung wird der Querschnitts- oder Schnittstellencharakter der Interkulturellen Wirtschaftskommunikation bereits zum Zeitpunkt ihrer ersten Institutionalisierung deutlich. Die Entwicklungen, die in Abbildung 72 dargestellt werden, bestätigen diesen Befund.

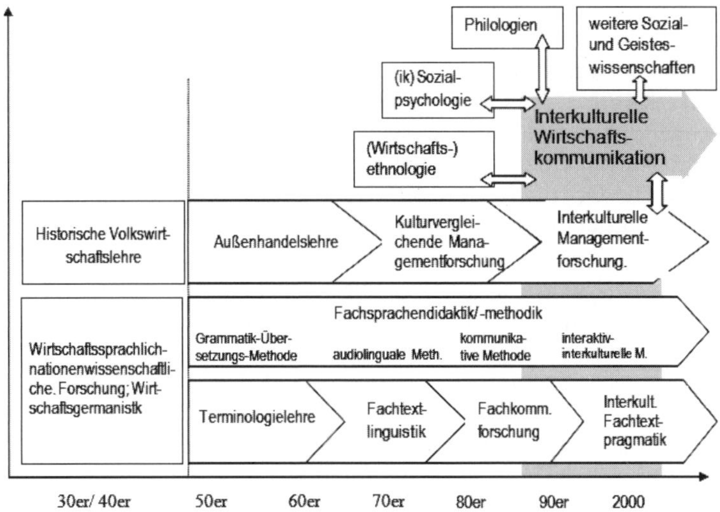

Abb. 72: Entwicklung der interkulturellen Wirtschaftskommunikation

3 Multi- und interdisziplinäre Entwicklungen der Interkulturellen Wirtschaftskommunikation zum Schnittstellenfach

Weiterentwicklungen der interkulturellen Wirtschaftskommunikationsforschung ab dem Institutionalisierungsjahr 1992 erfolgten zunächst vor allem innerhalb der kommunikationswissenschaftlichen *Mutterdisziplinen.* Darüber hinaus begannen aber auch Disziplinen wie beispielsweise Psychologie, Ethnologie, Geographie, Medienwissenschaften oder Theologie und insbesondere die Wirtschaftswissenschaften den Gegenstandbereich für sich zu entdecken.

Teilweise wurden dabei in den einzelnen Disziplinen sehr ähnliche Fragestellungen – aus sehr unterschiedlichen Perspektiven – diskutiert. Erst in jüngster Zeit werden die in diesem Prozess gesetzten Schnittstellen zu anderen Disziplinen bewusster wahrgenommen. Da multidisziplinäre Untersuchungen immer noch gegenüber interdisziplinären Auseinandersetzungen dominieren, scheint es umso wichtiger, Transparenz zu schaffen und entsprechende Schnittstellen für mögliche interdisziplinäre Kooperationen zu benennen. Aus der Sicht der kommunikationswissenschaftlichen Mutterdisziplinen lassen sich seit Beginn der 1990er Jahre im Bereich der interkulturellen Wirtschaftskommunikationsforschung im Wesentlichen drei Orientierungen unterscheiden: Eine in engerem linguistischem Verständnis verbalsprachlich ausgerichtete Richtung, eine diskursanalytische und eine dritte, die sich Fragestellungen wirtschaftsbezogenen kommunikativen Handelns im weitesten Sinne widmet, damit aber bereits den genuin kommunikationswissenschaftlichen Bereich teilweise verlässt.

3.1 Wirtschaftsbezogene Fachsprachenforschung

Die wirtschaftsbezogene Fachsprachenforschung hat seit den Diskussionen um die Notwendigkeit der Erweitung des Kommunikationsbegriffs nicht mehr in dem Maße Interesse auf sich ziehen können, wie es noch in den 1970er und 1980er Jahren der Fall war. Ein Grund hierfür liegt darin, dass linguistisch-verbalsprachliche Untersuchungen von Wirtschaftssprachen einschließlich der Terminologieforschung über den übersetzungswissenschaftlichen Bereich hinaus gegenwärtig nicht sehr stark nachgefragt sind. Vor allem der Wirtschaftsfremdsprachenunterricht ist als Zielbereich weitgehend weggebrochen: Er baut heute weniger auf Terminologie- oder Fachwort-Corpora auf und befindet sich – wie beispielsweise das Wirtschaftsdeutsche – von wenigen Ländern abgesehen zudem in einer stagnierenden Phase.

Dennoch sind auch in jüngerer Zeit mehrere Arbeiten erschienen, die aus unterschiedlichen Perspektiven verbalsprachliche Aspekte der Wirtschaftskommunikation thematisieren. Hierzu zählen eher formallinguistische Arbeiten (u.a. Ohnacker, 1992; Horst, 1998; Ehrhardt u. Horst, 2000; Brünner, 2000; Krämer, 2002; Naumann et al., 2003), fremdsprachendidaktische Untersuchungen, die den Einsatz des Wirtschaftsdeutschen in entsprechend noch boomenden Regionen thematisieren (Zhao, 2002) oder auch vergleichende Untersuchungen zu Wirtschaftssprachen (z.B. Zhu et al., 1996; Ehnert, 2000; Nordman, 2002). Da sich die Arbeiten vielfach auf Beschreibungen bestimmter Einzelsprachen oder auf die Herausarbeitung von Unterschieden in der Struktur verschiedener Sprachen konzentrieren, erheben sie nicht den Anspruch, Prozesse in der interkulturellen Wirtschaftskommunikation zu untersuchen. Sie beziehen sich zumeist auf schriftliche Textsorten der internationalen Unternehmenspraxis und bieten beispielsweise sprach- als kulturvergleichende Analysen (u.a. Schmidt, 2002a; Janich u. Neuendorff, 2002; Nielsen, 2003; Jia u. Tan, 2005).

Zielsetzung: Beschreibungen bestimmter Einzelsprachen und Herausarbeitung von Unterschieden in der Struktur verschiedener Sprachen

3.2 Interkulturelle Diskursanalyse

Diskursanalytische Untersuchungen beziehen sich überwiegend auf mündliche Wirtschaftskommunikation. Sie gehen von interkulturellen Missverständnissituationen oder von diagnostizierten Kommunikations- und Handlungsstörungen in interkulturellen Teams aus und versuchen sprachlich verankerte Ursachen für festgestellte Dysfunktionalitäten zu ermitteln.

interkulturelle Diskursanalyse: versucht interkulturelle Kommunikations- oder Handlungsstörungen in interkulturellen Teams sprachlich zu analysieren und deren Ursachen zu ermitteln

Indem sie Aussagen über das Kommunikationsverhalten bestimmter Personen in bestimmten Kontexten ermöglichen, sind sie mikroanalytisch-synchron ausgerichtet. Versuche, aus diesen Mikroweltanalysen allgemein gültige Hypothesen über die Kulturspezifik von Sprecherverhalten abzuleiten, haben sich schon aus quantitativen Gründen als äußerst problematisch erwiesen. Die Datenerhebung erfolgt mittels Transkriptionen konkreter interkultureller Kommunikationssituationen, so dass die Erstellung bereits eines kleineren Corpus äußerst zeitaufwändig ist. Die bislang vorhandenen Corpora sind daher auch zu klein, um von spezifischen Merkmalen interkultureller Interaktionsprozesse zum Beispiel zwischen

einigen deutschen und einigen chinesischen Managern auf ein generelles Interaktionsverhalten zwischen deutschen und chinesischen Geschäftsleuten schließen zu können.
Neuere Arbeiten zur Diskursanalyse (u.a. Keller, 1997; Pothmann, 1997; Brünner u. Fiehler, 1998; Holzheuer, 1999; Müller-Jacquier, 2000; Müller-Jacquier u. ten Thije, 2000; Brünner, 2000, 2001) intendieren derartige Generalisierungen in der Regel allerdings auch nicht. Gerade weil sie über methodische Instrumente für die Analyse interkultureller Mikroanalysen verfügen und diese beständig weiter entwickeln, sind sie beispielsweise für die Durchführung interkultureller Kleingruppencoachings und Mediationsprojekte unverzichtbar geworden.
Die Ergebnisse und Erkenntnisse der Analysen werden darüber hinaus auch als Vorlagen für die Produktion semiauthentischer interkultureller Trainingsfilme verwendet und finden auf diese Weise Eingang in die interkulturelle Trainingspraxis.
Wo diskursanalytische Untersuchungen mit einem weitem Kommunikationsbegriff arbeiten und neben verbalen auch para-, non- und extraverbale Aspekte interkultureller (Wirtschafts-)Kommunikation untersuchen, thematisieren sie automatisch Verhaltensaspekte und öffnen damit eine Schnittstelle zu sozialpsychologischen Fragestellungen. Umgekehrt weist die in der Sozialpsychologie entwickelte Culture-Assimilator-Methode eine deutliche Schnittstelle zur interkulturellen Diskursanalyse auf (Thomas, 1996, 2003).
Corpora interkultureller Missverständnissituationen bilden den gemeinsamen Nenner beider Disziplinen, so dass sich interkulturelle Wirtschaftskommunikation hier in paradigmatischer Form als gemeinsamer, multi- beziehungsweise interdisziplinär zu behandelnder Gegenstandsbereich – oder institutionell betrachtet: als Schnittstellenfach erweist.

3.3 Interkulturelle Fachkommunikationsforschung

interkulturelle Fachkommunikationsforschung: fragt mit Hilfe kulturhistorisch-erklärender Ansätze nach dem Warum kultureller oder interkultureller Handlungsspezifika

Deutlicher als die wirtschaftsbezogene Fachsprachenforschung und die interkulturelle Diskursanalyse geht die interkulturelle Fachkommunikationsforschung über synchron-deskriptive Analysen interkultureller Wirtschaftskommunikation hinaus. Sie erfasst zwar auch in deskriptiver Weise das Wie, die Spezifik der Kommunikationsprozesse, fragt darüber hinaus aber mit Hilfe kulturhistorisch-erklärender Ansätze auch dezidiert nach dem Warum kultureller oder interkulturellen Handlungsspezifika. Eine solche „Einbezie-

hung der außersprachlichen Faktoren der Fachkommunikation" (Schröder, 1993, S. 11) führt folgerichtig zu einer Schnittstellenbildung zwischen Kommunikations- und Kulturwissenschaft: „Zur Verhinderung tiefgreifender Störungen im inter- und intrakulturellen Wissenstransfer sowie im internationalen Handel benötigen wir (die Grenzen der Textlinguistik überschreitende) detaillierte Kenntnisse über die verschiedenen Kulturwertsysteme, die jedem fachlichen Handeln zu Grunde liegen, über intellektuelle Stile (im Sinne von Galtung, 2003), über kultur- und paradigmenbedingte Argumentations- und Diskurskonventionen, über nationale Verhandlungsstile sowie über das Verhältnis von Mündlichkeit und Schriftlichkeit in verschiedenen Kulturen" (Schröder, 1993, S. 10).
Auch wenn die im ersten Drittel der 1990er Jahre als Forschungsbezeichnungen eingeführten Begriffe „Fachtextpragmatik", „interaktive interkulturelle Pragmatik" oder „interaktive interkulturelle Textlinguistik" (Clyne, 1993) eine primär linguistische Vorgehensweise bei der Erforschung interkultureller Wirtschaftskommunikation nahe legen, zeigte die Forschungspraxis, dass gerade die reklamierten „Kenntnisse über die verschiedenen Kulturwertsysteme" relativ schnell zu einem Überschreiten des kommunikationswissenschaftlichen Methodeninventars führen mussten. Sie sind trans- oder interdisziplinär orientiert, aber immer noch primär in einer kommunikationswissenschaftlichen Mutterdisziplin verankert.
Zu dieser Gruppe zählen Untersuchungen zur „Werbekommunikationsgeschichte als Zeitgeschichte" (Bolten, 1996; Kirchmeyer, 2000; Jia, 2002; Montiel, 2007) ebenso wie etwa Analysen des Zusammenhangs von Wirtschafts- und Kommunikationsgeschichte (u. a. Bolten, 1998a) oder Arbeiten, die sich aus kulturvergleichender oder kulturhistorischer Perspektive Aspekten der kommunikativ-kulturellen Stilforschung widmen (Clyne, 1997; Bolten et al., 1996; Bolten, 2000c; Montiel 2002; Peña u. Philipp, 2003).
Insbesondere die Stilforschung stößt seit der zweiten Hälfte der 1990er Jahre auch in anderen Disziplinen und hier vor allem den Wirtschaftswissenschaften auf ausgeprägte Forschungsinteressen. Es bildeten sich Schnittstellen heraus zwischen a) der wirtschaftsbezogenen Kommunikationsforschung, b) der managementbezogenen Lernstilforschung (Barmeyer, 2000a, 2001) und c) der systematischen und historischen Wirtschaftsstilforschung (Ammon, 1994; Schefold, 1995; Ackermann, 1996; Kaufhold, 1996; Ammon u. Knoblauch, 2001). Dort, wo sich die in den Wirtschaftswissenschaften verankerte Wirtschaftsstilforschung ihrem Gegenstandsbereich methodisch über die Analyse von „Schlüsselbegriffen" nähert (Ammon, 1994, 2001), bieten sich folgerichtig besonders in-

tensive interdisziplinäre Kooperationen mit kommunikationswissenschaftlichen Forschungsorientierungen an.
Eine weitere Schnittstellenbildung zu nicht-kommunikationswissenschaftlichen Auseinandersetzungen mit dem Gegenstandsbereich Interkulturelle Wirtschaftskommunikation wurde durch Schwerpunktverlagerungen in der internationalen Personalentwicklung forciert: Aufgrund des zunehmenden Zeitdrucks, unter dem internationale Kooperationen und Merger geschlossen werden, aber auch angesichts der Tatsache, dass internationale sprachliche Handlungsfähigkeit bei der Personalauswahl des Führungsnachwuchses inzwischen als selbstverständlich vorausgesetzt wird, fordern und fördern Unternehmen heute weniger klassische Wirtschaftssprachkurse als vielmehr solche Lösungen, die wirtschaftsbezogene Fremdsprachenfortbildbildung, wirtschaftskulturelle Wissensvermittlung und interkulturelle Kompetenzerwerb weitgehend integrieren (Kramer u. Weiss, 1992; Bolten, 1994; Knapp, 1995; Warthun, 1997; Kelz, 2001).
Für Kommunikationstrainer und Kommunikationsdidaktiker impliziert dies die Notwendigkeit, den konventionellen Wirtschaftsfremdsprachenunterrichts um wirtschaftsbezogene „area studies“ sowie um interkulturelle Komponenten zu erweitern. Da sie überdies noch über fundierte wirtschaftswissenschaftliche Grundkenntnisse verfügen müssen, um bei ihren Zielgruppen überhaupt auf Glaubwürdigkeit stoßen zu können, ergibt sich gerade in diesem Transferbereich interkultureller Kommunikationsforschung ein Anforderungsniveau, das in erheblichem Maße durch die Bereitschaft zu multi- und interdisziplinärem Arbeiten charakterisiert ist. Abhängig von den wissenschaftlichen Kenntnissen und Interessen des jeweiligen Forschers, seiner Aufgeschlossenheit gegenüber interdisziplinärem Arbeiten und gegebenenfalls den Anreizen, die der Gegenstandsbereich für die Entwicklung der eigenen Lebensplanung bietet, wird er sich bis zu einem bestimmten Grad in andere Disziplinen vertiefen. Je intensiver er dies leistet, desto größer ist die Chance, Dialog- oder besser: Lernpartner zu finden, Synergien zu entwickeln und unterschiedliche disziplinäre Zugriffe miteinander zu vernetzen.
Wo diesen Anforderungen nicht ernsthaft Rechnung getragen wird, resultiert Trivialität sowohl in der Theorie als auch in der Praxis. Hiervor ist des Öfteren gewarnt worden; allerdings ist die Bandbreite der Trivialliteratur zum Gegenstandsbereich Bereich Interkulturelle Wirtschaftskommunikation trotzdem relativ groß (Apfelthaler, 1998) – vor allem dort, wo mit kulturellen Rezeptmodellen gearbeitet wird. In Personalabteilungen hat dies lange Zeit

grundsätzliche Vorbehalte gegenüber der Durchführung interkultureller Personalentwicklungsmaßnahmen durch Kommunikationswissenschaftler hervorgerufen (Niedermeyer, 2001).
Eine große Schwierigkeit für Kommunikationswissenschaftler, die sich mit dem Gegenstandbereich Interkulturelle Wirtschaftskommunikation befassen, besteht gegenwärtig sicherlich darin, den beschriebenen multi- und interdisziplinären Anforderungen gerecht zu werden, ohne sich dabei in Oberflächlichkeiten zu erschöpfen. Umgekehrt ist aber aus der Sicht von Einzelpersonen der Anspruch eines multidisziplinären Perfektionismus auch nicht realistisch und umso weniger einlösbar, je größer die disziplinäre Vernetzung des Gegenstandsbereichs wird. Vor diesem Hintergrund ist es zweifellos sinnvoll, wenn zunächst die Schnittstellen im eigenen Forschungsbereich genutzt werden, um aus der Kommunikationswissenschaft heraus zum Beispiel diskursanalytische Coachingbausteine zu entwickeln, dies in Trainingsfilme umzusetzen oder kulturhistorisch orientierte Trainingseinheiten zu konzipieren, die auf den Erkenntnissen einer sich als „Kulturwissenschaft" verstehenden Kommunikationswissenschaft (Karmasin u. Winter, 2003) aufbauen und zum Beispiel zielkulturelle Spezifika über solche des kommunikativen Stils erschließen. Offenkundig ist in jedem Fall, dass dort, wo die Perspektive auf interkulturelle Managementtrainings gerichtet ist, die Grenzen zur zum Beispiel Wirtschaftswissenschaft und zur Sozialpsychologie fließend sind.

Jahrtausendwende: disziplinäre Schnittstellenbildungen in der Interkulturellen Wirtschaftskommunikation

4 Interkulturelle Wirtschaftskommunikation als Gegenstandsbereich sozial- und kulturwissenschaftlicher Fachrichtungen

Die disziplinäre Vielfalt der Beschäftigung mit Fragestellungen interkulturellen wirtschaftlichen Handelns hat seit den 1990er Jahren deutlich zugenommen. Zahlreiche Fachdisziplinen außerhalb der Kommunikationswissenschaft haben Interkulturelle Wirtschaftskommunikation inzwischen aus unterschiedlichsten Gründen und Interessen als vielversprechenden Gegenstandsbereich entdeckt und ihrerseits Schnittstellen gebildet, die über das ursprünglich kommunikationswissenschaftliche Erkenntnisinteresse weit hinaus gehen. Hierzu zählen Disziplinen, die sich bereits zuvor eher berufsgruppen-unspezifisch mit Fragestellungen interkultureller Kommunikation befasst hatten. Hierzu zählen vor allem die in der interkulturellen Trainingsforschung sehr aktive Sozialpsychologie (Thomas, 1988, 1992) sowie kulturwissenschaftliche Fächer wie Ethnologie (Moosmüller, 2002, 2004), Volkskunde (Roth u. Roth, 2001; Roth, 2004), Wirtschaftsethnologie (Rössler, 2003) und Kulturanthropologie. Aber auch in vielen anderen Fällen werden ausgehend von einer jeweiligen Mutterdisziplin wie etwa der Theologie (z. B. Udeani, 2002), der Soziologie, der Philosophie oder auch der Politikwissenschaft eigenständige Studienangebote zur Interkulturellen Wirtschaftskommunikation beziehungsweise zum interkulturellen wirtschaftsbezogenen Handeln offeriert. Da deren inhaltliches und methodisches Spektrum freilich genauso divers ist wie die wissenschaftshistorischen Entwicklungen, denen sie sich jeweils verdanken, würde es den Rahmen einer einführenden Darstellung sprengen, wollte man die verschiedenen Perspektiven, Interessen und Resultaten im Einzelnen nachzeichnen.

5 Interkulturelle Wirtschaftskommunikation als Gegenstandbereich der Wirtschaftswissenschaften

Eingehender dargestellt werden sollen hingegen Entwicklungen, die innerhalb der Wirtschaftswissenschaften zu einer Annäherung an den Gegenstandsbereich Interkulturelle Wirtschaftskommunikation geführt haben, weil es nahe liegt, diesen Bereich in enger Verknüpfung mit Interessen ökonomischer Internationalisierungsprozesse zu sehen.

5.1 Vom kulturvergleichenden zum interkulturellen Management

Nach der beschriebenen abgebrochenen Perspektive der nationenwissenschaftlichen Forschungen des Volkswirtschaftlers Levy entwickelten sich in Deutschland erst relativ spät nach dem Zweiten Weltkrieg aus der Außenhandelslehre heraus wieder Ansätze einer kulturvergleichenden Managementforschung. Beeinflusst durch die angelsächsische Tradition der „International" beziehungsweise der „Cross Cultural Management Studies" (u. a. Adler, 1980; Ouchi, 1981; Pascale u. Athos, 1981), begann man sich erst im Umkreis der 1982 vom Verband der Hochschullehrer für Betriebswirt-

schaftslehre durchgeführten Tagung „Internationalisierung der Unternehmung als Problem der Betriebswirtschaftslehre" (Lück u. Trommsdorff, 1982) wieder intensiver mit weichen Faktoren der internationalen Unternehmenstätigkeit auseinanderzusetzen (Dülfer, 1983; Pausenberger, 1983).
Aufbauend auf Hofstedes aufwändiger IBM-Studie „Culture's Consequences" (Hofstede, 1980) erschienen unter Einbeziehung soziologischer und (organisations)psychologischer Fragestellungen nachfolgend zahlreiche Arbeiten sowohl zum kulturvergleichenden Management in bestimmten Ländern (u.a. Keller, 1982; Bleicher, 1983; Hentze, 1987) als auch allgemein zum „Internationalen Management" (z.B. Dülfer, 1991; Perlitz, 1993; Sell, 1994).
Zu Beginn der 1990er Jahre war der Bedarf an internationalem Managementwissen aufgrund der rasch komplexer werdenden ökonomischen Globalisierung generell stark angewachsen. Neben der Quantität des erforderlichen Wissens änderte sich auch die geforderte Qualität: Vor dem Hintergrund der Erfahrungen, die im Wirtschaftsalltag seinerzeit mit der einsetzenden EU-Niederlassungsfreiheit oder auch mit der Erschließung osteuropäischer Märkte gesammelt wurden, war evident, dass volkswirtschaftliches oder wirtschaftsgeographisches Faktenwissen für einen erfolgreichen Markteintritt ebenso wenig einen Erfolgsgaranten darstellt wie die Kenntnis zielkultureller Sitten und Gebräuche (Beneke u. Nothnagel, 1988). Gerade das Scheitern politischer und ökonomischer Schocktherapien in zahlreichen Transformationsländern hatte deutlich werden lassen, dass marktwirtschaftliche Ordnungsmodelle, aber auch Grundsätze betrieblicher Organisation (Produktion, Führung), nicht transmittorisch (im Sinne eines informatorischen Kommunikationsbegriffs) von Kultur A auf Kultur B übertragbar waren oder dadurch erzeugt werden konnten, dass man auf der Grundlage eines Vergleichs von Unternehmenskultur A und Unternehmenskultur B eine synthetisch gebildete dritte (Unternehmens-)Kultur C ableitete Ein solches theoretisches Konstrukt wie es zum Beispiel die der Lean-Management-Diskussion zugrunde liegende „Theory Z" (Ouchi, 1981) darstellte, war allerdings in der Regel gerade aufgrund des statischen Charakters der Synthesenbildung in der Wirtschaftspraxis nicht tragfähig. Faktisch bestanden Asymmetrien zu Gunsten einer der Partner A oder B, und in dieser Weise war dann auch die interkulturelle Unternehmenskultur geprägt. Zahlreiche Beispiele hierfür findet man in der Praxis der „Doppelspitzenpolitik" von west-osteuropäischen Joint Ventures vor allem der 1990er Jahre (Bolten u. Dathe, 1995; Höhne, 1997).

Methodisch verfügte die kulturvergleichende Managementforschung nicht über Instrumente oder Möglichkeiten, dieses Dilemma zu überwinden. Sie brachte zwar wertvolle Erkenntnisse zur Kulturspezifik wirtschaftsbezogenen Handelns in fremden Kulturkreisen hervor, ohne jedoch aufzeigen zu können, wie konkretes Handeln zwischen Partnern aus unterschiedlichen Kulturen (A und B) verläuft, warum in diesen Interaktionen bestimmte Probleme entstehen und wie man entsprechend Abhilfe schaffen kann. Unter der Prämisse „international heißt komparativ" (Stahl, Mayrhofer u. Kühlmann, 2005, S. 2) ließe sich umgekehrt die kulturvergleichende beziehungsweise -kontrastive Managementforschung auch am zutreffendsten dem Bereich des internationalen und nicht des interkulturellen Managements zuordnen (Bolten, 2000a).

kulturvergleichende versus interkulturelle Forschungsansätze

Interkulturelles Management geht einen Schritt weiter: Aufbauend auf sozialen Handlungstheorien wird interkulturell anders als noch in der Tradition kulturvergleichender Forschungen nicht als mehr oder minder statisches Verhältnis von A und B (oder in deren Synthese C) gesehen, sondern als Prozess, in dessen Wechselbeziehung A und B permanente Interaktionsszenarien C generieren. Dies kann als synergetisches „Drittes" (Casmir, 1992) oder eben als „Interkultur" (Bolten, 1992) bezeichnet werden. Interkultur bezeichnet dementsprechend kein Vergleichsprodukt, keine Synthese und auch keinen Raum, sondern ein Interaktionsgeschehen, ein „Ereignis" und in gewisser Weise auch ein „Spiel", in dem sich zwischen Mitgliedern unterschiedlicher Kulturen A und B Aushandlungsprozesse vollziehen (Bolten, 1992a, 1993).

Da derartige Prozesse auf kulturell unterschiedlichen Handlungsvoraussetzungen beruhen, in der Regel kommunikativ realisiert werden und selbst einen Kernbestandteil interkulturellen Handelns darstellen, ist es plausibel, dass der Weg „vom kontrastiven Management zum interkulturellen" (Höhne, 1995) gegen Mitte der 1990er Jahre insbesondere über Schnittstellen zu den Kommunikations- und Handlungs- beziehungsweise Verhaltenswissenschaften, und hier vor allem der Psychologie (Thomas, 1992; Bergemann u. Sourisseaux, 1992), führen musste.

In Wechselwirkung mit diesen Entwicklungen und gleichzeitig aufbauend auf Theorien des symbolischen Interaktionismus wurde wenig später auch in den Wirtschaftswissenschaften „Interkulturelles Management als soziales Handeln" interpretiert (Apfelthaler, 1998; Hasenstab, 1999).

Die für eine Beschreibung und Erklärung interkultureller Prozesse notwendige Tradition der vergleichenden Managementforschung wurde parallel weitergeführt. Gerade in diesem Bereich sind in den

vergangenen Jahren zahlreiche verdienstvolle Studien entstanden (Institut für Auslandsbeziehungen, 1997). Sie sind allerdings auch dann, wenn sie durch ihre Titelgebung die Beschäftigung mit interkulturellen Fragestellungen suggerieren, in der Regel Bestandteil der internationalen und nicht der interkulturellen Managementforschung.
Dennoch waren vor dem Hintergrund dieser Entwicklungen für den Gegenstandbereich der interkulturellen Wirtschaftskommunikation erstmals seit der abgebrochenen Tradition der 1930er Jahre auch in Bezug auf die Wirtschaftswissenschaften wieder interdisziplinäre Schnittstellen geschaffen, die mehr oder minder nachhaltig auch in der Gründung interdisziplinärer Studiengänge, in fachüberschreitend herausgegebenen Schriftenreihen oder in der Entstehung multidisziplinär verankerter Forschungs- und Weiterbildungsinstitutionen wie der „Akademie für Interkulturelle Studien" (Wierlacher u. Wolff, 1996) ihren Niederschlag fanden.

5.2 Interdisziplinäre Ausdifferenzierungen

Auf diese Weise entstanden Wechselwirkungen zwischen unterschiedlichen disziplinären Denkweisen und methodischen Zugriffen auf den Gegenstandsbereich Interkulturelle Wirtschaftskommunikation, die ihrerseits in die Mutterdisziplinen zurückwirkten und hier teilweise überhaupt erst zu einer Hoffähigkeit wirtschaftsbezogener Fragestellungen führten. An der Wende zum 21. Jahrhundert war dementsprechend ein Kontext entstanden, der mit der Bezeichnung *interdisziplinär* zwar noch überbewertet wäre, der aber immerhin eher durch offene und problemproduktive (transdisziplinäre) Netzzusammenschlüsse als durch disziplinbedachte Systemabgrenzungen charakterisiert ist.
Beobachten lässt sich dies an der interkulturellen Ausdifferenzierungsentwicklung in den Wirtschaftswissenschaften, wo Lehr- und Forschungsgebiete wie „Internationales Management" zunehmend flankiert werden von Spezialisierungsrichtungen wie „Interkulturelles Management", „Interkulturelle Personalwirtschaft" oder „Interkulturelles Marketing" (Bergemann u. Bergemann, 2005). Insbesondere seit den späten 1990er Jahren sind die zu diesen Themen publizierten Veröffentlichungen zumindest auf den ersten Blick nicht immer eindeutig als Produkte einer bestimmten Mutterdisziplin identifizierbar.
Neuere Arbeiten zur „Interkulturellen Personalorganisation" sind teils von Kultur-, teils von Kommunikationswissenschaftlern, aber

genauso von Wirtschaftswissenschaftlern oder Psychologen beziehungsweise von disziplinär gemischten Teams herausgegeben (u. a. Barmeyer u. Bolten, 1998; Stahl, 1998; Clermont, Schmeisser u. Krimphove, 2001; Kühlmann, 2004; Stahl, Mayrhofer u. Kühlmann, 2005). Ähnliches gilt für die meisten aktuellen Studien zur „Interkulturellen Organisationslehre" (Stüdlein, 1997; Mönikheim, 1998; Stüdlein, 2000; Schreier, 2001; Stahl, 2001; Bolten, 2000b, 2003; Kammhuber, 2003; Macharzina, 2003; Straehle, 2003, 2004; Rathje, 2004; Emmerling, 2005), und auch neuere Arbeiten zum „Interkulturellen Marketing" geben nicht unbedingt auf Anhieb zu erkennen, ob es sich bei den Verfassern um Wirtschafts- oder Kommunikations- beziehungsweise Medienwissenschaftler handelt (Mauritz, 1996; Müller, 1997; Simmet-Blomberg, 1998; Dmoch, 2003; Müller u. Gelbrich, 2004).

Interessant ist festzustellen, dass vor allem fachliche Grenzgänger wie etwa Psychologen an wirtschaftswissenschaftlichen Instituten, Wirtschaftswissenschaftler an kommunikationswissenschaftlichen Instituten oder auch die erste Absolventengeneration interkultureller Studiengänge interaktionsorientierte und in diesem Sinn interkulturelle Ansätze vertreten, während klassische Wirtschaftswissenschaftler nach wie vor eher zu kulturvergleichenden Ansätzen tendieren (Scholz, 2004). Sie zählen folglich auch nur in einer Minderheit zu denjenigen, die sich mit Fragestellungen der wirtschaftsbezogenen interkulturellen Trainingsforschung und -entwicklung auseinandersetzen – vermutlich gerade weil es bei interkulturellem Training, Coaching und interkultureller Mediation heute weniger um die Vermittlung von wirtschaftswissenschaftlichem Fach- und Kulturwissen als um die Realisierung interaktionsorientierter Ansätze geht. Beiträge hierzu stammen zumeist von Psychologen und Kommunikationswissenschaftlern, für die der Gegenstandbereich Interkulturelle Wirtschaftskommunikation inzwischen einen mehr oder minder umfangreichen und eigenständigen Teil ihres Arbeitsgebietes einnimmt (Bolten, 1998, 2005; Breuer u. Barmeyer, 1998; Götz, 1999; Clement, 2000; Müller-Jacquier, 2000; Kammhuber, 2001; Niedermeyer, 2001; Schenk, 2001; Konradt et al., 2002; Thomas, 2003; Busch u. Schröder, 2005; Moosmüller, 2007).

Interkulturelle Wirtschaftskommunikation kein fest umrissenes Fach im klassischem Sinn

Insgesamt spricht wenig dafür, Interkulturelle Wirtschaftskommunikation als ein fest umrissenes Fach in klassischem Sinne zu bezeichnen. Es handelt sich eindeutig um eine Schnittstellendisziplin, von der in analoger Weise gilt, was auch auf moderne Gesellschaften zutrifft, wenn man sie nicht unter der Prämisse irgendeiner Ordnungslogik betrachtet:

„dann erkennt man hinter der Oberfläche hermetisch zueinander geschlossener Systeme bewegte Netze, beliebig bewegliche Zusammenschlüsse, die sich so fließend ergeben, wie sie sich auch wieder auflösen. Fließende Lücken finden vorübergehend Anschluss und geben diesen wieder ab im Wissen um eine nächste fließende Beziehung. Dahinter steckt kein System, keine Kausalität, sondern der Wille zum Experiment (Kasualität) der Bewegung. Was daher chaotisch anmuten mag, weil man es nicht vorausberechnen kann, ist aber nicht ohne Balance oder ohne Ordnung. Es handelt sich vielmehr um fließende Relationen, die dem Spiel offener Ordnung nachkommen. Der Unterschied der Netzstruktur zu Systemstrukturen ist: Sie entsteht aufgrund der orts-ungebundenen, aber jederzeit durch Anschluss identifizierbaren Adressaten“ (Karmasin u. Winter, 2003, S. 162 f.).

Die Netzstruktur des Schnittstellenbereichs Interkulturellen Wirtschaftskommunikation birgt erheblich größere Komplexität als ein monodisziplinäres Fach. Wer sich dieser Herausforderung stellt, wird mit einem unermesslichen Potential an Erkenntnischancen belohnt.

Literatur

Ackermann, P. (1996). Japanische Kultur und japanischer Wirtschaftsstil. In R. Klump (Hrsg.), Wirtschaftsstruktur, Wirtschaftsstil und Wirtschaftsordnung: Methoden und Ergebnisse der Wirtschaftskulturforschung (S. 141–160). Marburg: Metropolis-Verlag.

Adler, N. J. (1980). Cultural Synergy: The Management of Cross-Cultural Organizations. In W. Burke, L. D. Goodstein (Hrsg.), Trends and Issues in OD (S. 163–184). San Diego: University Associates.

Albrow, M. (1998). Abschied vom Nationalstaat. Staat und Gesellschaft im globalen Nationalstaat. Frankfurt a. M.: Suhrkamp.

Allolio-Näcke, L., Kalscheuer, B., Manzeschke, A. (Hrsg.) (2005). Differenzen anders denken. Bausteine zu einer Kulturtheorie der Transdifferenz. Frankfurt a. M. u. New York: Campus.

Allport, G. W. (1954/1971). Die Natur des Vorurteils. Köln. Kiepenheuer und Witsch.

Ammon, G. (1994). Der französische Wirtschaftsstil. München: Metropolis-Verlag.

Ammon, G. (2001). Der Wirtschaftsstil – ein Instrument zur Analyse fremder Volkswirtschaften, erläutert am Beispiel des französischen Wirtschaftsstils. In J. Bolten, D. Schröter (Hrsg.), Im Netzwerk interkulturellen Handelns (S. 143–154). Sternenfels: Wissenschaft und Praxis.

Ammon, G., Knoblauch, J. (2001). Der französische Managementstil. Zum Verständnis des Verhaltens französischer Führungskräfte. In J. Bolten, D. Schröter (Hrsg.), Im Netzwerk interkulturellen Handelns (S. 226–241). Sternenfels: Verlag Wissenschaft und Praxis.

Anti-Rassismus-Informations-Centrum NRW e. V., Besamusca-Janssen, M., Scheve, S. (Hrsg.) (1999). Interkulturelles Management in Beruf und Betrieb. Frankfurt a. M.: IKO – Verlag für Interkulturelle Kommunikation.

Apfelthaler, G. (1998). Interkulturelles Management als soziales Handeln. Wien: Facultas.

Apfelthaler, G. (1999). Interkulturelles Management. Die Bewältigung interkultureller Differenzen in der internationalen Unternehmenstätigkeit. Wien: Manz.

Aronson, E., Wilson, T. D., Akert, R. M. (2004). Sozialpsychologie (4. Aufl.). München: Pearson Studium.

Assmann, A., Assmann, J. (1994). Das Gestern im Heute. Medien und soziales Gedächtnis. In K. Merten, S. J. Schmid, S. Weischenberg (Hrsg.), Die Wirklichkeit der Medien (S. 114–140). Bonn: Westdeutscher Verlag.

Assmann, A. (1999). Erinnerungsräume. Formen und Wandlungen des kulturellen Gedächtnisses. München: Beck.

Assmann, A. (2006). Einführung in die Kulturwissenschaft. Berlin: Erich Schmidt.

Assmann, J. (1997). Das kulturelle Gedächtnis. Schrift, Erinnerung und politische Identitätin frühen Hochkulturen. München: Beck.

Assmann, J. (2002). Nachwort. In E. Esposito. Soziales Vergessen. Formen und Medien des Gedächtnisses der Gesellschaft (S. 400–414). Frankfurt a. M.: Suhrkamp.

Assmann, J., Hölscher, T. (Hrsg.) (1988). Kultur und Gedächtnis. Frankfurt a. M.: Suhrkamp.

Atkinson, R. C., Shiffrin, R. M. (1971). The control of short-term memory. Scientific America, 8, 82–90.

Austin, J. L. (1962). How to do things with words. Oxford: Clarendon Press (Dt.. Zur Theorie der Sprechakte. Stuttgart 1972: Reclam).

Axtell, R. (1994). Reden mit Händen und Füßen. Körpersprache in aller Welt. München: Droemer Knaur.

Barmeyer, C. (2000a). Interkulturelles Management und Lernstile. Studierende und Führungskräfte in Frankreich, Deutschland und Quebec. Frankfurt a. M.: Campus.

Barmeyer, C. (2001). Kulturelle Lernstile. Erfahrungslernen und Bildungssysteme in Frankreich und Deutschland. In J. Bolten, D. Schröter (Hrsg.), Im Netzwerk Interkulturellen Handelns (S. 155–175). Sternenfels: Wissenschaft und Praxis.

Barmeyer, C., Bolten, J. (Hrsg.) (1998). Interkulturelle Personalorganisation. Sternenfels: Wissenschaft und Praxis.

Barmeyer, C., Stein, V. (1998a). Deutschland denkt's, Frankreich tut's? Die virtuelle Personalabteilung im Kulturvergleich. In C. Barmeyer, J. Bolten (Hrsg.), Interkulturelle Personalorganisation (S. 71–106). Sternenfels: Wissenschaft und Praxis.

Barth, K., Kiefel, J. (2002). Unternehmen im Markt – Markt im Unternehmen. Die nächste Evolutionsstufe der Organisationsentwicklung steht bevor. FAZ vom 29.7.2002, S. 22.

Bausinger, H. (1988). Stereotyp und Wirklichkeit. In Text und Kontexte. Sonderreihe, Band 24.

Bausinger, H. (2000). Typisch deutsch. München: Beck.

Beck, U. (1997). Was ist Globalisierung. Frankfurt a. M.: Suhrkamp.

Beck, U. (2001). Das Zeitalter des ‚eigenen Lebens'. Das Parlament, 29, 3–17.

Benecke, J. (2005). Kleine Irritationen, große Wirkungen – zur Rolle komplementär negativer Attributionen in interkulturellen Kontexten. In E. C. van Leewen (Hrsg.), Sprache lernen als Investition in die Zukunft (S. 35–56). Tübingen: Narr.

Beneke, J., Nothnagel, D. (1988). Reibungsfelder im Außenwirtschaftsverkehr. Bericht über ein Projekt der Forschungsstelle für interkulturelle Kommunikation. In T. Bungarten (Hrsg.), Sprache und Information in Wirtschaft und Gesellschaft (S. 269–280). Tostedt: Attikon.

Benseler, F., Blanck, B., Keil-Slawik, R., Loh, W. (Hrsg.) (2003). Interkulturelle Kompetenz – Grundlagen, Probleme und Konzepte. Erwägen, Wissen, Ethik, 14 (1), 137–228.

Bentele, G. (1995). Entstehungsprozess von Nationenimages (Kongress: Deutschland in der internationalen Kommunikation). AKM-Studien. Konstanz: Oelschlaeger.

Bergemann, B., Bergemann, N. (2005). Interkulturelle Management-Kompetenz. Anforderungen und Ausbildung. Heidelberg: Physica.

Bergemann, N., Sourisseaux, A. (Hrsg.) (1992). Interkulturelles Management. Heidelberg: Physica.

Berger, K. U. (1997). Migrationen. Ursachen und Entwicklungen. Universitas 5, 614, 769–778.

Bergmann, J. E. (1981). Ethnomethodologische Konversationsanalyse. In P. Schröder, H. Steger (Hrsg.), Dialogforschung (S. 9–52). Düsseldorf: Schwann.

Berking, H. (2001). Kulturelle Identitäten und kulturelle Differenz im Kontext von Globalisierung und Fragmentierung. In D. Loch, W. Heitmeyer (Hrsg.), Schattenseiten der Globalisierung (S. 91–110). Frankfurt a. M.: Suhrkamp.

Bhabha, H. K. (2000). Die Verortung der Kultur. Tübingen: Stauffenberg-Verlag.

Bildungswerk der Bayerischen Wirtschaft e. V. (1992). Binnenmarkt '92. Auswirkungen auf die Qualifikationsanforderungen der Mitarbeiter im Vertrieb – welche Qualifikationsstrategien sind erfolgreich? München.

Bittner, A., Reisch, B. (1994). Interkulturelles Personalmanagement. Wiesbaden: Gabler.

Bleher, N., Götz, K. (1999). Managementkonzepte in europäischen Automobilunternehmen. In K. Götz (Hrsg.), Führungskultur. Die organisationale Perspektive (S. 67–89). München u. Mering. Hampp.

Bleicher, K. (1983). Organisationskulturen und Führungsphilosophien im Wettbewerb. Schmalenbachs Zeitschrift für betriebswirtschaftliche Forschung, 35 (2), 136–146.

BMW AG, AK-4 (1996). Die langfristige Personalpolitik im BMW Konzern. Alex Aktuelles Lexikon. München (Broschüre).

Bodmer, F. (1997). Die Sprachen der Welt. Geschichte – Grammatik – Wortschatz in vergleichender Darstellung. Köln: Parkland Verlag.

Bolten, J. (1991). Fremdsprache Wirtschaftsdeutsch: Bestandsaufnahme und Perspektiven. In B. D. Müller (Hrsg.), Interkulturelle Wirtschaftskommunikation (S. 71–92). München: Iudicium.

Bolten, J. (1992). „Fachsprache" oder „Sprachbereich"? In T. Bungarten (Hrsg.), Beiträge zur Fachsprachenforschung (S. 57–72). Tostedt: Attikon.

Bolten, J. (1992a). Interkulturelles Verhandlungstraining. Jahrbuch DaF, 18, 269–287.

Bolten, J. (1993). Grenzziehungen als interaktionaler Prozess. Jahrbuch DaF, 19, 255–276.

Bolten, J. (1993a). Interaktiv-interkulturelles Fremdsprachenlernen. Zur Konzeption von Planspielen und Fallstudien im wirtschaftsbezogenen Fremdsprachenunterricht. In H. P. Kelz (Hrsg.), Internationale Kommunikation und Sprachkompetenz. Beiträge zum Fachprogramm der Expolingua (S. 99–139). Bonn.

Bolten, J. (1994). Wirtschaftsdeutsch – quo vadis? Empirische Grundlagen für die Erstellung von Lehrmaterialien. In B. F. Cothran (Hrsg.), Handbook for German in Business and Technology (S. 9–26). Cherry Hill: American Association of Teachers of German.

Bolten, J. (1996). Öffentlicher Sprachgebrauch, oder was? Zur diachronischen Textpragmatik und ihrer Anwendung am Beispiel des Themenbereichs „Werbegeschichte als Zeitgeschichte in Deutschland". In K. Böke, M. Jung, M. Wengeler (Hrsg.), Öffentlicher Sprachgebrauch (S. 283–300). Opladen: VS Verlag für Sozialwissenschaften.

Bolten, J. (1997). Interkulturelle Wirtschaftskommunikation. In R. Walter, Wirtschaftswissenschaften. Eine Einführung (S. 469–497). Paderborn: Schönigh.

Bolten, J. (1998). InterAct. Ein interkulturelles Verhandlungstraining für die Zielkulturen Australien, Deutschland, Frankreich, Großbritannien, Niederlande Russland, Spanien und USA. Sternenfels u. Berlin: Wissenschaft und Praxis.

Bolten, J. (1998a). Deutsche Sprachgeschichte und Wirtschaftsgeschichte. In W. Besch, O. Reichmann, S. Sonderegger (Hrsg.), Sprachgeschichte. 2.Teilband. Berlin u. New York: De Gruyter.

Bolten, J. (1998b). Kommunikativer Stil, kulturelles Gedächtnis und Kommunikationsmonopole. In H. K. Geißner, A. F. Herbig, E. Wessela (Hrsg.), Wirtschaftskommunikation in Europa (S. 113–132). Tostedt: Hermes.

Bolten, J. (1999). InterAct. Ein wirtschaftsbezogenes interkulturelles Planspiel für die Zielkulturen Australien, China, Chile, Deutschland, Frankreich, Großbritannien, Niederlande, Russland, Spanien und USA. Sternenfels: Wissenschaft und Praxis.

Bolten, J. (1999a). Differences in the Process of Choosing Staff within the EU. The Results of a Survey of SMEs in England, France, Germany and Spain (S. 48–62). Madrid: Universität Madrid.

Bolten, J. (2000). Internationales Personalmanagement als interkulturelles Prozessmanagement: Perspektiven für die Personalentwicklung internationaler Unternehmungen. In A. Clermont, W. Schmeisser, D. Krimphove (Hrsg.), Personalführung und Organisation (S. 841–856). München: Vahlen.

Bolten, J. (2000). Konsens durch die Anerkennung von Dissens: Auch ein Kapitel aus der ökonomischen Standardisierungsproblematik. Ethik und Sozialwissenschaften, 11 (3), 356–358.

Bolten, J. (2000a). Internationales Personalmanagement als interkulturelles Prozessmanagement: Perspektiven für die Personalentwicklung internationaler Unternehmungen. In A. Clermont, W. Schmeisser, D. Krimphove (Hrsg.), Personalführung und Organisation (S. 841–856). München: Vahlen.

Bolten, J. (2000b). Können internationale mergers eine eigene Identität ausbilden? In A. Wierlacher (Hrsg.), Kulturthema Kommunikation (S. 113–120). Möhnesee: Résidence Verlag.

Bolten, J. (2000c). Sharan, Galaxy oder Alhambra: „Kommunikation" und „Kultur" als Differenzierungsmerkmale im internationalen Wettbewerb. Zu systematisch-methodischen Aspekten der kommunikationswissenschaftlichen Deskription und der kulturwissenschaftlichen Analyse am Beispiel von marketingorientierten Textsorten der US-amerikanischen, britischen, deutschen und französischen Automobilindustrie. In J. Bolten (Hrsg.), Studien zur internationalen Unternehmenskommunikation. Waldsteinberg: Popp.

Bolten, J. (2000d). Kultur ist Kommunikationsprodukt. Sietar Newsletter 6 (1), 7–8.

Bolten, J. (2001). Thesen zum interkulturellen Lernen in der Schule. In J. Bolten, D. Schröter (Hrsg.), Im Netzwerk interkulturellen Handelns (S. 106–113). Sternenfels: Wissenschaft und Praxis.

Bolten, J. (2001a). Interkulturelle Assessment-Center. In W. Sarges (Hrsg.), Weiterentwicklungen der Assessment-Center-Methode (S. 213–218). Göttingen u. a.: Verlag fuer angewandte Psychologie.

Bolten, J. (2001b). Interkulturelle Kompetenz (2. Aufl.). Erfurt: Thüringer Landeszentrale für politische Bildung.

Bolten, J. (2002). Das Kommunikationsparadigma im internationalen M&A-Prozess. Due Diligences und Post-Merger-Management im Zeichen der „Zweiten Moderne“. In J. Strähle (Hrsg.), Interkulturelle Mergers & Acquisitions (S. 10–36). Sternenfels: Verlag Wissenschaft und Praxis.

Bolten, J. (2003). Das Kommunikationsparadigma im internationalen M & A-Prozess. Due Diligences und Post-Merger-Management im Zeichen der ‚Zweiten Moderne‘. In J. Strähle (Hrsg.), Interkulturelle Mergers & Acquisitions (S. 10–36). Sternenfels: Wissenschaft und Praxis.

Bolten, J. (2005). Interkulturelle Personalentwicklungsmaßnahmen: Training, Coaching und Mediation. In G. K. Stahl, W. Mayrhofer, T. M. Kühlmann (Hrsg.), Internationales Personalmanagement. Neue Aufgaben, neue Lösungen (S. 307–324). München u. Mering: Hampp.

Bolten, J. (2006). Förderung interkultureller Kompetenz durch E-Learning. In A. Hohenstein, K. Wilbers, Handbuch E-Learning. Köln: Deutscher Wirtschaftsdienst.

Bolten, J. (2006a). Die Entwicklung von Nationalstereotypen im Globalisierungsprozess. Hypothesen zum Auftakt einer international durchgeführten Langzeituntersuchung zu Veränderungen des Deutschlandbildes bei Studierenden. Zeitschrift für interkulturellen Fremdsprachenunterricht, 2.

Bolten, J. (2007). Interkulturelle Kompetenz (3. Aufl.). Erfurt: Landeszentrale für politische Bildung.

Bolten, J. (2007a). Interkulturelle Kompetenz im E-Learning. In J. Straub, A. Weidemann, D. Weidemann (Hrsg.), Handbuch Interkulturelle Kommunikation und Kompetenz. Stuttgart: Metzler.

Bolten, J. (2007b). Entwicklungen der Kulturbegriffskultur. In S. Rathje (Hrsg.), Was alle eint und keinem passt. Der Kulturbegriff zwischen Kohärenz und Differenz. In Vorb.

Bolten, J. (2007c). Internationalisierung und interkulturelle Kompetenz im Gesundheitssektor. Kosmetische Medizin, 27 (1), 16–22.

Bolten, J. (Hrsg.) (2004). Interkulturelles Handeln in der Wirtschaft. Positionen, Modelle, Perspektiven, Projekte. Sternenfels: Wissenschaft und Praxis.

Bolten, J., Dathe, M. (Hrsg.) (1995a). Transformation und Integration. Aktuelle Probleme und Perspektiven west-osteuropäischen Wirtschaftsbeziehungen. Sternenfels: Wissenschaft und Praxis.

Bolten, J., Dathe, M., Kirchmeyer, S., Roennau, M., Witchalls, P., Ziebell-Drabo, S. (1996). Interkulturalität, Interlingualität und Standardisierung bei der Öffentlichkeitsarbeit von Unternehmen. Gezeigt an amerikanischen, britischen, deutschen, französischen und russischen Geschäftsberichten. In D. Baumann, H. Kalverkämper (Hrsg.), Fachliche Textsorten (S. 389–425). Tübingen: Narr.

Bolten, J., Ehrhardt, C. (Hrsg.) (2003). Interkulturelle Kommunikation. Texte und Übungen zum interkulturellen Handeln. Sternenfels: Wissenschaft und Praxis.

Bolten, J., Herzog, J., Kriegel, K. (2007): Interkulturelle Kommunikation. FernUniversität Hagen (Master of Mediation, Modul 4).

Böttger, C. (2006). Lost in Translation? Analysing the role of English as the lingua franca of multilingual business communication. Dissertation. Hamburg.

Brajer, J. (1998). Corporate Identity und soziales Handeln. In C. Barmeyer, J. Bolten (Hrsg.), Interkulturelle Personalorganisation (S. 59–70). Sternenfels und Berlin: Wissenschaft und Praxis

Brandenburger, M. (1995). Interkulturelles Management. Köln: Botermann & Botermann.

Breidenbach, J., Zukrigl, I. (2000). Tanz der Kulturen. Kulturelle Identität in einer globalisierten Welt. Reinbek: Rowohlt-Taschenbuch-Verlag.

Breuer, J. P., Barmeyer, C. (1998). Von der interkulturellen Kompetenz zur Kooperationskompetenz. Beratung und Mediation im deutsch-französischen Management. In C. Barmeyer, J. Bolten (Hrsg.), Interkulturelle Personalorganisation (S. 179–202). Sternenfels: Wissenschaft und Praxis.

Brinker, K. (1997). Linguistische Textanalyse. Berlin: Erich Schmidt Verlag.

Brislin, R. W. (1981): Cross-cultural encounters. Face-to-face encounters. New York: Pergamon.

Brosius, H. B. (2005). Methoden der empirischen Kommunikationsforschung – eine Einführung (3. Aufl.). Wiesbaden: Verlag für Sozialwissenschaften.

Brünner, G. (2000). Wirtschaftskommunikation. Linguistische Analyse ihrer mündlichen Formen. Tübingen: Narr.

Brünner, G. (2001). Gespräche in der Wirtschaft. In K. Brinker (Hrsg.),Text- und Gesprächslinguistik – Linguistics of Text and Conversation. Ein internationales Handbuch zeitgenössischer Forschung. 2. Halbband.: Gesprächslinguistik. (= Handbücher zur Sprach- und Kommunikationswissenschaft) (S. 1526–1540). Berlin u. New York: De Gruyter.

Brünner, G., Fiehler, R. (1998). Linguistische Untersuchungen zur Wirtschaftskommunikation. Sprachreport, 3, 13–27.

Bühler, K. (1934). Sprachtheorie. Die Darstellungsfunktion der Sprache. Jena: Gustav Fischer. Burkart, R. (2004). Kommunikationstheorien: ein Textbuch zur Einführung (3. Aufl.). Wien: Braumüller.

Busch, D. (2005). Interkulturelle Mediation. Eine theoretische Grundlegung triadischer Konfliktbearbeitung in interkulturell bedingten Kontexten. Frankfurt a. M.: Suhrkamp.

Busch, D., Schröder, H. (Hrsg.) (2005). Perspektiven interkultureller Mediation. Frankfurt a. M. u. a.: Peter Lang.

Casmir, F. L. (1992). Third-culture building: A paradigm shift for international and intercultural communication. Communication Yearbook, 16, 407–428.

Casson, M., Godley, A. (Hrsg.) (2000). Cultural factors in economic growth. Cambridge: Cambridge University Press.

Castro Varela, M., Dhawan, N. (2005). Postkoloniale Theorie. Eine kritische Einführung. Bielefeld: Transcript Verlag.

Chen, G.-M., Starosta, W. G. (1998): Foundations of Intercultural Communication. Needham Height, Mass.: Allyn & Bacon.

Clement, U. (2000). Interkulturelles Coaching. In Götz, K. (Hrsg.), Interkulturelles Lernen/Interkulturelles Training (S. 157–168). München u. Mering: Hampp.

Clermont, A., Schmeisser, W., Krimphove, D. (Hrsg.) (2000). Personalführung und Organisation. München: Vahlen.

Clermont, A., Schmeisser, W., Krimphove, D. (Hrsg.) (2001). Strategisches Personalmanagement in globalen Unternehmen. München: Vahlen.

Clyne, M. (1987). Cultural differences in the organization of academic texts. Journal of Pragmatics, 11, 211–247.

Clyne, M. (1993). Pragmatik, Textstruktur und kulturelle Werte. Eine interkulturelle Perspektive. In H. Schröder (Hrsg.), Fachtextpragmatik (S. 3–18). Tübingen: Narr.

Copeland, L., Griggs, L. (1985). Going International. How to Make Friends and Deal Effectively in the Global Market. New York: Paperback.

Crystal, D. (1993). Die Cambridge Enzyklopädie der Sprache. Frankfurt a. M. u. New York: Campus.
Crystal, D. (1993). Die Cambridge Enzyklopädie der Sprache. Frankfurt a. M. u.New York: Campus.
Deal, T. E., Kennedy, A. (1983). Corporate Cultures – The Rites and Rituals of Corporate Life. Reading, Mass.: Perseus Books.

Dettmar, E. (1989). Rassismus, Vorurteile, Kommunikation. Hamburg u. Berlin: Reimer.

Devine, P. G. (1989). Stereotypes and prejudice. In Journal of Personality and Social Psychology, 56, 5–18.

DGFP e. V. (Hrsg.) (2004). Interkulturelle Managementsituationen in der Praxis. Kommentierte Fallbeispiele für Führungskräfte und Personalmanager. Bielefeld: Springer.

Diel-Khalil, H., Götz, K. (1999). Ethnologie und Organisationsentwicklung. In H. Diel-Khalil (Hrsg.), Ethnologie und Organisationsentwicklung (S. 85–114). München u. Mering: Hampp.

Dinges, N. G., Baldwin, K. D. (1996). Intercultural Competence. A Research Perspective. Handbook of Intercultural Training (S. 106–123). Thousand Oaks u. a.: Sage Publishing.

Dirscherl, K. (2004). Der Dritte Raum als Konzept der interkulturellen Kommunikation Theorie und Vorschläge für die Praxis. In J. Bolten (Hrsg.), Interkulturelles Handeln in der Wirtschaft (S. 12–24). Sternenfels: Wissenschaft und Praxis.

Dmoch, T. (2003). Internationale Werbung. Standardisierung in Grenzen. In J. Bolten, A. Ehrhardt (Hrsg.), Interkulturelle Kommunikation.Texte und

Übungen zum Interkulturellen Handeln (S. 279–303). Sternenfels: Wissenschaft und Praxis.
Drozd, L., Seibicke, W. (1973). Deutsche Fach- und Wissenschaftssprache. Wiesbaden: Brandstetter.
Dülfer, E. (1983). Die spezifischen Personal- und Kommunikationsprobleme international tätiger Unternehmungen – eine Einführung. In E. Dülfer (Hrsg.), Personelle Aspekte im Internationalen Management. Kommission Internationales Management im Verband der Hochschullehrer für Betriebswirtschaft e. V. Berlin, S. 1–26.
Dülfer, E. (1991). Internationales Management in unterschiedlichen Kulturbereichen. München: Oldenbourg.
Dülfer, E. (Hrsg.) (1991a). Organisationskultur: Phänomen, Philosophie, Technologie. (2. Aufl.). Stuttgart: Poeschel.
Dülfer, E. (1999). Internationales Management in unterschiedlichen Kulturbereichen (6. Aufl.). München: Oldenbourg.
Duszak, A. (1997). Cross-cultural academic communication: a discourse-community view. In A. Duszak (Hrsg.), Culture and Styles of Academic Discourse. Berlin u. New York: De Gryter.
Ebert, H. (2006). Sprachwandel, Organisationswandel, kultureller Wandel – Aspekte eines ganzheitlichen Modells für ein Kommunikations-Controlling. Kooperation und Effizienz in der Unternehmenskommunikation, 67–81.
Eco, U. (1986). Nachschrift zum ‚Namen der Rose'. München: Hanser.
Ehnert, R. (Hrsg.) (2000). Wirtschaftskommunikation kontrastiv. Frankfurt a. M.: Suhrkamp.
Ehrhardt, C., Horst, S. (2000). Kriterien der Korpuserstellung. In J. Bolten (Hrsg.), Studien zur internationalen Unternehmenskommunikation (S. 185–189). Waldsteinberg: Popp.
Emmerling, T. (Hrsg.) (2005). Projekte und Kooperationen im interkulturellen Kontext. Sternenfels: Wissenschaft und Praxis.
Engelhard, J. E. (Hrsg.) (1997). Interkulturelles Management. Theoretische Fundierung und funktionsbereichsspezifische Konzepte. Wiesbaden: Gabler.
Erpenbeck, J. (2001). Wissensmanagement als Kompetenzmanagement. In G. Franke (Hrsg.), Komplexität und Kompetenz. Ausgewählte Fragen der Kompetenzforschung (S. 102–120). Bielefeld: Bertelsmann.
Esposito, E. (2002). Soziales Vergessen. Formen und Medien des Gedächtnisses der Gesellschaft. Frankfurt a. M.: Suhrkamp.
Eurostat (Hrsg.) (2002). Jahrbuch 2002. Der statistische Wegweiser durch Europa. Luxemburg.
Fischer, B. (2005). Multi, Inter, Trans: Zur Hermeneutik der Kulturwissenschaft. Trans. Internet-Zeitschrift für Kulturwissenschaften (http://www.inst.at/trans/15Nr/01_1/fischer15.htm, Zugriff am 6.11.2006).
Fischer, V., Springer, M., Zacharaki, I. (Hrsg.) (2005). Interkulturelle Kompetenz. Fortbildung – Transfer – Organisationsentwicklung. Schwalbach: Wochenschau-Verlag.
Fischer-Epe, M. (2004). Coaching. Reinbek: rororo.

Fleischhack, F. (2004). Gestaltungsansätze für eine interkulturelle netzbasierte Zusammenarbeit. interculture online, 9 (www.interculture-online.de).

Fritz, G. (2006). Historische Semantik (2., aktualisierte Aufl.). Stuttgart u. a.: Metzler.

Fukuyama, F. (1992). Das Ende der Geschichte. Wo stehen wir? München: Kindler.

Fukuyama, F. (1997). Der Konflikt der Kulturen. Wer gewinnt den Kampf um die wirtschaftliche Zukunft? München: Droemersche Verlagsanstalt.

Galling, K. (Hrsg.) (1995). Die Religion in Geschichte und Gegenwart. Handwörterbuch für Theologie und Religionswissenschaft. Bd. 4 (3. Aufl.). Tübingen: Mohr Siebeck.

Galtung, J. (1985). Struktur, Kultur und intellektueller Stil. Ein vergleichender Essay über sachsonische, teutonische, gallische und nipponische Wissenschaft. In A. Wierlacher (Hrsg.), Das Fremde und das Eigene (S. 151–193). München: Iudicum.

Galtung, J. (2003). Struktur, Kultur und intellektueller Stil. Ein vergleichender Essay über sachsonische, teutonische, gallische und nipponische Wissenschaft. In J. Bolten, C. Ehrhardt (Hrsg.), Interkulturelle Kommunikation (S. 167–207). Sternenfels: Verlag Wissenschaft und Praxis.

Garfinkel, H. (1967): Studies in Ethnomethodology. Englewood Cliffs: Prentice Hall.

Geertz, G. (1987). Dichte Beschreibung. Frankfurt a. M.: Suhrkamp.

Gertsen, M. C. (1990). Intercultural competence and expatriates. The International Journal of Human Ressource Management, 1 (3), 341–362.

Geulen, D. (1989). Das vergesellschaftete Subjekt. Zur Grundlegung der Sozialisationstheorie. Frankfurt a. M.: Suhrkamp.

Geulen, D. (Hrsg.) (1982). Perspektivenübernahme und soziales Handeln: Texte zur sozialkognitiven Entwicklung. Frankfurt a. M.: Suhrkamp.

Giddens, A. (1999). Modernity and Self-Identity. Cambridge: Polity Press.

Giesecke, M. (2002). Von den Mythen der Buchkultur zu den Visionen der Informationsgesellschaft – Trendforschung zur historischen Medienökologie. Buch mit CD-Rom und Website (www.mythen-der-buchkultur.de). Frankfurt a. M.: Suhrkamp.

Glück, H. (Hrsg.) (1993). Metzler Lexikon Sprache. Stuttgart u. Weimar: Metzler.

Goffman, E. (1969). Wir alle spielen Theater. Die Selbstdarstellung im Alltag. München u. Zürich: Piper.

Goffman, E. (1971). Verhalten in sozialen Situationen. Strukturen und Regeln der Interaktion im öffentlichen Raum. Gütersloh: Bertelsmann.

Goffman, E. (1974). Das Individuum im öffentlichen Austausch. Mikrostudien zur öffentlichen Ordnung. Frankfurt a. M.: Suhrkamp.

Goffman, E. (1977). Rahmen-Analyse. Frankfurt a. M. Suhrkamp.

Goffman, E. (1983). The interaction order. American Sociological Review, 48, 1–17.

Goffman, E. (1992). Rahmen-Analyse. Ein Versuch über die Organisation von Alltagserfahrungen. Frankfurt a. M.: Suhrkamp.

Goldstein, E. B. (2002). Wahrnehmungspsychologie (2. Aufl.). Heidelberg u. a.: Spektrum, Akademischer Verlag.

Götz, K. (1999). Führungskultur. Die organisationale Perspektive (6. Aufl.). München: Hampp.

Götz, K. (Hrsg.) (1999). Interkulturelles Lernen/Interkulturelles Training. München u. Mering: Hampp.

Graubner, H. (1975). Stilistik. In H. L. Arnold, V. Sinemus (Hrsg.), Grundzüge der Literatur und Sprachwissenschaft. Bd. 1 (3. Aufl.). München: Wissenschaftliche Reihe. Gudykunst, W. B., Ting-Toomey, S., Nishida, T. (Hrsg.) (1996). Communication in personal relationships across cultures. Thousand Oaks, London, New Delhi: Sage Publishing.

Gudykunst, W. B., Guzley, R. M., Hammer, M. R. (1996). Designing Intercultural. In D. Landis, R. S. Bhagat, Handbook of Intercultural Training (S. 61–80). Thousand Oaks u. a.: Sage Publishing.

Gumperz, J. (1982). Discourse strategies. New York: Cambrige University Press.

Günthner, S. (1993): Diskursstrategien in der interkulturellen Kommunikation. Analysen deutsch-chinesischer Gespräche. Tübingen: Niemeyer.

Gut-Villa, C. (1997). Human Resource management bei Mergers & Acquisitions. Bern u. a.: Haupt.

Haarmann, H. (1991). Universalgeschichte der Schrift. Köln: Campus.

Habermann, M. (2005). „Interkulturelle Kompetenz" – Schlagwort oder handlungsleitende Zielvorstellung in der Altenpflege? Pflege & Gesellschaft, 1, 7–14.

Habermas, J. (1981). Theorie des kommunikativen Handelns. Band 2: Zur Kritik der funktionalistischen Vernunft. Frankfurt a. M.: Suhrkamp.

Habermas, J. (1981). Theorie des kommunikativen Handelns. Bd. 1. Handlungsrationalität und gesellschaftliche Rationalisierung. Frankfurt a. M.: Suhrkamp.

Hagenbüchle, R. (2002). Von der Multi-Kulturalität zur Inter-Kulturalität. Würzburg: Königshausen und Neumann.

Hake, B. (1997). Länderrisiko-Analysen – Werkzeug des Controllers. In Controller Magazin, Hardes 23 (4), 240–242.

Haken, H. (1991). Synergetik im Management. In H. Balck, R. Kreibich (Hrsg.), Wie lassen sich heute komplexe Systeme managen? (S. 65–91). Weinheim u. Basel: Beltz.

Haken, H. (1994). Erfolgsgeheimnisse der Natur. Synergetik: Die Lehre vom Zusammenwirken. Frankfurt a. M.: Ulstein Taschenbuch.

Hall, E. T. (1969). The hidden dimension. Garden City u. New York: Bantam Doubleday Dell Publishing Group.

Hall, E. T. (1983).The dance of life. The other dimension of time. Garden City u. New York: Bantam Doubleday Dell Publishing Group.

Hall, E. T., Hall, M. R. (1983).Verborgene Signale. Studien zur internationalen Kommunikation: Über den Umgang mit Amerikanern. Hamburg. Gruner und Jahr.

Hall, S. (1994). Rassismus und kulturelle Identität. Ausgewählte Schriften 2. Hamburg: Argument-Verlag.

Hampden-Turner, C., Trompenaars, F. (1994). The Seven Cultures of Capitalism. Value Systems for Creating Wealth in the United States, Britain, Japan, Germany, France, Sweden and the Netherlands. New York: Piatcus Books.

Hannerz, U. (1996). Transnational Connections. London: Routledge.

Hansen, K. P. (2007). Kultur und Kulturwissenschaften. Eine Einführung (4. Aufl.). Tübingen u. Basel: A. Francke.

Harris, H., Brewster, C., Erten, C. (2005). Auslandseinsatz, aber wie? Klassisch oder alternative Formen: neueste empirische Erkenntnisse aus Europa und den USA. In G. Stahl, W. Mayrhofer, T. Kühlmann (Hrsg.), Internationales Personalmanagement (S. 271–291). München: Hampp.

Hartmann, F. (2006). Globale Medienkultur. Wien: WUV.

Hasenstab, M. (1999). Interkulturelles Management. Bestandsaufnahme und Perspektiven. Sternenfels: Wissenschaft und Praxis.

Haumersen, P., Liebe, F. (1999). Multikulti: Konflikte konstruktiv. Trainingshandbuch Mediation in der interkulturellen Arbeit. Mülheim: Verlag an der Ruhr.

Hecht, M., Andersen, P., Ribeau, S. (1989). Cultural dimensions of nonverbal communication. In M. Asante, W. B. Gudykunst (Hrsg.), Handbook of international and intercultural communication. Newbury Park: Sage Publishing.

Heenan, D. A., Perlmutter, H. V. (1979). Multinational Organization Development. Reading, Mass.: Addison-Wesley.

Helmolt, K. von (1997). Kommunikation in internationalen Arbeitsgruppen. München: Iudicum.

Henke, A.-M. (1989). Zur Geschichte der Betriebslinguistik. In E. Klein, F. Pouradier Duteil (Hrsg.), Betriebslinguistik und Linguistikbetrieb. Bd. 1 (S. 13–20). Tübingen: Niemeyer.

Hentze J. (1987). Kulturvergleichende Managementforschung. Die Unternehmung, 41 (3), 170–185.

Hepp, A., Löffelholz, M. (Hrsg.) (2002). Grundlagentexte zur transkulturellen Kommunikation. Konstanz: UVK.

Herzog, J., Peña, J. (2002). Personalentwicklung mittelständischer Unternehmen für internationale Märkte. Ein computergestütztes interkulturelles Assessment Center. Interculture-online, 1 (2).

Hinnenkamp, V. (1989). Interaktionale Soziolinguistik und interkulturelle Kommunikation. Gesprächsmanagement zwischen Deutschen und Türken. Tübingen: Niemeyer.

Hitzler, R. (1999). Die ‚Entdeckung' der Lebenswelten. Individualisierung im sozialen Wandel. In H. Willems, A. Hahn (Hrsg.), Identität und Moderne (S. 231–249). Frankfurt a. M.: Suhrkamp.

Hitzler, R. (1999). Die ‚Entdeckung' der Lebenswelten. Individualisierung im sozialen Wandel. In H. Willems, A. Hahn (Hrsg.), Identität und Moderne (S. 231–249). Frankfurt a. M.: Suhrkamp.

Hoffmann, L. (1976). Kommunikationsmittel Fachsprache. Eine Einführung. Tübingen: Narr.

Hoffmann, L. (1988). Vom Fachwort zum Fachtext. Beiträge zur angewandten Linguistik. Tübingen: Narr.

Hofmann, J., Gölz, A. (2000). Strategiestudie virtuelle Unternehmen Bestandsaufnahme und Aktionsmatrix virtuelle Unternehmen in Baden-Württemberg. Abschlussbericht. Stuttgart: Fraunhofer Institut.

Hofstede, G. (1980). Culture's Consequences. Beverly Hills, CA: Sage Publications.

Hofstede, G. (1993). Interkulturelle Zusammenarbeit. Wiesbaden: Gabler.

Höhne, S. (1992). Vorüberlegungen zu einer fachsprachlichen Analytik. Kriterien zur Bestimmung sprachlicher Phänomene im Sprachbereich Wirtschaft. In T. Bungarten (Hrsg.), Beiträge zur Fachsprachenforschung. Sprache in Wissenschaft und Technik, Wirtschaft und Rechtswesen. (Hamburger Arbeiten zur Fachsprachenforschung. Bd. 1 (S. 100–114)). Tosted: Attikon Verlag.

Höhne, S. (1995). Vom kontrastiven Management zum interkulturellen. Jahrbuch DaF, 21, 72–103.

Holzheuer, K. (1999). Formen sprachlicher Kommunikation zwischen Hersteller und Handel. Oldenburg.

Holzmüller, H. H. (1995). Konzeptionelle und methodische Probleme in der interkulturellen Management- und Marketingforschung. Stuttgart: Schaeffer-Poeschel.

Horsch, J. (1996). Reif fürs Ausland? Personalwirtschaft, S. 7, 22–24.

Horst, S. (1998). Wortbildung in der deutschen Wirtschaftskommunikation. Waldsteinberg: Heidrun Popp Verlag.

Hundt, M. (1995). Modellbildung in der Wirtschaftssprache. Zur Geschichte der Institutionen und Theoriesprachen der Wirtschaft. Tübingen: Narr.

Huntington, S. P. (1996). Der Kampf der Kulturen. Die Neugestaltung der Wirtschaftspolitik im 21. Jahrhundert. München: Europaverlag.

Husemann, H. (1993). Doktor Seltsam – oder wie ich lernte, das Stereotyp zu lieben. In J. P. Timm, H. J. Vollmer (Hrsg.), Kontroversen der Fremdsprachenforschung. Bochum: Brockmeyer.

Hymes, D. (1962). The ethnography of speaking. In T. Gladwin, W. Sturtevant (Hrsg.), Anthropology and human behaviour (S. 13–53). Washington: Anthropological Society of Washington.

Janich, N., Neuendorff, D. (Hrsg.) (2002). Verhandeln, kooperieren, werben. Beiträge zur interkulturellen Wirtschaftskommunikation. Wiesbaden: DUV.

Jansen, S., Körner, K. (2000). Fusionsmanagement in Deutschland. Eine empirische Analyse von 103 Zusammenschlüssen mit deutscher Beteiligung zwischen 1994 und 1998. Witten-Herdecke: Universität Witten (IMA).

Jia, W. (2002). Werbegeschichte als Kommunikationsgeschichte. Analyse der Anzeigenwerbung im „Spiegel" 1947–1990. Göttingen: Cuvillier.

Jia, W., Tan, J. (Hrsg.) (2005). Kommunikation mit China. Frankfurt a. M.: Peter Lang.

Jordan, R., Bickmann, R. (2000). Knowledge Base. Finance, 8, 10–12.

Kainzbauer, A. (2002). Kultur im interkulturellen Training. Frankfurt a. M.: IKO – Verlag für Interkulturelle Kommunikation.

Kammel, A. (1994). Ansatzpunkte und Instrumente der internationalen Führungskräfteentwicklung. WISU, 7, 603–609.

Kammel, A., Teichelmann, D. (1994). Internationaler Personaleinsatz. München u. Wien: Oldenbourg.

Kammhuber, S. (2001). Interkulturelle Trainingsforschung. Bestandsaufnahme und Perspektiven. In J. Bolten, D. Schröter (Hrsg.), Im Netzwerk interkulturellen Handelns. Theoretische und praktische Perspektiven der interkulturellen Kommunikationsforschung (S. 78–93). Sternenfels: Wissenschaft und Praxis.

Kammhuber, S. (2003). Anforderungen an interkulturelles Management. Wirtschaftspsychologie. www.wirtschaftspsychologie-aktuell.de/ Material/ 02_2003/26.pdf.

Karmasin, H., Karmasin, M. (1997). Cultural Theory. Ein neuer Ansatz für Kommunikation, Marketing und Management. Wien: Linde Verlag.

Karmasin, M., Winter, C. (Hrsg.) (2003). Kulturwissenschaft als Kommunikationswissenschaft. Wiesbaden: Verlag für Sozialwissenschaften.

Kaufhold, K. H. (1996). Zur Entwicklung des Wirtschaftsstildenkens in Deutschland. In R. Klump (Hrsg.), Wirtschaftsstruktur, Wirtschaftsstil und Wirtschaftsordnung: Methoden und Ergebnisse der Wirtschaftskulturforschung (S. 21–38). Marburg: Metropolis Verlag.

Kauke-Kececi, W. (2002). Kulturkonstitution durch Ritualtext. Am Beispiel der semiotischen Analyse der ostdeutschen Jugendweihe. In F. Steger (Hrsg.), Kultur – Ein Netz von Bedeutungen. Analysen zur symbolischen Kulturanthropologie (S. 207–225). Würzburg: Königshausen und Neumann.

Kealey, D. J., Ruben, B. D. (1983). Cross-Cultural Personnel Selection. Criteria, Issues and Methods. In D. Landis, R. W. Brislin (Hrsg.), Handbook of Intercultural Training (1. Aufl., S. 155–175). New York: Sage Publications.

Keim, L. (1994). Interkulturelle Interferenzen in der deutsch-spanischen Wirtschaftskommunikation. Frankfurt a. M.: Peter Lang.

Keller, E. V. (1982). Management in fremden Kulturen. Ziele, Ergebnisse und methodische Probleme der kulturvergl. Managementforschung. Bern: Haupt.

Keller, P. (1997). Der innerbetriebliche Zielvereinbarungsdialog als ergebnisorientiertes Führungsinstrument: eine linguistische Analyse. Münster u. a.: Waxmann.

Keller, R. (1994). Sprachwandel (2. Aufl.).Tübingen: Francke.

Kelz, H. P. (2001). Interkulturelle Kommunikation und Wirtschaftsdeutsch-Didaktik. Germanistisches Jahrbuch der GUS „Das Wort" 2000/2001, 247–262.

Kiechl, R. (1997). Interkulturelle Kompetenz. In E. Kopper, R. Kiechl (Hrsg.), Globalisierung: Von der Vision zur Praxis. Zürich: Versus.

Kiechl, R., Kopper, E. (1992). Führungskräfte in fremden Kulturen. In H. Strutz, K. Wiedemann (Hrsg.), Internationales Personalmarketing (S. 111–123). Wiesbaden: Gabler.

Kieserling, A. (1999). Kommunikation unter Anwesenden. Studien über Interaktionssysteme. Frankfurt a. M.: Suhrkamp.

Kinkel, A. (2001). Internationale Bewerbungen und Personalauswahl. In J. Bolten, H. Schröter (Hrsg.), Im Netzwerk interkulturellen Handeln (S. 46–52). Sternenfels: Wissenschaft und Praxis.

Kirchmeyer, S. (2000). Britische Werbekommunikation im Wandel: eine Untersuchung des Zusammenhangs zwischen kommunikativem und soziokulturellem Wandel am Beispiel von Anzeigen aus der Radio Times aus dem Zeitraum 1951–1991. Dissertation. Erfurt.

Kluge, F. (1989). Etymologisches Wörterbuch (22. Aufl.). Berlin u.a.: De Gruyter.

Klump, R. (Hrsg.) (1996). Wirtschaftskultur, Wirtschaftsstil und Wirtschaftsordnung. Marburg: Metropolis Verlag.

Knapp, K. (1995). Interkulturelle Kommunikationsfähigkeit als Qualifikationsmerkmal für die Wirtschaft. In J. Bolten (Hrsg.), Cross Culture – Interkulturelles Handeln in der Wirtschaft (S. 8–23). Sternenfels: Wissenschaft und Praxis.

Kolboom, I. (1991). Deutschlandbilder der Franzosen. In G. Trautmann (Hrsg.), Die hässlichen Deutschen. Darmstadt: Wissenschaftliche Buchgesellschaft.

Konradt, U., Hertel, G. (2002). Management virtueller Teams. Von der Telearbeit zum virtuellen Unternehmen. Stuttgart: Beltz.

Konradt, U., Hertel, G., Behr, B. (2002). Interkulturelle Managementtrainings – Eine Bestandsaufnahme von Konzepten, Methoden und Modalitäten in Deutschland. Zeitschrift für Sozialpsychologie, 33, 197–207.

Köppel, P. (2004). Synergien in multikulturellen Arbeitsgruppen. In J. Bolten (Hrsg.), Interkulturelles Handeln in der Wirtschaft (S. 125–138). Sternenfels: Wissenschaft und Praxis.

Koschel, F. (2006). Wirtschaft im Alltag: eine Analyse zur sozialen und medialen Rekonstruktion ökonomischer Realität. Frankfurt a. M. u.a.: Peter Lang.

Krämer, L. (2002). Was ist Wirtschaftssprache? Semantische Spezifik der wirtschaftlichen Termini gegenüber den gemeinsprachlichen Lexemen. Marburg: Tectum.

Kramer, W., Weiss, R. (1992). Fremdsprachen in der Wirtschaft. Ein Beitrag zu interkultureller Kompetenz. Köln: Deutscher Institutsverlag.

Kreiner, J. (2003). Japan. In K. Stiersdorfer (Hrsg.), Deutschlandbilder im Spiegel anderer Nationen (S. 351–363). Reinbek: Rowohlt Taschenbuch-Verlag.

Krejci, T. (1941). Zum syntaktisch-stilistischen Problem der Wirtschaftssprache. Berlin: Junker und Dünnhaupt.

Kretzenbacher, H. L. (1992). Der „erweiterte Kulturbegriff" in der außenkulturpolitischen Diskussion der Bundesrepublik Deutschland. Jahrbuch DaF, 18, 170–196.

Krotz, F. (2003). Kommunikationswissenschaft, Kulturwissenschaft: Glückliches Paar oder Mesalliance? In M. Karmasin, C. Winter (Hrsg.), Kulturwissenschaft als Kommunikationswissenschaft (S. 21–48). Wiesbaden: Westdeutscher Verlag.

Krotz, F. (2005). Neue Theorien entwickeln: eine Einführung in die Grounded Theory. Die Heuristische Sozialforschung und die Ethnographie anhand von Beispielen aus der Kommunikationsforschung. Köln: Halem.

Kühlmann, T. M. (2004). Auslandseinsatz von Mitarbeitern. Göttingen: Hogrefe.

Kühlmann, T., Stahl, G. (1998). Interkulturelle Assessment-Center. In C. Barmeyer, J. Bolten (Hrsg.), Interkulturelle Personalorganisation (S. 213–224). Sternenfels: Wissenschaft und Praxis.

Kumar, B., Haussmann, H. (1992). Handbuch der internationalen Unternehmenstätigkeit. München. Beck.

Kumar, N. (1988). Interkulturelle Managementforschung. Wirtschaftswissenschaftliches Studium, 17 (8), 389–394.

Kumbruck, C., Derboven, W. (2005). Interkulturelles Training. Trainingsmaterial zur Förderung interkultureller Kompetenzen in der Arbeit. Heidelberg: Springer.

Küpers, H. (2000). Das glokale Management: Anforderungen und Praxis in kulturell komplexen Unternehmen. Frankfurt a. M. u. a.: Peter Lang.

Küsters, E. A. (1998). Episoden des interkulturellen Managements: Grundlagen der Selbst- und Fremdorganisation. Wiesbaden: DUV.

Kutschker, M. (Hrsg.) (1999). Perspektiven der internationalen Wirtschaft. Wiesbaden: Gabler.

Kutschker, M., Schmid, S. (2002). Internationales Management. München: Oldenbourg.

Landis, D., Bennett, J. M, Bennett, M. J. (2004). Handbook of intercultural training (3. Aufl.). Thousand Oaks: Sage.

Lane, H. W., di Stefano, J., Maznevski, M. L. (Hrsg.) (2000). International Management Behavior. Text, Readings, and Cases (4. Aufl.). New York: Blackwell Publishers.

Layes, G. (2000). Grundformen des Fremderlebens: eine Analyse von Handlungsorientierungen in der interkulturellen Interaktion. Münster u. a.: Waxmann.

Layes, G. (2003). Interkulturelles Identitätsmanagement. In A. Thomas, E.-U. Kinast, S. Schroll-Machl (Hrsg.), Handbuch interkulturelle Kommunikation und Kooperation. Bd. 1: Grundlagen und Praxisfelder (S. 117–137). Göttingen: Vandenhoeck & Ruprecht.

Leggewie, C. (2001). Nach dem Fall: Globalisierung und ihre Kritik. Das Parlament, 52–53, 18–22.

Lilli, W. (1983). Perzeption, Kognition: Image. In M. Irle (Hrsg.), Handbuch der Psychologie. Bd. 12 (Marktpsychologie). Göttingen: Hogrefe.

Lo, D. T.-C. (2005). Die Bedeutung kultureller Selbst- und Fremdbilder in der Wirtschaft. Sternenfels: Wissenschaft und Praxis.

Lück, W., Trommsdorff, V. (1982). Internationalisierung der Unternehmung als Problem der Betriebswirtschaftslehre. Berlin: Erich Schmidt Verlag.

Luhmann, N. (1975). Interaktion, Organisation, Gesellschaft; Systemtheorie, Evolutionstheorie und Kommunikationstheorie. In Soziologische Aufklärung 2. Aufsätze zur Theorie der Gesellschaft (S. 9–20; S. 193–203). Opladen: Westdeutscher Verlag.

Luhmann, N. (1995). Wie ist Bewusstsein an Kommunikation beteiligt?; Was ist Kommunikation? In Soziologische Aufklärung 6. Die Soziologie und der Mensch (S. 37–54; S. 113–125). Opladen: Westdeutscher Verlag.

Lüsebrink, H. J. (Hrsg.) (2004). Konzepte der Interkulturellen Kommunikation. St. Ingbert: Röhrig.

Lüsebrink, H.-J. (2005). Interkulturelle Kommunikation. Stuttgart: Metzler.

Macharzina, K. (1993). Unternehmensführung. Das internationale Managementwissen. Wiesbaden: Gabler.
Macharzina, K. (2003). Interkulturelle Unternehmensführung. In J. Bolten, C. Ehrhardt (Hrsg.), Interkulturelle Kommunikation. Texte und Übungen zum interkulturellen Handeln (S. 309–363). Sternenfels: Wissenschaft und Praxis.
Mall, R. A. (2000). Interkulturelle Verständigung – Primat der Kommunikation vor dem Konsens? Ethik und Sozialwissenschaften, 11 (3), 337–349.
Maresch, R., Werber, N. (Hrsg.) (1999). Kommunikation – Medien – Macht. Frankfurt a. M.: Suhrkamp.
Mauritz, H. (1996). Interkulturelle Geschäftsbeziehungen. Wiesbaden: DUV.
Maznevski, M., Canney Davison, S., Barmeyer, C. (2005). Management virtueller Teams. In G. Stahl, W. Mayrhofer, T. Kühlmann (Hrsg.), Internationales Personalmanagement (S. 91–114). München: Hampp.
Mazur, J. E. (2005). Lernen und Gedächtnis (5., aktualisierte Aufl., Nachdr.). München u. a.: Pearson Studium.
McKinsey (2007). How businesses are using Web 2.0: A McKinsey Global Survey. The McKinsey Quarterly, 1, 2–16.
Mead, R. (2000). Cases and Projects in International Management. New York: Blackwell Publishing.
Meckl, R. (2001). Der Mergers & Acquisitions-Prozeß. In J. Bolten, H. Schröter (Hrsg.), Im Netzwerk interkulturellen Handeln (S. 14–32). Sternenfels: Wissenschaft und Praxis.
Meibauer, J. (1999). Pragmatik. Eine Einführung. Tübingen: Stauffenberg Verlag. Shannon, C., Weaver, W. (1976). Mathematische Grundlagen der Kommunikationstheorie. München: Oldenbourg.
Meiser, G. (2005). Sprachkontakt und Sprachwandel: Akten der XI. Fachtagung der Indogermanischen Gesellschaft, Halle an der Saale, 17.–23. September 2000. Wiesbaden: Reichert.
Mennicken, C. (2000). Interkulturelles Marketing. Wiesbaden: DUV.
Merten, K. (1977). Kommunikation. Eine Begriffs- und Prozessanalyse. Opladen: Westdeutscher Verlag.
Merten, K., Schmid, S. J., Weischenberg, S. (Hrsg.) (1994). Die Wirklichkeit der Medien. Opladen: Westdeutscher Verlag.
Messing, E. E. J. (1928). Methoden und Ergebnisse der wirtschaftssprachlichen Forschung. Utrecht: Verlag Kemink.
Mönikheim, S. (1998). Die Entwicklung des interkulturellen Managements am Beispiel der Dasa. In C. Barmeyer u. J. Bolten (Hrsg.), Interkulturelle Personalorganisation (S. 107–122). Sternenfels: Wissenschaft und Praxis.
Montiel, J. (2001). Vier Arten, einen Schnaps zu vermarkten: zur Werbegeschichte von Anís del Mono (1940–2000). Interculture-Online 1/2001.
Montiel, J. (2007). Werbegeschichte als Kulturgeschichte in Spanien (1940–1989). Dissertation. Jena: Friedrich-Schiller-Universität Jena.
Moore, K., Lewis, D. (2000). Foundations of Corporate Empire. London: Paperback.
Moosmüller, A. (1998). Interkulturelle Kommunikation und globale Wirtschaft. Zu den Risiken und Chancen von kultureller Differenz. Schweizerisches Archiv für Volkskunde, 94, 189–207.

Moosmüller, A. (2000a). Arbeitsroutinen und Globalisierung. Alltagskonflikte in ausländischen Unternehmen in Japan. In I. Götz, A. Wittel (Hrsg.), Arbeitskulturen im Umbruch. Zur Ethnographie von Arbeit und Organisation (S. 89–105). München u. Berlin: Waxmann.

Moosmüller, A. (2004). Das Kulturkonzept in der Interkulturellen Kommunikation aus ethnologischer Sicht. In H.-J. Lüsebrink (Hrsg.), Konzepte der Interkulturellen Kommunikation (S. 45–67). St. Ingbert: Röhrig.

Moosmüller, A. (Hrsg.) (2002). Interkulturelle Kommunikation in der Diaspora. Die kulturelle Gestaltung von Lebens- und Arbeitswelten in der Fremde. Münster u. a.: Waxmann.

Moosmüller, A. (Hrsg.) (2007). Interkulturelle Kommunikation. Konturen einer wissenschaftlichen Disziplin. Münster u. a.: Waxmann.

Morley, D., Robins K. (2002). Globalisierung als Identitätskrise. In A. Hepp, M. Löffelholz (Hrsg.), Grundlagentexte zur transkulturellen Kommunikation (S. 533–560). Konstanz: UVK.

Müller, B.-D. (1991). Die Bedeutung der interkulturellen Kommunikation für die Wirtschaft. In B.-D. Müller (Hrsg.), Interkulturelle Wirtschaftskommunikation. Studium Deutsch als Fremdsprache – Sprachdidaktik. Bd. 9 (S. 27–52). München: Iudicum.

Müller, R. A. (1991). Selbstorganisation und Verteilte Intelligenz. In H. Balck, R. Kreibich (Hrsg.), Evolutionäre Wege in die Zukunft. Wie lassen sich heute komplexe Systeme managen? (S. 191–223). Weinheim u. Basel: Beltz.

Müller, S. (1996). Auslandsorientierung als Zielsetzung der Personalentwicklung. In A. Thomas (Hrsg.), Psychologie interkulturellen Handelns (S. 341–364). Göttingen u. a.: Vandenhoeck & Ruprecht.

Müller, S., Gelbrich, K. (2004). Interkulturelles Marketing. München: Vahlen.

Müller, W. G. (1997). Interkulturelle Werbung. Heidelberg: Physica.

Müller-Jacquier, B. (2000). Linguistic Awareness of Cultures. Grundlagen eines Trainingsmoduls. In J. Bolten (Hrsg.), Studien zur internationalen Unternehmenskommunikation (S. 30–49). Waldsteinberg: Popp.

Müller-Jacquier, B. (2004). „Cross Cultural“ versus Interkulturelle Kommunikation. Methodische Probleme der Beschreibung von Inter-Aktion. In H.-J. Lüsebrink (Hrsg.), Konzepte der Interkulturellen Kommunikation (S. 69–114). St. Ingbert: Röhrig.

Müller-Jacquier, B., Thije, J. D. (2000). „Interkulturelle Kommunikation: interkulturelles Training und Mediation“. In M. Becker, G. Brünner, H. Cölfen (Hrsg.), Linguistische Berufe (FAL 37) (S. 39–58). Frankfurt a. M.: Peter Lang.

Münch, R. (1988). Theorie des Handelns. Frankfurt a. M.: Suhrkamp.

Münch, R. (1990). Code, Struktur und Handeln: Soziale Milieus der Wissensproduktion. In H. Haferkamp (Hrsg.), Sozialstruktur und Kultur (S. 54–94). Frankfurt a. M.: Suhrkamp.

Münch, R. (1993). Die Kultur der Moderne. 2 Bde. Frankfurt a. M.: Suhrkamp.

Münch, R. (1999). Europäische Identitätsbildung. Zwischen globaler Dynamik, nationaler und regionaler Gegenbewegung. In H. Willems, A. Hahn (Hrsg.), Identität und Moderne (S. 465–486). Frankfurt a. M.: Suhrkamp.
Münch, R. (2001). Offene Räume. Frankfurt a. M.: Suhrkamp.
Naumann, I., Bleich, S., Jia, W., Schneider, F. (2003). Kommunikation in der globalen Wirtschaft (S. 33–47). Frankfurt a. M.: Peter Lang.
Nicklas, H., Müller, D., Kordes, H. (Hrsg.) (2006). Interkulturell denken und handeln. Frankfurt u. New York. Campus-Verlag.
Niedermeyer, M. (2001). Interkulturelle Trainings in der deutschen Wirtschaft: Eine Bestandsaufnahme. In J. Bolten, D. Schröter (Hrsg.), Im Netzwerk interkulturellen Handelns. Theoretische und praktische Perspektiven der interkulturellen Kommunikationsforschung (S. 62–77). Sternenfels: Wissenschaft und Praxis.
Nielsen, M. (Hrsg.) (2003). Wirtschaftskommunikation im Wandel: Dynamik, Entwicklung und Prozessualität. Wiesbaden: DUV.
Nolan, R. W. (1999). Communicating and adapting across cultures: Living and working in the global village. Westpoint: Bergin & Garvey.
Nordman, J. (2002). Kulturunterschiede in der Marketingkommunikation am Beispiel deutscher, schwedischer und US-amerikanischer Betriebsbroschüren eines internationalen Unternehmens. In N. Janich, D. Neuendorff (Hrsg.), verhandeln, kooperieren, werben. Beiträge zur interkulturellen Wirtschaftskommunikation (S. 31–57). Wiesbaden: DUV.
Nünning, A., Nünning V. (Hrsg.) (2003). Konzepte der Kulturwissenschaften. Stuttgart u. Weimar: Metzler.
Oberg, K. (1960). Cultural shock: adjustment to new cultural environments. Practical Anthropology, 7, 177–182.
Oesterle, G. (2005). Erinnerung, Gedächtnis, Wissen: Studien zur kulturwissenschaftlichen Gedächtnisforschung. Göttingen: Vandenhoeck & Ruprecht.
Ohnacker, K. (1992). Die Syntax der Fachsprache Wirtschaft im Unterricht Deutsch als Fremdsprache. Werkstattreihe Deutsch als Fremdsprache. Bd. 39. Frankfurt a. M.: Peter Lang.
Oksaar, E. (1983). Fachsprachen, interaktionale Kompetenz und Kulturkontakt. In H. P. Kelz (Hrsg.). Fachsprache. Bonn.
Oksaar, E. (1988). Kulturemtheorie. Ein Beitrag zur Sprachverwendungsforschung. Göttingen: Vandenhoeck & Ruprecht.
O'Reilly, C., Arnold, M. (2005). Interkulturelles Training in Deutschland. Theoretische Grundlagen, Zukunftsperspektiven und eine annotierte Literaturauswahl. Frankfurt a. M.: IKO – Verlag für Interkulturelle Kommunikation.
Otten, M. (2005). Interkulturelle Teamentwicklung. In T. Emmerling (Hrsg.), Projekte und Kooperationen im interkulturellen Kontext (S. 87–102). Sternenfels: Wissenschaft und Praxis.
Ouchi, W. G. (1981). Theory Z – How American Business can meet the Japanese Challenge. Jackson: Perseus Books.
Pascale, R., Athos, A. (1981). The Art of Japanese Management. Applications for American Executives. New York: Warner Books.
Patzelt, W. (1987). Grundlagen der Ethnomethodologie. München: Fink.

Pausenberger, E. (1983). Die Besetzung von Geschäftsführerpositionen in ausländischen Tochtergesellschaften. In E. Dülfer (Hrsg.), Personelle Aspekte im internationalen Management. Kommission Internationales Management im Verband der Hochschullehrer für Betriebswirtschaft (S. 41–60). Berlin.

Pausenberger, E., Noelle, G. F. (1977). Entsendung von Führungskräften in ausländische Niederlassungen. Zeitschrift für betriebswirtschaftliche Forschung, 29, 346–366.

Peña, J., Philipp, S. (2003). Kulturelle Stile und Vorstellungen über ein Land: Chile und seine Produkte mit ausländischen Augen betrachtet. Interculture-Online 6.

Perlitz, M. (1993). Internationales Management. Stuttgart u. Jena: Gustav Fischer.

Peters, C. (1999). Deutschland und die Deutschen im Spiegel britischer Tageszeitungen. Münster u. a.: Literatur Verlag Münster.

Pettigrew, T. F., Tropp, L. R. (2000). Does intergroup contact reduce prejudice? Recent meta-analytic findings. In S. Oskamp (Hrsg.) Reducing prejudice and discrimination (S. 93–114). Mawah: Erlbaum.

Pfohl, H. C., Buse, H. P. (1997). Führung in kleinen und mittleren Unternehmen in Deutschland und Frankreich – Eine kulturvergleichende empirische Untersuchung. In J. Engelhardt (Hrsg.) Interkulturelles Management (S. 261–292). Wiesbaden: Gabler.

Picht, H. (1987). Deutsch für die Wirtschaft. Jahrbuch DaF, 13, 1–12.

Picht, R. (1989). Praxisfeld Wirtschaft. Fremdsprachliche und interkulturelle Ausbildung. Jahrbuch DaF, 15, S. 79–81.

Piel, E. (1996). Das Bild der Deutschen im Spiegel der Demoskopie. Selbstbild und Fremdbild bei den westeuropäischen Nachbarn. In H. Süssmuth. Deutschlandbilder in Dänemark und England, in Frankreich und in den Niederlanden (S. 91–139). Baden Baden: Nomos.

Pothmann, A. (1997). Diskursanalyse von Verkaufsgesprächen. Opladen: Westdeutscher Verlag.

Rathje, S. (2004). Unternehmenskultur als Interkultur. Entwicklung und Gestaltung interkultureller Unternehmenskultur am Beispiel deutscher Unternehmen in Thailand. Sternenfels: Wissenschaft und Praxis.

Rathje, S. (2004). Unternehmenskultur als Interkultur. Sternenfels: Wissenschaft und Praxis.

Rathje, S. (2004a). Corporate Cohesion – Handlungsansatz zur Gestaltung interkultureller Unternehmenskultur. In J. Bolten (Hrsg.), Interkulturelles Handeln in der Wirtschaft (S. 112–124). Sternenfels: Wissenschaft und Praxis.

Rathje, S. (2006). Interkulturelle Kompetenz – Zustand und Zukunft eines umstrittenen Konzepts. Zeitschrift für interkulturellen Fremdsprachenunterricht, 11 (3) (Online-Ressource; http://www.ualberta.ca/~german/ejournal/ejournal.html.).

Rauner, F. (2004): Praktisches Wissen und berufliche Handlungskompetenz. Bremen: ITB-Forschungsberichte 14.

Reuter, E., Schröder, H., Tiittula, L. (1991). Zur Erforschung von Kulturunterschieden in der internationalen Wirtschaftskommunikation. In B.-D.

Müller (Hrsg.), Interkulturelle Wirtschaftskommunikation. Studium Deutsch als Fremdsprache – Sprachdidaktik. Bd. 9 (S. 93–144). München: Iudicum.

Rock, I. (1998). Wahrnehmung. Heidelberg u. Berlin: Spektrum, Akademischer Verlag.

Rosinski, P. (2003). Coaching across cultures. London u. Yarmouth: Nicholas Brealey Publishing.

Rössler, M. (2003). Wirtschaftsethnologie. Berlin: Reimer.

Roth, J., Roth, K. (2001). Interkulturelle Kommunikation. In R. W. Brednich (Hrsg.), Grundriss der Volkskunde. Einführung in die Forschungsfelder der Europäischen Ethnologie. Berlin: Reimer.

Roth, K. (2004). Kulturwissenschaften und Interkulturelle Kommunikation: Der Beitrag der Volkskunde zur Untersuchung interkultureller Interaktionen. In H.-J. Lüsebrink (Hrsg.), Konzepte der Interkulturellen Kommunikation (S. 15–144). St. Ingbert: Röhrig.

Ruben, B. D. (1976): Assessing communication competency for intercultural adaptation. Group & Organization Studies, 1 (3), 334–354.

Schäfer, B. (1988). Entwicklungslinien der Stereotypen-und Vorurteilforschung. In B. Schäfer, F. Petermann. Vorurteile und Einstellungen: sozialpsychologische Beiträge zum Problem sozialer Orientierung (S. 11–65). Köln: Deutscher Inst.-Verlag.

Schalk, W., Thoma, H. (1992). Jahrbuch der Werbung 29. Düsseldorf u. a.: DVA.

Schefold, B. (1995). Wirtschaftsstile. 2 Bde. Frankfurt a. M.: Fischer.

Schein, E. H. (1995). Unternehmenskultur – ein Handbuch für Führungskräfte. Frankfurt a. M.: Campus.

Schenk, E. (2001). Interkulturelle Kompetenz. In J. Bolten, D. Schröter (Hrsg.), Im Netzwerk interkulturellen Handelns. Theoretische und praktische Perspektiven der interkulturellen Kommunikationsforschung (S. 52–61). Sternenfels: Wissenschaft und Praxis.

Scherm, E. (2001). Internationales Personalmanagement. München u. Wien: Oldenbourg.

Schierenbeck, H. (1995). Grundzüge der Betriebswirtschaft. München: Oldenbourg.

Schirmer, A. (1932). Die Wirtschaftssprache als Spiegel der Wirtschaftsgeschichte. In E. E. J. Messing (Hrsg.), Zur Wirtschaftslinguistik (S. 7–26). Rotterdam.

Schlamelcher, U. (2003). Kultur und Management. Theorie und Praxis der Interkulturellen Managementforschung. München u. Mering: Hampp.

Schmidt, C. M. (2002a). Kognitive Modelle in der Öffentlichkeitsarbeit von Unternehmen im deutsch-finnischen Vergleich. In C. M. Schmidt (Hrsg.), Wirtschaftsalltag und Interkulturalität. Fachkommunikation als interdisziplinäre Herausforderung (S. 97–117). Wiesbaden: DUV.

Schmiese, W. (1998). Fremde Freunde. Deutschland und die USA zwischen Mauerfall und Golfkrieg. Paderborn u. a.: Schöningh.

Scholtes-Schmidt, G. (1986). Die Beschreibung von Wirtschaftsfachsprachen. Special-Language Fachsprache, 8, 1–2.

Scholz, C. (2004). Der betriebswirtschaftliche Ansatz zur Kulturforschung: Kulturen instrumentalisieren und interpretieren. In H.-J. Lüsebrink. Konzepte der Interkulturellen Kommunikation (S. 221–240). St. Ingbert: Röhrig Universitätsverlag.

Schönhuth, M. (2005). Glossar Kultur und Entwicklung. Trier: Universität Trier.

Schreier, C. (2001). Kulturelle Integration grenzüberschreitender Akquisitionen. Osnabrück: Der andere Verlag.

Schröder, A. (2005). Aktuelle Trends im interkulturellen und internationalen Personalmanagement in Deutschland – Eine Expertenbefragung. interculture online, 11 (www.interculture-online.de).

Schröder, H. (1993). Interkulturelle Fachkommunikationsforschung. Aspekte kulturkon-trastiver Untersuchungen schriftlicher Wirtschaftskommunikation. In T. Bungarten (Hrsg), Fachsprachentheorie. Bd. 1 (S. 517–550). Tostedt: Attikon.

Schugk, M. (2004). Interkulturelle Kommunikation. Kulturbedingte Unterschiede in Verkauf und Werbung. München: Vahlen.

Schuppert, D., Papmehl, A., Walsh, I. (1994). Interkulturelles Management. Abschied von der Provinzialität. Wiesbaden: Gabler.

Schütz, A., Luckmann, T. (1979). Strukturen der Lebenswelt. 2 Bände. Frankfurt a. M.: Suhrkamp.

Schütz, A., Luckmann, T. (2003). Die Lebenswelt als unbefragter Boden der natürlichen Weltanschauung. In J. Bolten, C. Ehrhardt (Hrsg.), Interkulturelle Kommunikation (S. 43–58). Sternenfels: Verlag Wissenschaft und Praxis.

Schweizer, T. (1996). Muster sozialer Ordnung. Berlin: Reimer.

Scullion, H. (2001). International human resource management. In J. Storey (Hrsg.), Human Resource Management. London: Prentice Hall.

Seebauer, R. (Hrsg.) (2005). Das Fremde und das Eigene. Wien. Schriftreihe Interkulturelle Pädagogik.

Sell, A. (1994). Internationale Unternehmenskooperationen. München u. Wien: Oldenbourg.

Sinha, J. B. P., Vohra, N., Singhal, S., Sinha, R. B. N., Ushashree, S. (2002). Normative predictions of collectivist-individualist intentions and behaviour of Indians. In International Journal of Psychology, 37 (5), 309–319.

Siebenschein, H. (1936). Abhandlungen zur Wirtschaftsgermanistik. Prag: Orbis.

Sievert, Y. (1998). Die Reintegration im internationalen Personalmanagement. In C. Barmeyer, J. Bolten (Hrsg.), Interkulturelle Personalorganisation (S. 241–273). Sternenfels: Wissenschaft und Praxis.

Simmet-Blomberg, H. (1998). Interkulturelle Marktforschung im europäischen Transformationsprozess. Stuttgart: Schäffer-Pöschel Verlag.

Sowell, T. (1996). Migrations and Cultures. A World View. New York: Basic Books.

Spitzer, M. (2000). Semantische Netzwerke. In I. Rock (Hrsg.), Geist im Netz. Heidelberg u. a.: Spektrum, Akademischer Verlag.

Stahl, G. (1998). Internationaler Einsatz von Führungskräften. München u. Wien: Oldenbourg.

Stahl, G. (2001). Management der sozio-kulturellen Integration bei Unternehmenszusammenschlüssen und -übernahmen. Die Betriebswirtschaft (DBW), 1, 61–80.

Stahl, G., Mayrhofer, W., Kühlmann, T. M. (Hrsg.) (2005). Internationales Personalmanagement. Neue Aufgaben, neue Lösungen. München u. Mering: Hampp.

Stehl, T. (2005). Unsichtbare Hand und Sprecherwahl: Typologie und Prozesse des Sprachwandels in der Romania. Tübingen: Narr.

Steinmann, H., Scherer A. G. (Hrsg.) (1998). Zwischen Universalismus und Relativismus. Philosophische Grundlagenprobleme des interkulturellen Managements. Frankfurt a. M.: Suhrkamp.

Stierstorfer, K. (Hrsg.) (2003). Deutschlandbilder im Spiegel anderer Nationen. Reinbek: Rohwolt Taschenbuch-Verlag.

Störig, H. J. (1992). Abenteuer Sprache. Ein Streifzug durch die Sprachen der Erde. In Zusammenarbeit mit Langenscheidt. München: Humboldt-Taschenbuchverlag Jacobi KG.

Stötzel, G., Wengeler, M. (Hrsg.) (1996). Kontroverse Begriffe. Berlin u. New York: De Gruyter.

Straehle, J. (2004). Cultural Due Diligence. Marburg: Tectum.

Straehle, J. (Hrsg.) (2003). Interkulturelle Mergers & Acquisitions. Eine interdisziplinäre Perspektive. Sternenfels: Wissenschaft und Praxis.

Straub, J. (1999). Handlung, Interpretation, Kritik. Grundzüge einer textwissenschaftlichen Handlungs- und Kulturpsychologie. Berlin: De Gruyter.

Strutz, H., Wiedemann, K. (Hrsg.) (1992). Internationales Personalmarketing. Wiesbaden: Gabler.

Stüdlein, Y. (1997). Management von Kulturunterschieden. Phasenkonzept für internationale strategische Allianzen. Wiesbaden: DUV.

Stüdlein, Y. (2000). Interkulturelle Post Merger Integration: Die Kunst, zu einem erfolgreichen Ganzen zusammenzuwachsen. M & A Review, 4, 138.

Stumpf, S., Thomas, A., Zeutschel, U., Ruhs, D. (2003). Assessment Center als Instrument zur Förderung der Handlungskompetenz von Fach- und Führungskräften in der internationalen Jugendarbeit. In Internationaler Jugendaustausch- und Besucherdienst der Bundesrepublik Deutschland (IJAB) e. V. (Hrsg.), Forum Jugendarbeit International (S. 70–91). Münster.

Süßmuth, H. (Hrsg.) (1996). Deutschlandbilder in Dänemark, England, Frankreich und den Niederlanden. Baden-Baden. Nomos.

ten Thije, J. D. (2001). Ein diskursanalytisches Konzept zum interkulturellen Kommunikationstraining. In J. Bolten, D. Schröter (Hrsg.), Im Netzwerk interkulturellen Handelns (S. 176–204). Sternenfels: Wissenschaft und Praxis.

Thomas, A. (1988). Untersuchungen zur Entwicklung eines interkulturellen Handlungstrainings in der Managerausbildung. Psychologische Beiträge, 30 (1, 2) 147–165.

Thomas, A. (1996) (Hrsg.). Interkulturelle Psychologie. Tübingen: Hogrefe.

Thomas, A. (Hrsg.) (1991). Kulturstandards in der internationalen Begegnung. Saarbrücken: Breitenbach.

Thomas, A. (Hrsg.) (1996). Psychologie interkulturellen Handelns. Göttingen: Hogrefe.

Thomas, A., Kinast, E.-U., Schroll-Machl, S. (Hrsg.) (2003). Handbuch interkulturelle Kommunikation und Kooperation. Bd. 1: Grundlagen und Praxisfelder. Göttingen: Vandenhoeck & Ruprecht.

Thomas, A., Kinast, E.-U., Schroll-Machl, S. (Hrsg.) (2003). Handbuch interkulturelle Kommunikation und Kooperation. Bd. 2: Länder, Kulturen und interkulturelle Berufstätigkeit. Göttingen: Vandenhoeck & Ruprecht.

Tiedemann, R. (1991). Wirtschaftsdeutsch und Interkulturelles Lernen am Beispiel Thailand. In B. D. Müller (Hrsg.), Interkulturelle Wirtschaftskommunikation (S. 123–144). München: Iudicum.

Ting-Toomey, S. (1989). Intercultural conflict styles: A face-negotiation theory. In Y. Y. Kim, W. B. Gudykunst (Hrsg.), Theories in intercultural communication. Newbury Park, CA: Sage Publications.

Titula, L. (2000). Stereotype in interkulturellen Geschäftskontakten. In J. Bolten (Hrsg.), Cross Culture – Interkulturelles Handeln in der Wirtschaft (2. Aufl., S. 173–184). Sternenfels: Wissenschaft und Praxis.

Tjitra, H. W. (2001). Synergiepotenziale und interkulturelle Probleme. Chancen und Herausforderungen am Beispiel deutsch-indonesischer Arbeitsgruppen. Wiesbaden: DUV.

Triandis, H. C. (1977). Interpersonal behaviour. Monterey, CA: Brooks and Cole.

Triandis, H. C. (1988). Collectivism vs. individualism: A reconceptualization of a basic concept in cross-cultural psychology. In C. Bagley, G. Verma (Hrsg.), Personality, cognition and values: Cross-cultural perspectives of childhood and adolescence. London: Palgrave Macmillan.

Trompenaars, F. (1993). Handbuch Globales Managen. Düsseldorf: ECON-Verlag.

Trompenaars, F. (1994). Riding the Waves of Culture. Understanding Diversity in Global Business. Chicago: Nicholas Brealy Publishing.

Trompenaars, F. (1997). Riding the Waves of Culture. Understanding Diversity in Global Business. Chicago: Nicholas Brealey.

Udeani, C. (2002). Theologie Interkulturell. Lediglich eine Akzentverschiebung vom Adjektiv zum Adverb? SaThZ, 6, 94–96.

Ungeheuer, G. (1987). Kommunikationssemantik: Skizze eines Problemfeldes. Kommunikationstheoretische Schriften I: Sprechen, Mitteilen, Verstehen (S. 70–100). Aachen: Rader.

Usunier, J. C., Walliser, B. (1993). Interkulturelles Marketing. Wiesbaden: Gabler.

Valokari, J. (2004). Made in Germany? – Das Produkt-Land-Image Deutschlands im Vergleich zu anderen europäischen Ländern in Finnland im Jahr 2000. In C. M. Schmidt, Neuendorff, D., Nielsen, M. (Hrsg.), Marktkommunikation in Theorie und Praxis (S. 196–225). Wiesbaden: DUV.

Vedder, G. (Hrsg.) (2004). Diversity Management und Interkulturalität. München u. Mering: Hampp.

Wagner, H. (1988). Lexecon – Lexeminventar der französischen Wirtschaftssprache. In H. Kalverkämper (Hrsg.), Fachsprachen in der Romania (S. 264–280). Tübingen: Narr.

Wagner, H. (2004). Verstehende Methoden in der Kommunikationswissenschaft: Das Studienbuch mit Trainingsprogramm. München: Reinhard Fischer.

Waldenfels, B. (1997). Topographie des Fremden. Studien zur Phänomenologie des Fremden I. Frankfurt a. M.: Suhrkamp.

Warthun, N. (1997). Zur Bedeutung von interkultureller Kommunikation für ein deutsches Industrieunternehmen. Eine Untersuchung zu den Erfahrungen von Mitarbeitern der Thyssen Stahl AG mit interkultureller Kommunikation. Bochum.

Watzlawick, P., Beavin, J. H., Jackson, D. (2003). Menschliche Kommunikation. Formen, Störungen, Paradoxien (10. Aufl.). Bern: Huber.

Watzlawick, P., Beavin, J. H., Jackson, D. D. (Hrsg.) (1990). Menschliche Kommunikation. Formen, Störungen, Paradoxien (8. Aufl.). Bern: Huber.

Welge, M. M., Holtbrügge, D. (2003). Internationales Management. Theorien, Funktionen, Fallstudien (2. Aufl.). Landsberg u. Lech: Verlag Moderne Industrie.

Welsch, W. (2002). Netzdesign der Kulturen. Zeitschrift für Kulturaustausch, 1.

Welzer, H. (2005). Das kommunikative Gedächtnis: eine Theorie der Erinnerung. München: Beck.

Wierlacher, A. (2003). Interkulturalität. In J. Bolten, C. Ehrhardt (Hrsg.), Interkulturelle Kommunikation (S. 217–235). Sternenfels: Wissenschaft und Praxis.

Wierlacher, A., Wolff, K. D. (1996). Akademie für interkulturelle Studien. Eine neue Institution der Wissenschaftlichen Weiterbildung. Jahrbuch DaF, 22, 199–210.

Wimmer, A. (2005). Kultur als Prozess. Zur Dynamik des Aushandelns von Bedeutungen. Wiesbaden: Verlag für Sozialwissenschaften.

Windeler, A. (2001). Unternehmensnetzwerke. Konstitution und Strukturation. Wiesbaden: DUV.

Winter, G. (2003). Ethische Leitlinien für interkulturelles Handeln. In A. Thomas, E.-U. Kinast, S. Schroll-Machl (Hrsg.), Handbuch interkultureller Kommunikation. Bd. 2: Länder, Kulturen und interkulturelle Berufstätigkeit (S. 149–166). Göttingen: Vandenhoeck & Ruprecht.

Wirth, E. (1992). Mitarbeiter im Auslandseinsatz. Wiesbaden: Gabler.

Wismeth, E. (2002). Sprachpragmatische und personalwirtschaftliche Überlegungen zu strategischen Veränderungsprozessen als Herausforderung für die Unternehmenskommunikation. In N. Janich, D. Neuendorff (Hrsg.), Europäische Kulturen in der Wirtschaftskommunikation (S. 7–30). Wiesbaden: DUV.

Zhao, J. (2002). Wirtschaftsdeutsch als Fremdsprache. Ein didaktisches Modell. Tübingen: Narr.

Zhu, J. Hongshen, L., Schoenke, E. (1996). Struktur und Funktion der Titel von Wirtschaftskommentaren – eine kontrastive Studie (deutsch – chinesisch). In E. Schoenke (Hrsg.), Wirtschaftskommentare. Berlin: Wissenschaft und Praxis.

Zielke, B. (2004). Kognition und soziale Praxis. Der soziale Konstruktionismus und die Perspektiven einer postkognitivistischen Psychologie. Bielefeld.

Zülch, G. (1992). Vereinfachen und Verkleinern: Die neuen Strategien in der Produktion. Stuttgart: Schäffer-Poeschel.

Zülch, M. (2004). „McWorld“ oder „Multikulti“? Interkulturelle Kompetenz im Zeitalter der Globalisierung. In G. Vedder (Hrsg.), Diversity Management und Interkulturalität (S. 3–26). München u. Mering: Hampp.